Teubner Studienbücher

Informatik

Hotz: **Informatik: Rechenanlagen**
Struktur und Entwurf, 136 Seiten. DM 14,80 (LAMM)

Kandzia/Langmaack: **Informatik: Programmierung**
234 Seiten. DM 18,80 (LAMM)

Maurer: **Datenstrukturen und Programmierverfahren**
222 Seiten. DM 25,80 (LAMM)

Schnorr: **Rekursive Funktionen und ihre Komplexität**
192 Seiten. DM 24,80 (LAMM)

Wirth: **Systematisches Programmieren**
Eine Einführung. 160 Seiten. DM 14,80 (LAMM)

Mathematik

Böhmer: **Spline-Funktionen**
Theorie und Anwendungen. 340 Seiten. DM 24,80

Clegg: **Variationsrechnung**
138 Seiten. DM 12,80

Collatz: **Differentialgleichungen**
Eine Einführung unter besonderer Berücksichtigung der Anwendungen. 5. Aufl. 226 Seiten. DM 18,80 (LAMM)

Collatz/Krabs: **Approximationstheorie**
Tschebyscheffsche Approximation mit Anwendungen. 208 Seiten. DM 26,80

Constantinescu: **Distributionen und ihre Anwendung in der Physik**
144 Seiten. DM 16,80

Grigorieff: **Numerik gewöhnlicher Differentialgleichungen**
Band 1: Einschrittverfahren. 202 Seiten. DM 13,80
Band 2: Mehrschrittverfahren

Hainzl: **Mathematik für Naturwissenschaftler**
311 Seiten. DM 29,– (LAMM)

Hilbert: **Grundlagen der Geometrie**
11. Aufl. VII, 271 Seiten. DM 16,80

Jaeger/Wenke: **Lineare Wirtschaftsalgebra**
Eine Einführung
Band 1: XVI, 174 Seiten. DM 16,– (LAMM)
Band 2: IV, 160 Seiten. DM 16,– (LAMM)

Kochendörffer: **Determinanten und Matrizen**
IV, 148 Seiten. DM 14,80 (Vertrieb nur in der BRD und West-Berlin)

Stiefel: **Einführung in die numerische Mathematik**
Eine Darstellung unter Betonung des algorithmischen Standpunktes.
4. Aufl. 257 Seiten. DM 18,80 (LAMM)

Fortsetzung auf der 3. Umschlagseite

Teubner Studienbücher Informatik

C. P. Schnorr

Rekursive Funktionen und ihre Komplexität

Leitfäden der angewandten Mathematik und Mechanik LAMM

Band 24

Die Lehrbücher dieser Reihe sind einerseits allen mathematischen Theorien und Methoden von grundsätzlicher Bedeutung für die Anwendung der Mathematik gewidmet; andererseits werden auch die Anwendungsgebiete selbst behandelt. Die Bände der Reihe sollen dem Ingenieur und Naturwissenschaftler die Kenntnis der mathematischen Methoden, dem Mathematiker die Kenntnisse der Anwendungsgebiete seiner Wissenschaft zugänglich machen. Die Werke sind für die angehenden Industrie- und Wirtschaftsmathematiker, Ingenieure und Naturwissenschaftler bestimmt, darüber hinaus aber sollen sie den im praktischen Beruf Tätigen zur Fortbildung im Zuge der fortschreitenden Wissenschaft dienen.

Rekursive Funktionen und ihre Komplexität

Von Dr. rer. nat. C. P. Schnorr
Professor an der Universität Frankfurt/M.

1974. Mit 36 Figuren

B. G. Teubner Stuttgart

Prof. Dr. rer. nat. Claus Peter Schnorr

Geboren 1943 in Völklingen/Saar. Von 1962 bis 1966 Studium der Mathematik in Saarbrücken. 1966 Diplom, 1967 Promotion, 1970 Habilitation für Mathematik a. d. Universität Saarbrücken. In den Jahren 1966 bis 1970 DFG-Mitarbeiter und Assistent bei Prof. Hotz, Dozent und apl. Professor in Saarbrücken. Im SS 1971 Professor an der Universität Erlangen-Nürnberg, seit WS 1971/72 Professor für Angewandte Mathematik an der Universität Frankfurt. 1972 Gastaufenthalt an der Universität Waterloo, Kanada. Arbeitsgebiete: Angewandte Mathematik und Grundlagen der Informatik

ISBN 978-3-519-02322-7 ISBN 978-3-322-94701-7 (eBook)
DOI 10.1007/978-3-322-94701-7

Umschlaggestaltung: W. Koch, Stuttgart

Vorwort

Dieses Buch entstand aus Vorlesungen, die ich in den Jahren 1970 bis 1973 an den Universitäten Saarbrücken, Erlangen-Nürnberg und Frankfurt gehalten habe.

Das Ziel des Buches ist es, die Grundlagen der Berechenbarkeit und des Rechenaufwandes auf der Basis abstrakter Maschinenmodelle aufzubauen, wobei beim Begriff Maschine stets eine sequentielle Arbeitsweise vorausgesetzt wird. Die Theorie der rekursiven Funktionen wird mittels Begriffsbildungen der Informatik wie Programm, Maschine und Simulation entwickelt; dieser Aufbau wird jedoch hinreichend breit angelegt und nicht nur an ein spezielles Maschinenmodell wie z. B. die Turingmaschine geknüpft. Die systematische Entwicklung der Begriffe Simulation und Gödelisierung gestattet es, die Äquivalenzbeweise für die Klassen der turingberechenbaren, registerberechenbaren und rekursiven Funktionen detailliert und, wie ich glaube, in übersichtlicher Form darzustellen.

Bei der Stoffauswahl habe ich nur solche Gebiete berücksichtigt, die heute in ihren Grundzügen bereits voll entwickelt sind und in systematischer Form dargestellt werden können. Aus diesem Grund habe ich auf die für die Informatik besonders interessanten Fragen des Berechnungsaufwandes bei konkreten Problemen verzichtet. Dieses Gebiet, das ebenso wie die Theorie der Berechnungen über endliche Bereiche in einer stürmischen Entwicklung begriffen ist, habe ich zukünftigen Darstellungen überlassen.

Von den betrachteten Maschinenmodellen wird das der Random-Access-Maschine am eingehendsten behandelt. Dieses Maschinenmodell ist wesentlich realistischer als die traditionelle Turingmaschine und beschreibt weitgehend die Verhältnisse im Kernspeicher einer Rechenanlage. Die indirekten Adreßbefehle dieser Maschine entsprechen weitgehend lokalen Transformationen in gerichteten Graphen. Dieses Maschinenmodell scheint eine besonders natürliche Präzisierung der Begriffe Rechenschritt und Rechenzeit für sequentielle Algorithmen zu liefern.

Die wesentlichen Grundzüge der Rekursionstheorie, das Rekursionstheorem, die Theorie der Reduktionen und die der effektiven Operatoren werden voll dargestellt. Damit ist auch dem an Grundlagenfragen und mathematischer Logik interessierten Studenten eine Einführung gegeben, die direkt auf die zentralen Kapitel des auf höherer Stufe ansetzenden Standardwerkes von H. Rogers [1967] hinführt.

Eine Reihe von nicht-trivialen Anwendungen des Rekursionstheorems findet sich in dem Kapitel über maschinenunabhängige Komplexitätstheorie. Diese Theorie wurde, beginnend mit einer Arbeit von M. Blum [1967], seit 1967 entwickelt und kann nach meiner Ansicht bereits als weitgehend abgeschlossen angesehen werden. Gerade hier finden einige meiner eigenen Arbeiten ihren Niederschlag. Die Grzegorczyk-Hierarchie habe ich unter dem Gesichtspunkt der Klassifikation nach dem Rechenaufwand dargestellt und dabei die Klasse der Funktionen mit polynomial beschränktem Rechenaufwand einbezogen.

Das Manuskript wurde von Frau Fleischmann angefertigt. Herr Prof. Luckhardt hat es kritisch gelesen. Die Herren Dipl. math. Bos, Fuchs und Stumpf haben mir durch die Anfertigung einer Vorlesungsausarbeitung über den Stoff dieses Buches sowie bei der Fahnenkorrektur geholfen. Ihnen allen möchte ich herzlich danken.

Frankfurt am Main, im Frühjahr 1974 C. P. Schnorr

Inhalt

Symbolverzeichnis

0. Grundbegriffe und Bezeichnungen

0.1. Mengen, Relationen, Funktionen

$\mathbf{N} = \{0, 1, 2, \ldots\}$ sei die Menge der natürlichen Zahlen.
$\mathbf{N}_+ = \mathbf{N} - \{0\}$ ist die Menge der positiven natürlichen Zahlen.
$\mathbf{Z}$ sei die Menge der ganzen Zahlen.
$\mathbf{R}$ sei die Menge der reellen Zahlen.
$\emptyset$ ist die leere Menge.
2^X ist die Menge der Teilmengen von X (Potenzmenge von X).
$\mathcal{N} = 2^{\mathbf{N}}$ ist die Potenzmenge von N.

Wir benutzen folgende Quantoren:

Quantor	Bedeutung
„$\forall x$:“	„für alle x :“
„$\forall x(Ex)$:“	„für alle x mit der Eigenschaft E :“
„$\overset{\infty}{\forall} x$:“	„für alle bis auf endlich viele x :“
„$\exists x$:“	„es gibt ein x :“
„$\exists_1 x$:“	„es gibt genau ein x :“
„$\overset{\infty}{\exists} x$:“	„es gibt unendlich viele x :“
„$\forall$ hinreichend große x :“	„$\exists y : \forall x(x \geq y)$:“
„$\exists$ beliebig große x:“	„$\forall y : \exists x(x \geq y)$:“

(Es wird explizit angegeben, auf welche Relation $\geq$ sich diese Quantoren beziehen.)

Zur Menge A bezeichnet $\|A\|$ die Mächtigkeit (Kardinalzahl) von A. Wir benutzen im wesentlichen nur aufzählbare und endliche Mengen A, d. h. $\|A\| \leq \|\mathbf{N}\|$.
Seien A und B Mengen, dann ist

$$A \times B = \{(a, b) \mid a \in A \wedge b \in B\}$$

das kartesische Produkt der Mengen A und B. a ist die erste und b die zweite Komponente des Paares (a, b), B e z e i c h n u n g : $a = (a, b)_1$, $b = (a, b)_2$.
Ein Tripel (R, A, B) mit $R \subset A \times B$ ist eine R e l a t i o n.. Wir bezeichnen diese Relation mit R und schreiben $R : A \to B$. Zu $x \in A$ ist

$$R(x) = \{y \in B \mid (x, y) \in R\}$$

das Bild bei R. Das Bild der Menge E bei R ist

$$R(E) = \{y \in B \mid (x, y) \in R \cap E \times B\}.$$

Das Produkt zweier Relationen $R_1 : A \to B$, $R_2 : B \to C$ ist die Relation $R_2 \circ R_1$: $A \to C$, die wie folgt erklärt wird:

$$R_2 \circ R_1 = \{(a, c) \in A \times C \mid \exists b \in B : (a, b) \in R_1 \wedge (b, c) \in R_2\}.$$

Man erkennt leicht, daß $R_3 \circ (R_2 \circ R_1) = (R_3 \circ R_2) \circ R_1$, d. h. die Verknüpfung $\circ$ ist assoziativ. Häufig verzichten wir auf das Verknüpfungszeichen $\circ$.

Zur Relation $R : A \to B$ bezeichnet $R^{-1} : B \to A$ die inverse Relation. R^{-1} wird erklärt durch

$$R^{-1} := \{(b, a) \in B \times A \mid (a, b) \in R\}.$$

Der Definitionsbereich $D(R)$ und der Wertebereich $W(R)$ einer Relation $R : A \to B$ werden erklärt durch

$$D(R) = R^{-1}(B), \qquad W(R) = R(A).$$

Häufig gibt es natürliche Isomorphien zwischen gewissen Mengen. Z. B. ist

$$\varphi : (A \times B) \times C \to A \times (B \times C) \qquad ((a, b), c) \mapsto (a, (b, c))$$

ein natürlicher Isomorphismus. Liegt ein natürlicher Isomorphismus $\varphi : A \to B$ vor, dann identifizieren wir a mit $\varphi(a)$ und unterscheiden nicht zwischen den Mengen A und B. In diesem Sinne gilt:

$$(A \times B) \times C = A \times (B \times C),$$

d. h. die kartesische Produktbildung ist assoziativ. Man verzichtet daher auf die Klammern und beschreibt die Elemente in $A_1 \times A_2 \times \ldots \times A_n$ als Tupel $(a_1, a_2, \ldots, a_n)$ mit $a_i \in A_i$.

Y^X bezeichnet die Menge aller Funktionen f mit $D(f) = X$, $f(X) \subset Y$. Man erhält eine natürliche Isomorphie

$$\varphi : 2^X \to \{0, 1\}^X, \qquad A \mapsto \chi_A,$$

indem man jeder Menge A ihre charakteristische Funktion

$$\chi_A(x) = \begin{cases} 1, & x \in A, \\ 0, & x \notin A \end{cases}$$

zuordnet.

Eine zahlentheoretische Funktion ist die Funktion f, für die es $n, p \in \mathbf{N}$ gibt mit $D(f) \subset \mathbf{N}^n$ und $W(f) \subset \mathbf{N}^p$. Dabei ist $\mathbf{N}^p$ die Menge aller p-Tupel natürlicher Zahlen.

Zu einer Menge A bezeichnet id_A die Identität auf A; d. h. id_A ist diejenige Funktion mit $D(id_A) = A$ und $id_A(x) = x$ für alle $x \in A$.

Eine Relation $R : A \to B$ heißt eindeutig, wenn

$$\forall x \in A : \forall y, z \in B : [(x, y) \in R \wedge (x, z) \in R \Rightarrow y = z].$$

Eindeutige Relationen heißen Funktionen. Mit f und g ist auch $f \circ g$ eine Funktion. Eine Relation (Funktion) R heißt injektiv, wenn R^{-1} eindeutig ist. R heißt bijektiv, wenn R und R^{-1} eindeutig sind. Im Zusammenhang mit der Notation $f : A \to B$ bezeichnen wir die Funktion f als total, wenn $D(f) = A$; falls nicht notwendigerweise $D(f) = A$ gilt, ist f eine partielle Funktion.

Wir verabreden, daß die Notation $f : A \to B$ stets eine totale Funktion f bezeichnet, sofern nichts anderes ausdrücklich vermerkt ist.

Ist $f : A \to B$ eine Funktion, so ist $f(x)$ für alle $x \in A$ eine einelementige Menge, und man schreibt $f(x) = y$; oder auch $f : x \mapsto y$ statt $f(x) = \{y\}$. y ist der Funktionswert von f an der Stelle x.

Eine *mehrdeutige* Funktion $f : A \to B$ ist eine Relation $f : A \to B$ mit $D(f) = A$. Eine mehrdeutige Funktion $f : A \to B$ identifizieren wir mit der Funktion $\overline{f} : A \to 2^B - \emptyset$, für die $\forall a \in A : f(a) = \overline{f}(a)$ gilt.

Eine Funktion $f : A \to B$, für die auch $f^{-1} : B \to A$ eine totale Funktion ist, heißt *Isomorphismus* zwischen A und B. Gibt es einen Isomorphismus $f : A \to B$, so heißen die Mengen A und B *isomorph*. Es gilt: Zwei Mengen A, B sind genau dann isomorph, wenn $\|A\| = \|B\|$.

Zu einer Funktion f erklären wir die *n-te Iteration* $f^{(n)}$ rekursiv wie folgt:

$$f^{(0)} = id_{D(f)}, \qquad f^{(n+1)} = f \circ f^{(n)}.$$

Sei f eine Funktion und $A \subset D(f)$, dann wird die *Einschränkung* $f|_A$ erklärt durch $D(f|_A) = A$ und $\forall x \in A : f|_A(x) = f(x)$. Ist g eine Einschränkung von f, dann heißt f *Fortsetzung* zu g.

0.2. Churchs Lambda-Notation

Sei

$$A(x_1, \ldots, x_n)$$

ein Ausdruck, der gewissen $(x_1, x_2, \ldots, x_n) \in A_1 \times A_2 \times \cdots \times A_n$ höchstens ein Element in Y zuordnet. Ferner sei $\tau : \{1, 2, \ldots, n\} \to \{1, 2, \ldots, n\}$ eine bijektive Funktion. Dann bezeichne

$$\lambda\, x_{\tau(1)}, \ldots, x_{\tau(n)}\ [A(x_1, \ldots, x_n)]$$

die folgende partielle Funktion $g : A_{\tau(1)} \times A_{\tau(2)} \times \cdots \times A_{\tau(n)} \to Y$. $D(g)$ besteht aus denjenigen Tupeln $(y_1, \ldots, y_n) \in A_{\tau(1)} \times \cdots \times A_{\tau(n)}$, für die $A(x_1, \ldots, x_n)$ einen Wert in y bezeichnet, sofern man für $x_{\tau(i)}$ den Wert y_i einsetzt; dieses so erklärte Element in Y sei dann der Funktionswert $g(y_1, y_2, \ldots, y_n)$. Insbesondere schreibt man für irgendeine Funktion f auch $\lambda\, x\, [f(x)]$.

Z. B. bezeichnet $\lambda\, x, y\, [x^y]$ die Funktion $f : N^2 \to N$ mit $f : (x, y) \to x^y$. In der Lambda-Notation kann man die *Zusammensetzung* $f \circ g$ und das *kartesische Produkt* $f \times g$ von zwei Funktionen f, g wie folgt erklären:

$$f \times g = \lambda\, x, y\, [(f(x), g(y))], \qquad f \circ g = \lambda\, x\, [f(g(x))].$$

Dies impliziert, daß $D(f \times g) = D(f) \times D(g)$ und $D(f \circ g) = g^{-1} D(f)$. Auf das Verknüpfungszeichen $\circ$ verzichten wir, wenn dies ohne Verwechslung möglich ist. Zur Funktion f definiert man die *iterierte Funktion* $\tilde{f}$ wie folgt:

$$\tilde{f} = \lambda\, x, n\, [f^{(n)}(x)],$$

dabei ist $f^{(n)}$ die n-te Iteration von f.

Sei $f : A_1 \times A_2 \times \cdots \times A_n \to Y$ eine partielle Funktion und $a = (a_1, a_2, \ldots, a_m) \in A_1 \times A_2 \times \cdots \times A_m$ mit $m \leq n$, dann definieren wir die partielle Funktion

$$f_a : A_{m+1} \times \cdots \times A_n \to Y$$

durch $f_a = \lambda x_{m+1}, \ldots, x_n \, [f(a_1, a_2, \ldots, a_m, x_{m+1}, \ldots, x_n)]$.

0.3. Endliche Folgen und unendliche Folgen

Sei A eine Menge und $n \in N$, dann setzt man

$$A^n := \underbrace{A \times A \times \cdots \times A}_{n\text{-mal}} = \{(x_1, x_2, \ldots, x_n) \mid x_i \in A\}$$

und $A^0 = \{\Lambda\}$.

Dabei sei Λ die leere Folge oder das leere Wort. Man schreibt für $(x_1, x_2, \ldots, x_n)$ kurz $x_1 \, x_2 \ldots x_n$.

$$A^* := \bigcup_{n \in N} A^n \quad \text{bzw.} \quad A^+ := \bigcup_{n \in N_+}$$

ist die Menge der endlichen Folgen über A mit bzw. ohne die leere Folge.

Die **Konkatenation** $\circ : A^* \times A^* \to A^*$ wird erklärt durch

$$x_1 \, x_2 \ldots x_n \circ y_1 \, y_2 \ldots y_m = x_1 \, x_2 \ldots x_n \, y_1 \, y_2 \ldots y_m$$

und $x \circ \Lambda = \Lambda \circ x = x$ für alle $x \in A^*$.

$\circ$ ist assoziativ, d. h. $(x \circ y) \circ z = x \circ (y \circ z)$ für alle $x, y, z \in A$. Daher kann man auf das Ausschreiben der Verknüpfung $\circ$ verzichten, und man schreibt $x\,y$ für $x \circ y$. $(A^*, \circ)$ ist ein **Monoid** mit neutralem Element Λ.

Die **Länge** $\ell : A^* \to N$ ist definiert durch $\ell(x) = n \Longleftrightarrow x \in A^n$. Für $x \in A$ schreiben wir $x_1 \, x_2 \ldots x_{\ell(x)}$.

Zu $x \in A$ und $n \in \mathbf{N}$ bezeichnet

$$x^n = \begin{cases} \Lambda & \text{falls } n = 0 \\ \underbrace{x\,x \ldots x}_{n\text{-mal}} & \text{falls } n > 0. \end{cases}$$

Die Bezeichnung A^*, A^+, A^n benutzen wir auch bezüglich der Verknüpfung irgendeines Monoids, das explizit angegeben ist oder sich aus dem Zusammenhang ergibt. Zu einem Monoid $(M, \circ)$ mit neutralem Element e und $\overline{M} \subset M$ bezeichne $\overline{M}^0 := \{e\}$, $\overline{M}^{i+1} := \overline{M}^i \circ M$, $M^* := \bigcup_{i \in N} \overline{M}^i$, $\overline{M}^+ := \bigcup_{i \in N_+} \overline{M}^i$.

$A^{N_+} = \{z \mid z : N_+ \to A\}$ ist die Menge der **einseitig unendlichen Fol-**

g e n . $z \in A^{\mathbf{N}_+}$ kann man auch auffassen als ein einseitig unendliches mit A beschriftetes Band. Statt z(i) schreiben wir auch z_i und daher $z = z_1 z_2 z_3 \ldots$

Die K o n k a t e n a t i o n $\circ : A^* \times A^{\mathbf{N}_+} \to A^{\mathbf{N}_+}$ mit unendlichen Folgen ist erklärt durch

$$x_1 x_2 \ldots x_n \circ z_1 z_2 z_3 \ldots z_i \ldots = x_1 x_2 \ldots x_n z_1 z_2 z_3 \ldots z_i \ldots$$

Zu $a \in A$ bezeichnet $a^\infty \in A^{\mathbf{N}_+}$ die Folge, deren Glieder sämtlich gleich a sind.

$A^{\mathbf{Z}} = \{z \mid z : \mathbf{Z} \to A\}$ ist die Menge der zweiseitig unendlichen Folgen über A. $z \in A^{\mathbf{Z}}$ kann man auch als ein zweiseitig unendliches, mit Elementen aus A beschriftetes Band auffassen.

Falls $z \in A^{\mathbf{Z}}$ und $z(i) = a$ für alle $i \leq k$, dann schreiben wir

$$z = {}^\infty a\, z_{k+1}\, z_{k+2} \ldots$$

Falls $z \in A^{\mathbf{Z}}$ und $z(i) = a$ für alle $i \geq k$, dann schreiben wir

$$z = \ldots z_{k-2}\, z_{k-1}\, a^\infty.$$

In einem Abschnitt einer Folge $z \in A^{\mathbf{Z}}$ kennzeichnen wir die Stelle z_0 durch einen Pfeil $\uparrow$, der zwischen z_0 und z_1 steht und von rechts auf z_0 zeigt. Z. B. bezeichnet $\ldots a\,b\,c\,d\,e \uparrow f\,g\,h \ldots \in A^{\mathbf{Z}}$ eine Folge z mit $z_0 = e, z_1 = f, z_2 = g$ usw.

0.4. Graphen

Definition 0.4.1. Ein (gerichteter) G r a p h ist ein 4-Tupel $G = (J, KA, Q, Z)$ mit 1 bis 3.

1. $J \neq \emptyset$ ist eine Menge, die Menge der Knoten.
2. KA ist eine Menge, die Menge der Kanten.
3. Q, Z: $KA \to J$ sind Funktionen; Q(k) ist die Quelle und Z(k) das Ziel der Kante $k \in KA$.

$KZ := \{w \in KA^+ \mid \forall\, i < \ell(w) : Z(w_i) = Q(w_{i+1})\}$ ist die Menge der K a n t e n z ü g e des Graphen. Man setzt Q und Z wie folgt fort auf KZ:

$$Q(w) = Q(w_1), \qquad Z(w) = Z(w_{\ell(w)}).$$

Eine S c h l e i f e ist ein Kantenzug w mit $Q(w) = Z(w)$.

Der G r a d gr(i) eines Knotens i ist die Anzahl der von i ausgehenden Kanten

$$gr(i) = \|\{k \in KA \mid Q(k) = i\}\|$$

$\sup\{gr(i) \mid i \in J\}$ ist der G r a d des Graphen. Ein Graph heißt e n d l i c h , wenn die Menge J der Knoten und die Menge KA der Kanten endlich ist.

Zu einem Graphen G definieren wir die K a n t e n m e n g e n

$$KA_i = \{k \in KA \mid Q(k) = i\} \qquad i \in J,$$

d. h. KA_i ist die Menge der von i ausgehenden Kanten.
Zwei Graphen (J, KA, Q, Z) und $(\bar{J}, \overline{KA}, \bar{Q}, \bar{Z})$ heißen i s o m o r p h, wenn es Isomorphismen $\alpha : J \to \bar{J}$ und $\beta : KA \to \overline{KA}$ gibt mit $Q\,\beta = \alpha\, Q \wedge \bar{Z}\,\beta = \alpha\, Z$.

Dieses Konzept eines gerichteten Graphen läßt insbesondere zu, daß es zwischen zwei Knoten mehrere verschiedene gleichgerichtete Kanten gibt.
Wir benötigen an mehreren Stellen den Begriff des endlichen, beschrifteten Graphen mit geordneten Kantenmengen und ausgezeichneten Knoten.

Definition 0.4.2. Ein endlicher, mit X beschrifteter Graph mit geordneten Kantenmengen und m ausgezeichneten Knoten ist ein 4-Tupel G = (J, F, B, A) mit
1. J ist eine endliche Menge, die Menge der Knoten.
2. $F : N_+ \times J \to J$ ist eine partielle Funktion mit endlichem Definitionsbereich und der Eigenschaft $(n, j) \in D(F) \Rightarrow \forall\, m \leq n : (m, j) \in D(F)$.
3. $B : J \to X$ ist eine partielle Funktion, die Beschriftung.
4. $A \in J^m$ ist eine Folge von m ausgezeichneten Knoten.

B e z e i c h n u n g: G ist ein (X, m) - G r a p h.
Wir definieren die Menge der Kanten von G durch

$$KA = \{(n, j, i) \in N_+ \times J \times J \mid F(n, j) = i\}$$

und Quelle und Ziel der Kanten durch $Q(n, j, i) = j$, $Z(n, j, i) = i$.

Wir nennen (n, j, i) die n-te von j ausgehende Kante.
Zwei (X, m)-Graphen (J, F, B, A) und $(\bar{J}, \bar{F}, \bar{B}, \bar{A})$ heißen i s o m o r p h, wenn es einen Isomorphismus $\alpha: J \to \bar{J}$ gibt, so daß

$$\forall\, i \in N_+ : \bar{F}_i\, \alpha = \alpha\, F_i \wedge \bar{B}\, \alpha = B \wedge \forall\, i = 1, \ldots, m : \bar{A}(i) = \alpha\, A(i).$$

Zwei (X, m)-Graphen sind also isomorph, wenn sie durch eine solche Umbenennung der Knoten auseinander hervorgehen, die die Beschriftung der Knoten, die ausgezeichneten Knoten und die Anordnung der von einem Knoten auslaufenden Kanten ineinander überführt. Wir benutzen (X, m)-Graphen in 2.1 zum Beschreiben von Programmen und in 8.2 als Zustände von Graphenspeichern.

0.5. Wahrheitswerte, Prädikate

W und **F** stehen für die Wahrheitswerte „w a h r" und „f a l s c h". Sei **A** eine Aussage, dann bezeichnet [**A**] ihren W a h r h e i t s w e r t . Z. B. gilt

$$[x = 0] = \begin{cases} \mathbf{W} & \text{falls } x = 0, \\ \mathbf{F} & \text{sonst.} \end{cases}$$

Die Funktionen $\neg : \{W, F\} \to \{W, F\}$, $\vee$, $\wedge$, $\Rightarrow : \{W, F\}^2 \to \{W, F\}$ bezeichnen die logischen Operationen Negation, Disjunktion, Konjunktion und Implikation.
Ein **Prädikat** t auf einer Menge S ist eine Funktion $t : S \to \{W, F\}$. Eine partielle Funktion $t : S \to \{W, F\}$ ist ein partielles Prädikat auf S. Die Prädikate auf S und die Teilmengen von S werden wie folgt identifiziert:

$$\{W, F\}^S \ni t \leftrightarrow t^{-1}(W) \in 2^S.$$

Auf Prädikaten erklärt man die Operationen $\neg, \vee, \wedge, \Rightarrow$ elementenweise, z. B. $\neg t = \lambda x [\neg t(x)]$. Prädikate auf S^n nennt man **n-stellige Prädikate auf S**. Allgemein nennt man Prädikate auf $A_1 \times A_2 \times \ldots \times A_n$ **n-stellige Prädikate**. Zu n-stelligen Prädikaten sagt man auch **n-stellige Relationen**. Die unter 0.1 behandelten Relationen sind gerade die 2-stelligen Relationen.

1. Der Begriff des Algorithmus

1.1. Die Idealvorstellung von Algorithmen

Beispiele für Algorithmen, d. h. „allgemeine Rechenverfahren" sind jedem von uns wohl bekannt. Wir finden sie in Bereichen des täglichen Lebens, in den verschiedenen Wissenschaften und nicht zuletzt in allen Disziplinen der Mathematik.
Es seien einige solcher Rechenverfahren genannt:

Verfahren zur Multiplikation natürlicher Zahlen, die in Dezimaldarstellung gegeben sind,
Verfahren zur Bestimmung der Sitzverteilung in Parlamenten aufgrund der Stimmverteilung, z. B. das d'Hondtsche Verfahren,
der euklidische Algorithmus zur Berechnung des größten gemeinsamen Teiles zweier natürlicher Zahlen,
Chiffrier- und Entschlüsselungsvorschriften für Nachrichten,
die Methode der Partialbruchzerlegung zur Berechnung von Integralen mit rationalen Integranden.

Unter einem **Algorithmus** wollen wir stets eine Rechenvorschrift verstehen, die in einen endlichen Text gefaßt werden kann und die einen Rechenablauf bis in die letzten Einzelheiten eindeutig vorschreibt. Ein Algorithmus soll **determiniert** sein, d. h. er soll die Aufeinanderfolge der einzelnen Schritte des Rechenablaufs streng regeln. Ferner soll ein Algorithmus in sich **abgeschlossen** sein, d. h. er darf nur auf solche Vorgänge, Werte, frühere Ergebnisse Bezug nehmen, die durch ihn selbst eindeutig bestimmt sind. Nichts soll dem „Zufall" und nichts der „schöpferischen Phantasie" des ausführenden überlassen bleiben.

Es ist klar, daß diese strengen Forderungen nicht von juristischen Vorschriften und technischen Verfahren erfüllt werden. Die erstgenannten müssen im gesellschaftlichen Zusammenhang gesehen werden, die letzteren beziehen sich auf nicht näher erklärte physikalische oder chemische Vorgänge. Auch die Art und Weise, in der Mathematiker Algorithmen zu beschreiben gewohnt sind, ist im allgemeinen zu vage, um die von uns geforderte Strenge zu erreichen.

Meistens begnügt man sich, die wesentlichen Züge eines Algorithmus anzugeben und verzichtet auf die Ausführung von Einzelheiten. Zum Beispiel läßt man bei der Beschreibung des euklidischen Algorithmus offen, welches Verfahren zur Multiplikation ganzer Zahlen verwendet werden soll. Es ist jedoch in diesem und ähnlich gelagerten Fällen klar, daß man die grobe Vorschrift zu einer vollständigen Vorschrift ergänzen kann, die nichts mehr offenläßt.

Relativ nahe kommen dem ins Auge gefaßten Ideal vom Algorithmus die Rechenprogramme, nach denen Rechenautomaten arbeiten. Doch selbst diese Programme entsprechen nicht ganz unserer Idealvorstellung. Einerseits muß man dabei von Störungen absehen, die durch die unvermeidliche Unzulänglichkeit der physikalischen Apparatur bedingt sind. Ferner ist mit dem Begriff Algorithmus noch eine weitere Idealvorstellung verbunden, die sicher nicht auf Rechenautomaten zutrifft. Jedermann weiß, daß man für natürliche Zahlen n, m, die in Dezimaldarstellung gegeben sind, die Potenz n^m in Dezimaldarstellung nach einem allgemeinen Verfahren berechnen kann. Für kleine Zahlen (z. B. $n < 100$, $m < 10$) läßt sich diese Rechnung wirklich ausführen. Bei größeren Zahlen wird dies zweifelhaft, und bei ganz großen Zahlen (etwa $1000^{1000^{1000}}$) ist es möglich, daß eine tatsächliche Berechnung im Widerspruch zu den Naturgesetzen steht, z. B. deshalb, weil nicht genug Material vorhanden ist, um das Resultat in Dezimaldarstellung aufzuschreiben, oder weil das „Ende der Welt" nicht mehr genügend Zeit läßt, um die Rechnung wirklich durchzuführen. Es ist klar, daß diese Nebenbedingungen schwer zu überschauen sind. Daher wollen wir ein für allemal von dieser Beschränkung abstrahieren und idealisierend annehmen, daß kein Mangel an Zeit, Raum oder Materie für die Durchführung eines Algorithmus besteht. Damit ist klar, daß der Begriff Algorithmus aufgrund seiner idealen Eigenschaften eine Fiktion des Mathematikers ist, ebenso wie der dreidimensionale euklidische Raum. Aber gerade die mathematische Strenge dieser Begriffe ermöglicht es, eine leistungsfähige Theorie zu entwickeln, die eine Vielfalt von Erscheinungen ordnet und zu bedeutenden Erkenntnissen führt.

1.2. Realisierung und Präzisierung von Algorithmen

Nachdem wir unsere Vorstellung vom Algorithmus abgegrenzt haben, sollte jetzt eine mathematische Definition dieses Begriffes folgen. Diese Präzisierung sollte zumindest klären, wann zwei Algorithmen gleich bzw. voneinander verschieden sind. Diese Aufgabe enthält, wie wir sehen werden, jedoch unerwartete Schwierigkeiten.

Die Durchführung eines Algorithmus erfolgt durch konkretes Operieren mit konkreten Daten nach folgendem Schema:

Aus den Ausgangswerten (Eingabedaten) werden Zwischenwerte (Hilfsdaten) errechnet. Die bereits berechneten Hilfsdaten werden fortlaufend zur Berechnung neuer Hilfsdaten herangezogen. Die Rechnung bricht ab, sobald die Ergebnisse (Ausgabedaten) vorliegen.

Ein Algorithmus berechnet somit eine partielle Funktion $f : Y \to X$. Dabei ist Y die Menge aller möglichen Eingabedaten und X die Menge (oder eine Obermenge von der Menge) der möglichen Ergebnisse. Der Definitionsbereich D(f) ist die Menge derjenigen Eingabedaten, bei deren Eingabe der Algorithmus (mit einem Ergebnis) abbricht.

Bei der Durchführung eines Algorithmus werden die Daten durch konkrete Dinge dargestellt, wir sagen, sie werden gespeichert. Die Manipulation von Daten erfolgt durch konkrete Vorgänge, die wir D a t e n o p e r a t i o n e n nennen.

Die Speicherungsform von Daten und die Datenoperationen sind von Fall zu Fall verschieden. Auf dem klassischen Abakus werden Daten in Reihen von Holzkügelchen gespeichert. Die Operation an Daten erfolgen durch Verschieben der Kügelchen. Beim Rechnen mit Papier und Bleistift werden Daten in Kombinationen aus Buchstaben, Ziffern und mathematischen Symbolen gespeichert. Die Operationen an Daten erfolgen durch Schreiben, Lesen und Vergleichen (evtl. auch durch Löschen) solcher Kombinationen. Bei großen Rechenanlagen werden Eingabe- und Ausgabedaten auf Papierbänder, Magnetbänder bzw. Lochkarten gespeichert. Die Hilfsdaten werden in der Form von Orientierungen von Stromkreisen in sogenannten Zellen (Registern) gespeichert. Die Operationen an Daten werden durch Steuerung von Stromimpulsen ausgeführt. Es stellen sich nun schwerwiegende Fragen:

Sollen die konkrete Speicherungsform und die konkreten Datenoperationen Bestandteile des Algorithmus sein? Es ist sicher lästig, bei jedem Algorithmus die konkrete Speicherungsform und die konkreten Datenoperationen anzugeben. Außerdem ist es nicht sinnvoll, Algorithmen als verschieden anzusehen, wenn sie im wesentlichen dasselbe leisten (z. B. dieselbe partielle Funktion berechnen), sich aber auf verschiedene Speicherungsformen und Datenoperationen beziehen.

Gibt es universelle Speicherungsformen von Daten und universelle Operationsmöglichkeiten an Daten, so daß man jede beliebige andere Speicherungsform bzw. Datenoperationen darin ausdrücken kann? In diesem Fall könnte man sich auf eine feste Speicherungsform und auf feste Datenoperationen zurückziehen. Leider kann man nicht erwarten, daß diese Frage durch einen mathematischen Satz jemals positiv entschieden wird. Denn hierzu müßte man zunächst die Klasse aller möglichen Speicherungsformen und aller möglichen Datenoperationen formal fassen. Wegen der unüberschaubaren Möglichkeiten von Speicherungsformen und Datenoperationen ist dies nicht zu erwarten. Denn jede Struktur der Materie stellt eine Speicherungsform dar, und jeder in der Welt tatsächlich ablaufende, deterministische Vorgang kommt, sofern er durch uns bekannte Gesetze bestimmt ist, als Datenoperation in Frage. Eine Kenntnis aller Datenoperationen würde insbesondere die Kenntnis aller deterministischen Gesetzmäßigkeiten, die jemals von tatsächlich ablaufenden Vorgängen entdeckt werden, beinhalten.

Andererseits liefert die Erfahrung vom Umgang mit Rechenanlagen ein starkes Argument für die Existenz von universellen Speicherungsformen und universellen Datenoperationen. Die verschiedenen Ausführungen von Rechenanlagen stellen diejenigen Speicherungsformen und Datenoperationen dar, die heute bei der Ausführung von Algorithmen überwiegend benutzt werden. Nun weiß man aus Erfahrung, daß die verschiedenen Ausführungen von Rechnern im folgenden Sinne äquivalent sind. Jede Aufgabe, die man auf einem Rechner programmiert hat, kann man im Prinzip auch auf jedem anderen Rechner programmieren. Alle diese Rechner unterscheiden sich in der Praxis nur durch ihre Effizienz und ihre Speicherkapazität, d. h. ihre Arbeitsgeschwindigkeit, und durch den Umfang des Speicherraums, der zum Aufschreiben des Programms und für Zwischenrechnungen zur Verfügung steht. Diese Unterschiede sind für unsere Idealvorstellung vom Algorithmus unwesentlich, den Rechenaufwand lassen wir vorläufig außer Betracht und von der Speicherkapazität wollen wir stets annehmen, daß sie für jede Rechnung in ausreichendem Maße zur Verfügung steht. Ein zweites lehrt die Erfahrung vom Umgang mit Rechnern: Man kann im Prinzip (d. h. sofern ausreichend Speicherplatz zur Verfügung steht) jeden Algorithmus auf jedem Rechner realisieren. Diese durch unzählige Beispiele gesicherte Erfahrung führt zu dem Schluß, daß man jeden Algorithmus in jeder Speicherungsform und mit jedem Typ von Datenoperationen realisieren kann, sofern Speicherungsform und Datenoperationen nur hinreichend flexibel sind. Jedes (hinreichend flexible) Speicherungs- und Datenoperationssystem führt zu einer formalen Definition des Begriffs Algorithmus, die unserer intuitiven Vorstellung entspricht. Die verschiedenen formalen Definitionen für Algorithmen, welche man auf diese Weise erhält, müssen stets äquivalent, d. h. ineinander überführbar sein.

Die Behauptung, daß man den intuitiven Begriff des Algorithmus (bzw. der effektiv berechenbaren Funktion) formal präzisieren kann, wird als Churchsche These bezeichnet. Church gründet seine These auf Äquivalenzbeweise für einige verschiedene formale Zugänge zum Begriff des Algorithmus. Heute können wir sagen, daß die Erfahrung mit Rechnern die Churchsche These glänzend bestätigt hat.

Da der Weg zu einer formalen Definition von Algorithmen offenbar recht schwierig ist, liegt die Frage nahe, wozu ein formaler Begriff des Algorithmus überhaupt notwendig ist. Wir alle haben schon oft mit Algorithmen gearbeitet, wir haben uns vielfach davon überzeugt, daß bestimmte Algorithmen gewisse Probleme lösen, ohne daß ein formaler Begriff des Algorithmus nötig war. Ein jeder, der unsere Idealvorstellung vom Algorithmus verstanden hat, wird sich zutrauen, von einer vorgegebenen Rechenvorschrift festzustellen, ob sie determiniert, endlich und in sich abgeschlossen ist, d. h. ob sie einen Algorithmus darstellt.

Weshalb brauchen wir einen formalen Begriff des Algorithmus? Eine solche Formalisierung ist z. B. dann notwendig, wenn wir von einer Aufgabe zeigen wollen, daß sie algorithmisch unlösbar ist. Denn es erscheint undenkbar, die algorithmische Unlösbarkeit einer Aufgabe nachzuweisen, ohne die Gesamtheit der Algorithmen formalisiert zu haben. Ein berühmtes Problem dieser Art ist das zehnte Hilbertsche Problem, das man folgendermaßen formulieren kann:

Gibt es einen Algorithmus, der zu jeder vorgegebenen diophantischen Gleichung entscheidet, ob sie lösbar ist? Dieses Verfahren soll also zu jedem ganzzahligen Polynom $P(x_1, \ldots, x_n)$ nach endlich vielen Schritten erkennen, ob es ganze Zahlen $x_1, \ldots, x_n$ gibt mit $P(x_1, \ldots, x_n) = 0$.

Da man lange vergebens nach einem solchen Verfahren suchte, konnte man nicht ausschließen, daß diese relativ einfache Aufgabe algorithmisch nicht lösbar ist. Die Herausforderung, das zehnte Hilbertsche Problem zu lösen, hat die Entwicklung der Theorie der Algorithmen stark beeinflußt. Die algorithmische Unlösbarkeit des zehnten Hilbertschen Problems wurde 1970 nachgewiesen.

Ein anderes berühmtes mathematisches Problem, das sich inzwischen als algorithmisch unlösbar erwiesen hat, ist das Wortproblem der Gruppentheorie. Dieses besteht in der Aufgabe, einen Algorithmus zu finden, der zu jeder Gruppe, die durch endlich viele Erzeugende und endlich viele definierende Relationen zwischen den Erzeugenden gegeben ist, und zu je zwei endlichen aus den Erzeugenden gebildeten Wörtern W_1, W_2 in endlich vielen Schritten entscheidet, ob W_1 und W_2 das gleiche Gruppenelement darstellen oder nicht.

Es ist interessant zu wissen, daß der Wunsch, Algorithmen zu finden, schon seit langer Zeit viele Mathematiker in ihren Arbeiten beeinflußt hat. Descartes (1598 – 1650) sah z. B. als das Wesentliche seiner analytischen Geometrie die Tatsache an, daß nunmehr alle geometrischen Probleme in algebraische Probleme übersetzt werden konnten und damit den in der Algebra entwickelten Algorithmen zugänglich wurden. Descartes glaubte, daß es aufgrund seiner Methode in der Geometrie für den schöpferischen Mathematiker keine Probleme mehr gäbe. Descartes irrte allerdings in der Annahme, daß alle algebraischen Probleme algorithmisch lösbar seien.

2. Maschinen, Programme und berechenbare Funktionen

2.1. Ein allgemeines Maschinenkonzept

Inhaltsübersicht. Abstrakte Maschine, Befehle, Speicherbefehle, Testbefehle, die Registermaschine mit m Registern, Anweisung, Funktionsanweisung, Testanweisung, Kennmarke, Sprungmarke, Programm, Konfiguration, Folgekonfiguration, Endkonfiguration, Rechenschrittfunktion RS_P, Resultatfunktion Res_P, M-berechenbare Funktion, Diagramm, Beschreibung von Diagrammen durch gerichtete, beschriftete Graphen.

Um zu einem formalen Begriff des Algorithmus zu gelangen, streben wir ein m a t h e m a t i s c h e s M a s c h i n e n m o d e l l an. Dieses Modell soll einfach zu beschreiben sein, und es soll allgemein die Vorgänge beim Ausführen eines Algorithmus abstrahieren. Hierbei orientieren wir uns vor allem an den Vorgängen in Rechenmaschinen.

Vereinfacht dargestellt besteht eine Maschine aus einer Ein- und einer Ausgabevorrichtung sowie einer zentralen Recheneinheit (Fig. 1). In der zentralen Recheneinheit werden die internen Rechnungen ausgeführt, Ein- und Ausgabevorrichtung geben Informationen von außen an die zentrale Recheneinheit und nach außen zurück.

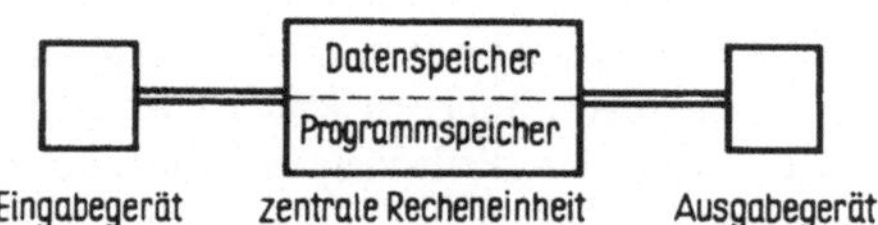

Fig. 1

Um den Ablauf der Rechenprozesse in der zentralen Recheneinheit zu verstehen, ist es zweckmäßig, sich diese in einen Daten- und einen Programmspeicher aufgeteilt zu denken. Die Daten, die im Datenspeicher stehen, können durch bestimmte Operationen (Befehle) verändert und kontrolliert werden. Der Ablauf der Operationen auf dem Datenspeicher wird durch ein Programm gesteuert, das im Programmspeicher steht.

Formal beschreiben wir den Datenspeicher durch eine Menge S, die Elemente von S heißen Speicherzustände oder Speicherinhalte. Die Operationen auf S werden durch Funktionen $f: S \to S$ und durch Prädikate auf S ausgedrückt. Da wir uns vorläufig nur für Rechenabläufe interessieren, die mit einer einmaligen Eingabe beginnen und mit einer einmaligen Ausgabe enden, beschreiben wir die Ein- und Ausgabevorrichtung durch eine E i n g a b e f u n k t i o n $\delta: I \to S$ und durch eine A u s g a b e f u n k t i o n $\beta: S \to O$. I bezeichnet dabei die Menge aller möglichen Eingaben (Inputs) und O die Menge aller möglichen Ausgaben (Outputs). Die Funktion des Programmspeichers erklären wir noch im einzelnen.

Definition 2.1.1. Eine (abstrakte) Maschine M ist ein 5-Tupel M = (S, **O**, **T**, δ, β) mit (M1) bis (M5).

(M1) S ist eine Menge, die Menge der Speicherzustände.

(M2) **O** ist eine Klasse von Funktionen $f: S \to S$, die Klasse der Speicherbefehle.

(M3) **T** ist eine Klasse von Prädikaten auf S, die Klasse der Testbefehle.

(M4) $\delta : I \to S$ ist die Eingabefunktion, I ist die Eingabemenge.

(M5) $\beta : S \to O$ ist die Ausgabefunktion, O ist die Ausgabemenge.

Natürlich werden wir im folgenden nur solche Maschinen betrachten, deren Operationen, Prädikate, Ein- und Ausgabefunktion offensichtlich algorithmisch berechnet werden können. Vorzugsweise behandeln wir solche Maschinen, bei denen diese Funktionen eine besonders einfache algorithmische Struktur haben.

Beispiel 2.1.2. Zu $m \in N_+$ erklären wir die m-Registermaschine m-**RM** = (S, **O**, **T**, δ, β) durch 1 bis 3.

1. $S = \mathbf{N}^m$. Den Speicher S denken wir uns aus m Registern bestehend, wobei jedes Register jede natürliche Zahl speichern kann. Zu $r \in S$ bezeichnet die i-te Komponente r_i den augenblicklichen Inhalt des i-ten Registers.

2. $$\mathbf{O} = \{A_i^m, S_i^m \mid i = 1, \ldots, m\}$$
$$\mathbf{T} = \{t_i^m \mid i = 1, \ldots, m\}$$

A_i^m erhöht den Inhalt des i-ten Registers um 1, d. h. dieser Befehl bewirkt $r_i := r_i + 1$. S_i^m erniedrigt den Inhalt des i-ten Registers um 1, d. h. dieser Befehl bewirkt $r_i := r_i \dot{-} 1$ (= $\max(r_i - 1, 0)$). t_i^m testet, ob der Inhalt des i-ten Registers 0 ist, d. h. $t_i^m(r) = [r_i = 0]$.

3. $\delta = \beta = \mathrm{id}_{\mathbf{N}^m}$. δ speichert die Eingabe in die m Register und β liest die Ausgabe aus den m Registern.

Ein anschauliches Bild des Speichers von m-**RM** erhält man, indem man sich jedes Register als unendlichen Faden vorstellt, auf dem endlich viele Kugeln aufgereiht werden dürfen (Fig. 2). n Kugeln auf dem i-ten Faden bedeuten, daß das i-te Register die Zahl n gespeichert hat. Die einzigen möglichen Operationen auf diesem Speicher bestehen im Hinzufügen bzw. Wegnehmen einer Kugel auf einem bestimmten der m Fäden. (Hierzu nimmt man an, daß ein unbegrenztes Reservoir von Kugeln zur Verfügung steht.) Die einzigen möglichen Tests bestehen im Nachsehen, ob ein bestimmter der m Fäden leer ist.

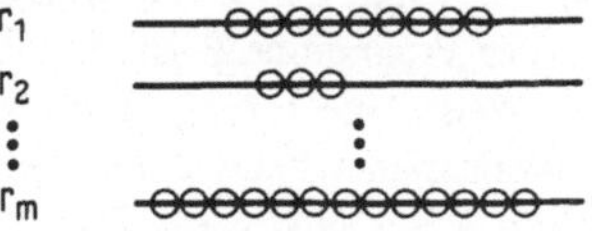

Fig. 2 Speicher der m-Registermaschine

Der Speicher der m-Registermaschine hat eine denkbar einfache Struktur. Er formalisiert den klassischen Abakus. Dennoch werden wir zeigen, daß dieser Speicher hinreichend flexibel ist, um jede berechenbare Funktion durch ein geeignetes Programm zu berechnen.

Nun wollen wir die Funktion des Programmspeichers und damit der Programme näher beschreiben. Ein Programm soll eine Vorschrift sein, die den Ablauf von Operationen und Tests eindeutig festlegt. Ein Programm stellt zusammen mit einer Maschine einen Algorithmus dar. Wir gliedern Programme zweckmäßig in Anweisungen und unterscheiden dabei Funktions- und Testanweisungen. Anweisungen werden durch Marken gekennzeichnet. Als Marken verwenden wir natürliche Zahlen. Im folgenden sei M, wenn nichts anderes gesagt ist, eine feste Maschine $M = (S, \mathbf{O}, \mathbf{T}, \delta, \beta)$ mit Eingabemenge I und Ausgabemenge O.

Definition 2.1.3. Ein Tripel $(r, f, p) \in \mathbf{N} \times \mathbf{O} \times \mathbf{N}$ heißt Funktionsanweisung. Wir lesen „r : do f then p" und nennen r die Kennmarke und p die Sprungmarke der Anweisung.

Ein 4-Tupel $(r, t, p, q) \in \mathbf{N} \times \mathbf{T} \times \mathbf{N} \times \mathbf{N}$ heißt Testanweisung. Wir lesen „r : if t then p else q" und nennen r die Kennmarke und p, q die Sprungmarken der Anweisung.

Definition 2.1.4. $P = (A, n_0)$ ist ein Programm zu M, wenn 1 bis 3 gilt.

1. A ist eine endliche Menge von Anweisungen zu M.
2. $n_0 \in \mathbf{N}$ ist die Startmarke.
3. Verschiedene Anweisungen in A haben verschiedene Kennmarken.

Sprungmarken, die nicht Kennmarke einer Anweisung von P sind, heißen Endmarken des Programms.

Ein Programm P definiert in natürlicher Weise einen Rechenprozeß. Dieser Rechenprozeß ergibt sich, angesetzt auf einen Eingabewert $x \in I$, sequentiell durch Abarbeiten der Anweisungen des Programms. Er startet mit der Startmarke und dem Speicherzustand $\delta(x)$. Er stoppt, sobald eine Endmarke erreicht ist, und gibt als Ausgabe den β-Wert des letzten Speicherzustandes s aus.

Nun wollen wir Rechenprozesse formal beschreiben und führen hierzu noch einige Hilfsbegriffe ein. Unter einer Konfiguration verstehen wir ein Paar $(n, s) \in \mathbf{N} \times S$. Eine Konfiguration (n, s) beschreibt zusammen mit einem Programm P den augenblicklichen Zustand der zentralen Recheneinheit, bestehend aus Daten- und Programmspeicher: s ist der augenblickliche Speicherzustand (des Datenspeichers), n ist die Kennmarke der als nächstes auszuführenden Anweisung und P ist das Programm im Programmspeicher. Man nennt (n, s) Start- bzw. Endkonfiguration, wenn n Start- bzw. Endmarke des Programms P ist. Ein Programm P definiert zu jeder Konfiguration in natürlicher Weise eine Folgekonfiguration. Den Übergang zur Folgekonfiguration bezeichnen wir als einen Rechenschritt. Dieser Übergang wird durch eine Funktion $RS_P : \mathbf{N} \times S \to \mathbf{N} \times S$ folgendermaßen erklärt. Wir unterscheiden die Fälle 1 bis 3:

1. n ist nicht Kennmarke einer Anweisung. Dann gelte

$$RS_P(n, s) = (n, s).$$

2. n ist Kennmarke der Funktionsanweisung „n : do f then p". Dann gelte

$$RS_P(n, s) = (p, f(s)).$$

3. n ist Kennmarke der Testanweisung „n : if t then p else q". Dann gelte

$$RS_P(n, s) = \begin{cases} (p, s) & \text{falls } t(s), \\ (q, s) & \text{sonst.} \end{cases}$$

Der vom Programm P erzeugte Rechenprozeß wird durch die iterierten Funktionen $RS_P^{(m)}$ beschrieben. $RS_P^{(m)}(n, s)$ ist die m-te Folgekonfiguration auf (n, s) und gibt somit den Zustand der Rechnung nach m Rechenschritten, beginnend mit der Konfiguration (n, s) an.

Ein Programm P mit Startmarke n_0 berechnet wie folgt eine partielle Funktion $f : I \to O$. f(x) ist genau dann erklärt, wenn die Startkonfiguration $(n_0, \delta(x))$ nach endlich vielen Rechenschritten in eine Endkonfiguration übergeführt wird. f(x) ist dann der β-Wert des Speicherzustandes dieser Endkonfiguration. Weil wir den Definitionsbereich $D(f) \subset I$ der berechneten Funktion f nicht immer explizit angeben wollen, sprechen wir von einer partiellen Funktion $f : I \to O$.

Definition 2.1.5. Sei P ein Programm mit Startmarke n_0 zur Maschine M. Die von P berechnete partielle Funktion $Res_P : I \to O$ wird wie folgt erklärt ($EK \subset \mathbf{N} \times S$ sei die Menge der Endkonfigurationen):

1. $D(Res_P) = \{x \in I \mid \exists\, m \in \mathbf{N} : RS_P^{(m)}(n_0, \delta(x)) \in EK\}$.
2. $\forall\, m\, (RS_P^{(m)}(n_0, \delta(x)) \in EK) : Res_P(x) = \beta(RS_P^{(m)}(n_0, \delta(x))_2$.

Um zu zeigen, daß die Funktionswerte von Res_P widerspruchsfrei erklärt sind, beweisen wir

Lemma 2.1.6. Aus $RS_P^{(m_i)}(n, s) \in EK$ für i = 1, 2 folgt stets $RS_P^{(m_1)}(n, s) = RS_P^{(m_2)}(n, s)$.

Beweis. O. B. d. A. können wir annehmen, daß $m_1 \leq m_2$. Dann gilt

$$RS_P^{(m_2)}(n, s) = RS_P^{(m_2 - m_1)}\, RS_P^{(m_1)}(n, s).$$

Da RS_P Endkonfigurationen nicht verändert, folgt die Behauptung. ■

Definition 2.1.7. Zur Maschine M ist $\mathsf{F}(M) = \{Res_P \mid P \text{ Programm zu } M\}$ die Klasse der M-berechenbaren, partiellen Funktionen $f : I \to O$. $\mathsf{F}^t(M) \subset \mathsf{F}(M)$ sei die Klasse der totalen Funktionen $f : I \to O$ in $\mathsf{F}(M)$.

Allgemein ist folgender Sprachmißbrauch üblich. Man nennt eine Funktion $f \in \mathsf{F}(M)$ partiell M-berechenbar, und eine Funktion $f \in \mathsf{F}^t(M)$ nennt man total M-berechenbar. Ein Programm definiert gerade den Rechenfluß für beliebige Eingabewerte. Diesen Rechenfluß kann man in übersichtlicher Weise durch ein Flußdiagramm beschreiben. Wir geben ein Beispiel.

Beispiel 2.1.8. Wir betrachten das Programm P mit der Startmarke 1 und der folgenden Menge A von Anweisungen.

$$A = \begin{cases} 1 : \text{do f then } 2, \\ 2 : \text{if t then } 1 \text{ else } 3, \\ 3 : \text{do g then } 4. \end{cases}$$

Dabei sind f, g : S → S Funktionen, t ist ein Prädikat auf S. 4 ist Endmarke von P. Den von P erzeugten Rechenprozeß beschreiben wir durch das Diagramm (Fig. 3).

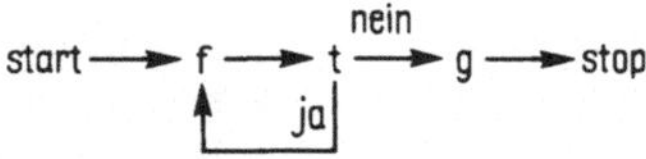

Fig. 3

Auch ohne eine formale Definition der Diagramme wollen wir zeigen, daß sich Programme und Diagramme vollkommen entsprechen. Um diese Entsprechung zu beschreiben, ordnet man den einzelnen Anweisungen und der Startmarke eines Programms folgendermaßen markierte Teildiagramme zu (Fig. 4):

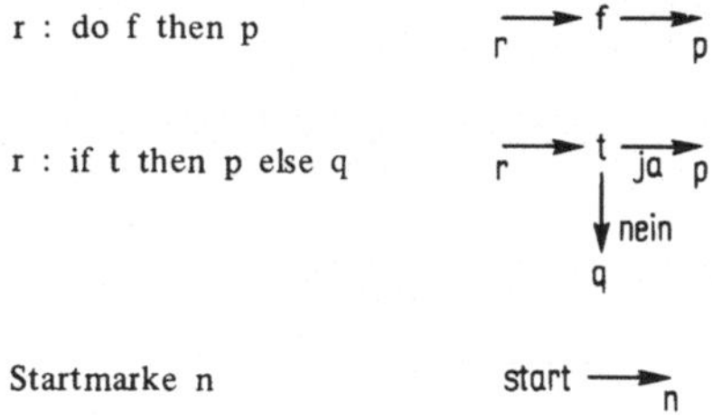

Fig. 4

Das einem Programm P zugeordnete Diagramm erhält man, indem man zunächst die den Anweisungen und der Startmarke zugeordneten Teildiagramme derart zusammensetzt, daß die Markierungen an den Anschlußstellen übereinstimmen. Anschließend entfernt man die Markierungen und ersetzt Pfeile, die mit einer Endmarke markiert sind, durch →stop. Jeder Endmarke entspricht somit ein stop, jedem Sprung auf eine Endmarke entspricht ein Stop-Pfeil. Umgekehrt kann man einem so gebildeten Diagramm wieder ein Programm zuordnen. Hierzu markiert man die Knoten des Diagramms in eineindeutiger Weise durch natürliche Zahlen. Dann erhält man durch Umkehrung der obigen Zuordnungen aus dem markierten Diagramm wieder die Anweisungen und die Startmarke eines Programms, das mit dem ursprünglichen bis auf eine Umbenennung der Marken übereinstimmt.

Diejenigen Programme, die bis auf eine Umbenennung ihrer Marken übereinstimmen, heißen isomorph; sie berechnen insbesondere dieselbe Funktion. Diagramme sind somit Isomorphieklassen von Programmen.

Wir arbeiten vorzugsweise mit Diagrammen, weil sich Operationen an Diagrammen anschaulich darstellen lassen. Ein Diagramm zu einem Programm schreiben wir schematisch in der Form

$$\longrightarrow D \longrightarrow.$$

Dabei steht D für ein geeignetes Teildiagramm. Der Pfeil D $\longrightarrow$ steht stellvertretend für die Menge aller Stop-Pfeile, auch wenn diese leer ist. Es seien

$$\longrightarrow D_i \longrightarrow, \qquad i = 1, 2,$$

zwei Diagramme. Setzt man diese beiden Diagramme derart zusammen, daß man den Stop-Pfeil von D_1 entfernt und alle Stop-Pfeile von D_1 durch Pfeile auf den zum Start-Pfeil von D_2 gehörigen Knoten ersetzt, so schreiben wir für das neue Diagramm

$$\longrightarrow D_1 \longrightarrow D_2 \longrightarrow.$$

Wir ziehen einige Folgerungen.

Korollar 2.1.9. Für jede Maschine $M = (S, \mathbf{O}, \mathbf{T}, id_S, id_S)$ gilt:

1. $\mathbf{O} \subset \mathbf{F}^t(M)$,
2. $id_S \in \mathbf{F}^t(M)$,
3. $f: \emptyset \to \emptyset$ ist in $\mathbf{F}(M)$,
4. $f, g \in \mathbf{F}(M) \Rightarrow f \circ g \in \mathbf{F}(M)$.

Beweis. 1. $g \in \mathbf{O}$ wird durch das Diagramm start $\longrightarrow$ g $\longrightarrow$ stop berechnet.

2. id_S wird durch das Diagramm start $\longrightarrow$ stop berechnet.

3. Die nirgends definierte Funktion wird durch jedes Diagramm start $\longrightarrow$ g (mit Rückkehrpfeil auf g) mit $g \in \mathbf{O}$ berechnet (falls $\mathbf{O} \neq \emptyset$).

4. Seien $f_1, f_2 \in \mathbf{F}(M)$ Funktionen, die durch die Diagramme $\longrightarrow D_i \longrightarrow$, $i = 1, 2$, berechnet werden. Dann berechnet das Diagramm $\longrightarrow D_1 \longrightarrow D_2 \longrightarrow$ die Funktion $f_2 \circ f_1$.

Zum Abschluß wollen wir Programme als gerichtete, beschriftete Graphen mit geordneten Kantenmengen und einem ausgezeichneten Knoten beschreiben. Wir benutzen hierzu den Begriff des (X, m)-Graphen, siehe Definition 0.4.2.

Satz 2.1.10. Die Menge der Programme zur Maschine $M = (S, \mathbf{O}, \mathbf{T}, \delta, \beta)$ ist isomorph zur Menge der endlichen $(\mathbf{O} \cup \mathbf{T}, 1)$-Graphen $G = (J, F, B, A)$, die folgende Eigenschaften erfüllen:

1. $J \subset \mathbf{N}$,
2. Die Beschriftung $B: J \to \mathbf{O} \cup \mathbf{T}$ ist total,
3. $\forall i \in J$ gilt:

$$B(i) \in \mathbf{O} \Rightarrow gr(i) = 1,$$
$$B(i) \in \mathbf{T} \Rightarrow gr(i) = 2.$$

Beweis. Einem $(\mathbf{O} \cup \mathbf{T}, 1)$-Graphen (J, B, F, A) mit den Eigenschaften 1 bis 3 kann man wie folgt umkehrbar eindeutig ein Programm P zu M zuordnen. Der ausgezeichnete Knoten ist die Startmarke.

$$\{(i, B(i), F_1(i)) \mid B(i) \in \mathbf{O}\}$$

ist die Menge der Funktionsanweisungen von P. (Beachte, daß $F_j(i) = F(j, i)$.)

$$\{(i, B(i), F_1(i), F_2(i)) \mid B(i) \in \mathbf{T}\}$$

ist die Menge der Testanweisungen von P. Offensichtlich tritt dabei auch jedes Programm P zu M als Bild auf. ■

Damit kann man die Isomorphie von Programmen wie folgt erklären:

Definition 2.1.11. Zwei Programme P und $\overline{P}$ zu M sind genau dann *isomorph*, wenn die zugehörigen endlichen $(\mathbf{O} \cup \mathbf{T}, 1)$-Graphen isomorph sind (siehe hierzu 0.4).

Die Isomorphieklassen der Programme sind gerade die Diagramme.

2.2. Die unbeschränkte Registermaschine und die 1-Band-Turingmaschine

Inhaltsübersicht. Zahlentheoretischer Maschinentyp, die unbeschränkte Registermaschine **URM**, die 1-Band-Turingmaschine **TM** mit einelementigem Alphabet, Berechnung der Nachfolgerfunktion S, der Projektionen I_i^n und der Konstanten C_r^n auf **URM** und **TM**.

Wir interessieren uns für die Berechnung partieller, zahlentheoretischer Funktionen, d. h. für partielle Funktionen des Typs $f: \mathbf{N}^k \to \mathbf{N}^n$ mit $k, n \in \mathbf{N}_+$. Daher geben wir für die folgenden Maschinenmodelle zu jedem $k, n \in \mathbf{N}_+$ eine Eingabefunktion $\delta^k: \mathbf{N}^k \to S$ und eine Ausgabefunktion $\beta_n: S \to \mathbf{N}^n$ an. Eine solche Klasse M = $\{M_n^k = (S, \mathbf{O}, \mathbf{T}, \delta^k, \beta_n \mid k, n \in \mathbf{N}_+\}$ von Maschinen mit festem Datenspeicher S und festen Speicherbefehlen und Tests in **O** und **T** nennen wir einen *zahlentheoretischen Maschinentyp*. Wir wollen zwei solche Maschinentypen eingehend behandeln: die unbeschränkte Registermaschine und die 1-Band-Turingmaschine.

2.2.1. Die unbeschränkte Registermaschine. Diese Maschine hat im wesentlichen die Struktur der m-Registermaschine aus Beispiel 2.1.2. Sie hat jedoch für jede positive natürliche Zahl ein Register. Jedes Register kann jede natürliche Zahl speichern, und es sind stets alle bis auf endlich viele Registerinhalte gleich null. Die Größen $S, \mathbf{O}, \mathbf{T}, \delta^k, \beta_n$ erklärt man wie folgt:

1. $S = \{r \in \mathbf{N}^{\mathbf{N}_+} \mid \sum_{i \in \mathbf{N}_+} r_i < \infty\}$.

2. $\mathbf{O} = \{A_i, S_i \mid i \in \mathbf{N}_+\}$.
A_i erhöht den Inhalt des i-ten Registers um eins; $r_i := r_i + 1$. S_i erniedrigt den Inhalt des i-ten Registers um eins; $r_i := r_i \dot{-} 1$.

3. $\mathbf{T} = \{t_i \mid i \in \mathbf{N}_+\}$.
t_i testet, ob der Inhalt des i-ten Registers 0 ist: $t_i(r) = [r_i = 0]$.

4. Die Eingabefunktion $\delta^k: \mathbf{N}^k \to S$ sei gegeben durch $\delta^k(x) = x0^\infty$.

5. Die Ausgabefunktion $\beta_n: S \to \mathbf{N}^n$ wird definiert durch $\beta_n(z) = z_1 \ldots z_n$.

Es sei $\mathbf{URM}_n^k = (S, O, T, \delta^k, \beta_n)$ die u n b e s c h r ä n k t e R e g i s t e r m a s c h i n e von $\mathbf{N}^k$ nach $\mathbf{N}^n$. Den zugehörigen Maschinentyp nennen wir **URM**.

Beispiele einiger Diagramme zu URM. 1. Auf $\mathbf{URM}_1^1$ wird die Funktion $\mathbf{S} : \mathbf{N} \to \mathbf{N}$ mit $S(n) = n + 1$ durch folgendes Diagramm berechnet: $\longrightarrow A_1 \longrightarrow$.

2. Wir programmieren auf $\mathbf{URM}_1^n$ die Projektion $\mathbf{I}_i^n : \mathbf{N}^n \to \mathbf{N}$ auf die i-te Komponente. Das Diagramm zu $\mathbf{I}_i^n : \mathbf{N}^n \longrightarrow \mathbf{N}$ mit $i \neq 1$ (Fig. 5):

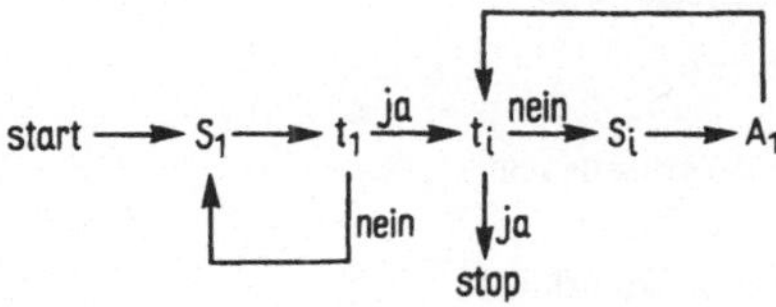

Fig. 5

Im Fall i = 1 wird $\mathbf{I}_i^n$ vom Diagramm start $\longrightarrow$ stop berechnet.

3. Wir programmieren auf $\mathbf{URM}_1^n$ die konstante Funktion $\mathbf{C}_r^n : \mathbf{N}^n \to \mathbf{N}$ mit $\mathbf{C}_r^n(m) = r$ für alle $m \in \mathbf{N}^n$. Das Diagramm zu $\mathbf{C}_r^n : \mathbf{N}^n \longrightarrow \mathbf{N}$ (Fig. 6):

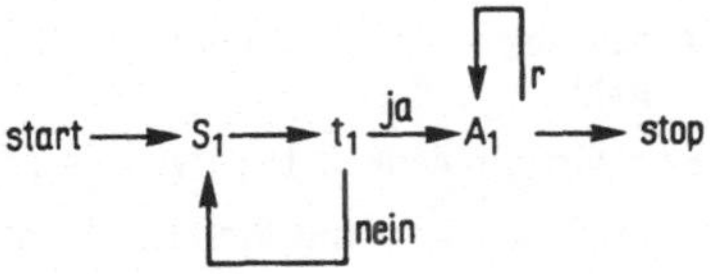

Fig. 6

$\longrightarrow \overset{\circlearrowleft r}{A_1} \longrightarrow$ steht dabei für $\longrightarrow \underbrace{A_1 \longrightarrow A_1 \longrightarrow \dots \longrightarrow A_1}_{r\text{-mal}} \longrightarrow$

2.2.2. Die 1-Band-Turingmaschine. Die A r b e i t s w e i s e einer 1-Band-Turingmaschine formalisiert das Rechnen mit Bleistift und Papier. Es sei $X = \{0,1\}$ das zugrundegelegte Alphabet. Eine 1-Band-Turingmaschine arbeitet über einem zweiseitig unendlichen mit Elementen von X beschrifteten Band. Ein solches Band kann man auffassen als Funktion $B : \mathbf{Z} \to X$. Die Menge $\mathbf{Z}$ der ganzen Zahlen numeriert die Zellen des Bandes durch. B(i) ist der Inhalt der i-ten Zelle. Die Felder des Bandes mit Inhalt 0 gelten als unbeschrieben. Die Bandinschrift $B^{-1}(1)$ soll stets endlich sein.

Ein S p e i c h e r z u s t a n d einer 1-Band-Turingmaschine ist ein Band $B : \mathbf{Z} \to X$ mit endlicher Inschrift zusammen mit einem ausgezeichneten Feld, dem Beobachtungsfeld. Das Beobachtungsfeld denken wir uns durch einen Zeiger gekennzeichnet (Fig. 7).

Folgende Operationen sind möglich: Verschieben des Zeigers um eine Stelle nach rechts (bzw. nach links), Drucken einer 0 (bzw. 1) auf das ausgezeichnete Feld. Ferner kann man testen, ob der Inhalt des ausgezeichneten Feldes 0 ist, d. h. man kann das ausgezeichnete Feld lesen.

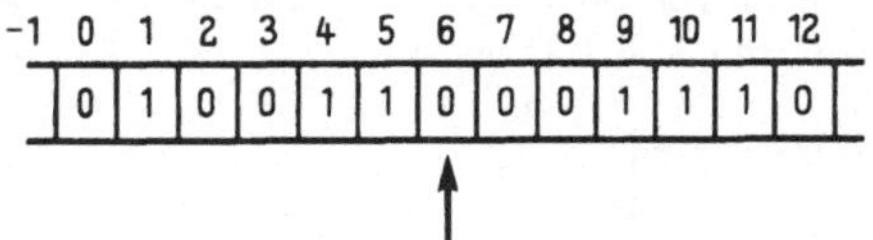

Fig. 7 Speicherzustand einer 1-Band-Turingmaschine

Die Größen S, **O**, **T**, δ^k, β_n werden wie folgt erklärt:

1. $S = \{(z, i) \in X^{\mathbf{Z}} \times \mathbf{Z} \mid \overset{\infty}{\forall} j : z_j = 0\}$
2. $\mathbf{O} = \{R, L, d_0, d_1\}$ mit

$$\begin{aligned} R(z, i) &= (z, i + 1), \\ L(z, i) &= (z, i - 1), \\ d_0(z, i) &= (\ldots z_{i-1}\, 0\, z_{i+1} \ldots, i), \\ d_1(z, i) &= (\ldots z_{i-1}\, 1\, z_{i+1} \ldots, i). \end{aligned}$$

Es ist R(L) die Rechts-(Links-)verschiebung des Zeigers. $d_0(d_1)$ bedeutet Drukken von 0 (bzw. 1) auf das ausgezeichnete Feld.

3. $\mathbf{T} = \{t\}$, t testet, ob der Inhalt der ausgezeichneten Zelle 0 ist; $t(z, i) = [z_i = 0]$.
4. Zu $m \in \mathbf{N}^k$ definieren wir $\delta^k(m) = (z, 0)$ durch (z_0 wird mit Pfeil $\overset{\uparrow}{z_0}$ markiert):

$$z = {}^{\infty}\overset{\uparrow}{0}\, 1^{m_1}\, 0\, 1^{m_2}\, 0 \ldots 1^{m_k}\, 0^{\infty}$$

5. $\beta_n : S \to \mathbf{N}^n$ wird erklärt durch

$$\beta_n(z, i) = (m_1, \ldots, m_n) \Leftrightarrow z_{i+1}\, z_{i+2} \ldots \in 1^{m_1}\, 0\, 1^{m_2}\, 0 \ldots 0\, 1^{m_n}\, 0\, X^{\infty};$$

dabei ist $X = \{0,1\}$ das Alphabet der Turingmaschine, d. h. Ein- und Ausgabe sind die Längen der rechts vom ausgezeichneten Feld stehenden Einserblöcke. Z. B. ist (1, 3, 0, 1) die β_4-Ausgabe des Bandes

. . . . . . 1 0 1 1 1 0 0 1 0 . . . . . .
↑

$\mathbf{TM}_n^k = (S, \mathbf{O}, \mathbf{T}, \delta^k, \beta_n)$ ist die 1-Band-Turingmaschine von $\mathbf{N}^k$ nach $\mathbf{N}^n$. **TM** ist der zugehörige zahlentheoretische Maschinentyp.

Beispiele. 1. Wir programmieren auf $\mathbf{TM}_1^1$ die Funktion $\mathbf{S} : n \mapsto n + 1$. Das Diagramm zu **S** (Fig. 8):

start → d_1 → L → stop

Fig. 8

2. Wir programmieren I_i^n auf $\mathbf{TM}_I^n$. Das Diagramm zu I_i^n (Fig. 9):

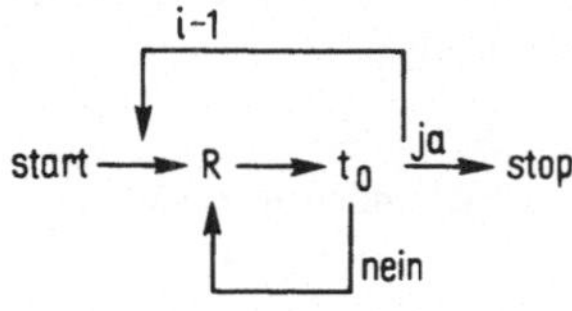

Fig. 9

3. Wir programmieren C_r^n auf $\mathbf{TM}_I^n$. Das Diagramm zu C_r^n (Fig. 10):

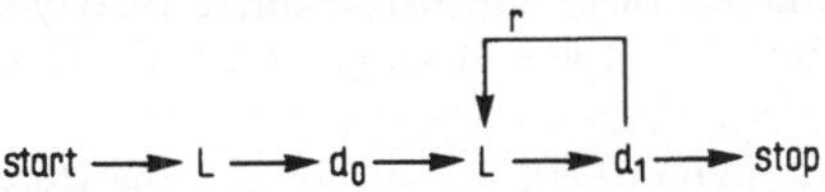

Fig. 10

Die Bezeichnung $\longrightarrow \overset{n}{\boxed{D}} \longrightarrow$ steht dabei für $\underbrace{\longrightarrow D \longrightarrow D \longrightarrow \ldots \longrightarrow D \longrightarrow}_{\text{n-mal}}$.

Das Symbol 0 von **TM** hat die Bedeutung des Leersymbols. Natürliche Zahlen werden auf TM unär, d. h. in Einserblöcke kodiert. Man sagt, TM arbeitet über dem einelementigen Alphabet $\{1\}$ mit einem zusätzlichen Leersymbol 0.

Die Ein- und Ausgabefunktionen von **URM** und **TM** sind jeweils in dem folgenden Sinne verträglich. Für **URM** und **TM** gilt:

$$I_i^n \, \beta_n \, \delta^k(x_1, \ldots, x_k) = x_i \qquad \text{für} \qquad i \leq \min(n, k).$$

Dabei ist I_i^n die Projektion auf die i-te Komponente.

2.3. Homomorphismen auf Maschinen

Inhaltsübersicht. Homomorphismus von Maschinen, eindeutiger Homomorphismus, Verknüpfung von Homomorphismen, Isomorphie von Maschinen, Übertragen der Rechenprozesse bei Homomorphismen, äquivalente Speicherzustände, reduzierte Maschinen, Konstruktion eines eindeutigen und surjektiven Homomorphismus auf die reduzierte Maschine, die reduzierte Turingmaschine **RTM**.

Wir interessieren uns für die S t r u k t u r v o n M a s c h i n e n . Wesentliches Hilfsmittel zum Vergleich der Struktur von Maschinen sind s t r u k t u r e r h a l t e n d e A b b i l d u n g e n , Homomorphismen.

Ein H o m o m o r p h i s m u s φ: $M \to \overline{M}$ soll jeden Rechenprozeß von M wie folgt taktweise auf $\overline{M}$ übertragen. φ ordnet jedem Befehl von M einen Befehl von $\overline{M}$ zu.

Diese Zuordnung kann man in natürlicher Weise auf Anweisungen und Programme fortsetzen. Das Bildprogramm $\overline{P}$ zu P soll auf $\overline{M}$ nicht nur dieselbe Funktion berechnen wie P auf M, sondern φ soll jede Konfigurationsfolge

$$(n, \delta(x)) = k_1 \xrightarrow{a_1} k_2 \xrightarrow{a_2} k_3 \xrightarrow{a_3} \cdots$$

die durch Ausführung der Anweisungen a_i entsteht, in eindeutiger Weise in eine Konfigurationsfolge

$$(n, \overline{\delta}(x)) = \overline{k}_1 \xrightarrow{\overline{a}_1} \overline{k}_2 \xrightarrow{\overline{a}_2} \overline{k}_3 \xrightarrow{\overline{a}_3} \cdots$$

überführen. Dabei lassen wir zu, daß die Konfiguration $\overline{k}_{i+1}$ allgemein von $\overline{k}_i$ und a_i abhängt, und verlangen nicht, daß $\overline{k}_{i+1}$ bereits durch k_{i+1} eindeutig bestimmt ist. Damit kann es zu einer Konfiguration zu M durchaus mehrere Bildkonfigurationen geben. Zu einem Speicherzustand $s \in S$ von M sei $\varphi_S(s) \subset \overline{S}$ die Menge der möglichen Bildzustände von $\overline{M}$.

In 0.1 haben wir eine mehrdeutige Funktion $f : X \to Y$ erklärt als eine Relation $f : X \to Y$ mit $D(f) = X$ oder äquivalent hierzu als eine Funktion $f : X \to 2^Y - \emptyset$. Eindeutige Funktionen, d. h. Funktionen im üblichen Sinn sind ein Spezialfall von mehrdeutigen Funktionen. Sind $f, g : X \to Y$ mehrdeutige Funktionen, dann schreiben wir $f \subset g$, wenn $\forall x \in X : f(x) \subset g(x)$. Aus $f \subset g$ folgt stets $fh \subset gh$ bzw. $hf \subset hg$. Aus $f \subset g$ und g eindeutig folgt $f = g$.

Definition 2.3.1. Es seien $M = (S, \mathbf{O}, \mathbf{T}, \delta, \beta)$, $\overline{M} = (\overline{S}, \overline{\mathbf{O}}, \overline{\mathbf{T}}, \overline{\delta}, \overline{\beta})$ Maschinen mit Eingabemenge I und Ausgabemenge O. Ein H o m o m o r p h i s m u s $\varphi : M \to \overline{M}$ ist ein Tripel $\varphi = (\varphi_S, \varphi_O, \varphi_T)$ von Funktionen $\varphi_O : \mathbf{O} \to \overline{\mathbf{O}}$, $\varphi_T : \mathbf{T} \to \overline{\mathbf{T}}$ und einer mehrdeutigen Funktion $\varphi_S : S \to \overline{S}$ mit (H1) bis (H4) (es bezeichne $\overline{f} = \varphi_O(f)$, $\overline{t} = \varphi_T(t)$):

(H1) $\overline{\delta} \subset \varphi_S\, \delta$,

(H2) $\overline{\beta}\, \varphi_S = \beta$,

(H3) $\forall f \in \mathbf{O} : \overline{f}\, \varphi_S \subset \varphi_S\, f$,

(H4) $\forall t \in \mathbf{T} : \overline{t}\, \varphi_S = t$.

Ein Homomorphismus $\varphi : M \to \overline{M}$ heißt e i n d e u t i g , wenn φ_S eindeutig ist. In diesem Fall ist die Inklusion „$\subset$" in (H1) bis (H4) gleichbedeutend mit der Gleichheit „=". Bei einem eindeutigen Homomorphismus φ beinhalten (H1) bis (H4) die Kommutativität folgender Diagramme:

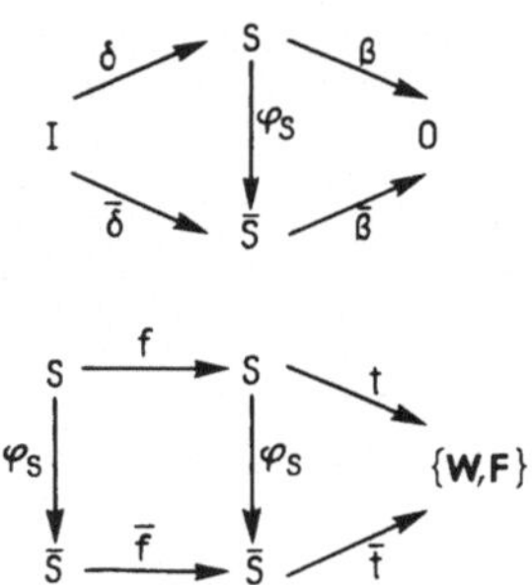

Allgemein bedeuten (H1) bis (H4), daß in diesen Diagrammen jeder untere Weg zu einer Teilmenge des Ergebnisses eines oberen Weges führt.

Zunächst überzeugen wir uns davon, daß Homomorphismen eine vernünftige algebraische Begriffsbildung sind, denn es gibt eine natürliche Zusammensetzung von Homomorphismen.

Satz 2.3.2 (Verknüpfung von Homomorphismen). Seien $\alpha : M_1 \to M_2$. $\tau : M_2 \to M_3$ Homomorphismen, dann wird durch $\gamma_S = \tau_S\,\alpha_S, \gamma_O = \tau_O\,\alpha_O, \gamma_T = \tau_T\,\alpha_T$ ein Homomorphismus $\gamma : M_1 \to M_3$ erklärt, Bezeichnung: $\gamma := \tau\,\alpha$.

Beweis.

(H1) $\delta_2 \subset \alpha_S\,\delta_1 \;\wedge\; \delta_3 \subset \tau_S\,\delta_2 \;\Rightarrow\; \delta_3 \subset \tau_S\,\alpha_S\,\delta_1$.

(H2) $\beta_2\,\alpha_S \subset \beta_1 \;\wedge\; \beta_3\,\tau_S \subset \beta_2 \;\Rightarrow\; \beta_3\,\tau_S\,\alpha_S \subset \beta_1$.

(H3) $f_2\,\alpha_S \subset \alpha_S\,f_1 \;\wedge\; f_3\,\tau_S \subset \tau_S\,f_2 \;\Rightarrow\; f_3\,\tau_S\,\alpha_S \subset \tau_S\,f_2\,\alpha_S \subset \tau_2\,\alpha_S\,f_1$.

(H4) $t_2\,\alpha_S \subset t_1 \;\wedge\; t_3\,\tau_S \subset t_2 \;\Rightarrow\; t_3\,\tau_S\,\alpha_S \subset t_2\,\alpha_S \subset t_1$. ∎

Die Verknüpfung von Homomorphismen ist assoziativ. Sei $M = (S, \mathbf{O}, \mathbf{T}, \delta, \beta)$ eine Maschine, dann ist $id_M = (id_S, id_O, id_T)$ ein eindeutiger Homomorphismus. $id_M : M \to M$, und es gilt stets $id_M\;\varphi = \varphi$ bzw. $\psi\,id_M = \psi$.

Definition 2.3.3. Zwei Maschinen M und $\overline{M}$ heißen isomorph, wenn es Homomorphismen $\varphi : M \to \overline{M}$ und $\psi : \overline{M} \to M$ gibt, so daß $\varphi\psi = id_{\overline{M}}$ und $\psi\varphi = id_M$.

Wir wollen nun die Wirkung eines Homomorphismus $\varphi : M \to \overline{M}$ auf Programme P und Konfigurationen erklären. φ(P) möge sich aus P ergeben, indem man alle Befehle $f \in \mathbf{O}$ und $t \in \mathbf{T}$ von M in Anweisungen von P durch $\overline{f} = \varphi_O(f)$ und $\overline{t} = \varphi_T(t)$ ersetzt, dabei sollen Marken unverändert bleiben. Auf der Konfigurationsmenge $\mathbf{N} \times S$ erklären wir die mehrdeutige Funktion $\varphi_K : \mathbf{N} \times \overline{S} \to \mathbf{N} \times \overline{S}$ durch

$$\varphi_K(n, s) := \{n\} \times \varphi_S(s) \qquad \text{für alle } n \in \mathbf{N} \text{ und } s \in S.$$

Lemma 2.3.4. Sei $\varphi : M \to \overline{M}$ Homomorphismus, dann gilt für alle Programme P zu M: $RS_{\varphi(P)}\,\varphi_K \subset \varphi_K\,RS_P$.

Beweis. Wir unterscheiden die Fälle a) bis d):

a): Es gibt eine Anweisung (n, f, p) in P, dann gilt

$$\overline{RS}_{\varphi(P)}\,\varphi_K(n, s) = \overline{RS}_{\varphi(P)}\,\{n\} \times \varphi_S(s) = \{p\} \times \overline{f}\,\varphi_S(s) \subset \{p\} \times \varphi_S\,f(s) = \varphi_K\,RS_P(n, s).$$

b): Es gibt eine Anweisung (n, t, p, q) in P, und es gilt $\overline{t}\,\varphi_S(s) = t(s) = \mathbf{W}$

$$\begin{aligned}\overline{RS}_{\varphi(P)}\,\varphi_K(n, s) &= \overline{RS}_{\varphi(P)}\,(\{n\} \times \varphi_S(s)) = \{p\} \times \varphi_S(s)\\ &= \varphi_K\,RS_P(n, s).\end{aligned}$$

c): Wie b), aber $\overline{t}\,\varphi_S(s) = t(s) = \mathbf{F}$ verläuft analog.

d) Wenn keiner der Fälle a) bis c) vorliegt, dann ist n nicht Kennmarke von P, und es gilt

$$\overline{RS}_{\varphi(P)}\ \varphi_K(n, s) = \{n\} \times \varphi_S(s) = \varphi_K\ RS_P(n, s). \quad ■$$

Aus Lemma 2.3.4 folgt der wichtige

Satz 2.3.5. Sei $\varphi : M \to \overline{M}$ ein Homomorphismus, dann gilt
1. $\forall$ Programme P zu M : $Res_P = \overline{Res}_{\varphi(P)}$,
2. $\mathbf{F}(M) \subset \mathbf{F}(\overline{M})$.
Seien φ_O und φ_T surjektiv, dann gilt
3. $\mathbf{F}(M) = \mathbf{F}(\overline{M})$.
Insbesondere berechnen somit isomorphe Maschinen dieselben Funktionen.

B e w e i s . 1.und 2.Sei 0 Startmarke zu P. Aus (H1) folgt $(0, \overline{\delta}(x)) \in \varphi_K(0, \delta(x))$. Durch fortgesetzte Anwendung von Lemma 2.3.4 folgt

$$\overline{RS}^{(n)}_{\varphi(P)}(0, \overline{\delta}(x)) \in \varphi_K(RS^{(n)}_P(0, \delta(x))).$$

Dies bedeutet insbesondere (I^2_2 sei die Projektion auf die 2-te Komponente)

$$I^2_2\ \overline{RS}^{(n)}_{\varphi(P)}(0, \delta(x)) \in \varphi_S\ I^2_2\ RS^{(n)}_P(0, \delta(x)).$$

Aus (H2) folgt dann $\forall$ n, P, x :

$$\overline{\beta}\ I^2_2\ \overline{RS}^{(n)}_{\varphi(P)}(0, \overline{\delta}(x)) = \beta\ I^2_2\ RS^{(n)}_P(0, \delta(x)).$$

Damit gilt $\overline{Res}_{\varphi(P)} = Res_P$.
3. Wenn φ_O und φ_T surjektiv sind, gibt es zu jedem Programm Q zu $\overline{M}$ ein Programm P zu M mit $\varphi(P) = Q$. ■

Zwei Zustände einer Maschine wollen wir als äquivalent ansehen, wenn wir sie nicht durch Anwendung von Befehlen und Anwendung der Ausgabefunktion unterscheiden können.

Definition 2.3.6. Sei M eine Maschine. s, r $\in$ S heißen ä q u i v a l e n t , wenn

$$\forall\ f_1\ f_2 \ldots f_n \in \mathbf{O}^* : \forall \alpha \in \mathbf{T} \cup \{\beta\}: \alpha\ f_1\ f_2 \ldots f_n(s) = \alpha\ f_1\ f_2 \ldots f_n(r).$$

B e z e i c h n u n g : s $\sim$ r. Dabei sei $\mathbf{O}^*$ das von $\mathbf{O} \subset S^S$ erzeugte Teilmonoid. Λ steht für id_S. „$\sim$" ist eine Äquivalenzrelation, und aus s $\sim$ r folgt $\forall\ f \in \mathbf{O} : f(s) \sim f(r)$. [s] ist die Äquivalenzklasse zu s $\in$ S.

Definition 2.3.7. M heißt r e d u z i e r t , wenn alle Zustände paarweise inäquivalent sind.

Wir treffen Vorbereitungen, um zu beweisen, daß es zu jeder Maschine ein reduziertes, homomorphes Bild gibt. Als erstes zeigen wir, daß Zustände, die durch einen Homomorphismus in äquivalente Zustände überführbar sind, selbst äquivalent sind.

Lemma 2.3.8. Sei $\varphi : M \to \overline{M}$ Homomorphismus. Dann gilt

$$\overline{s}_1 \sim \overline{s}_2 \wedge \overline{s}_i \in \varphi_S(s_i)\ i = 1,2 \Rightarrow s_1 \sim s_2.$$

B e w e i s . Es gilt $\forall\ f_1\ f_2 \ldots f_n \in \mathbf{O}^* : \forall\ \alpha \in \mathbf{T} \cup \{\beta\}$:

Wegen (H2), (H3), (H4): $\alpha\ f_1\ f_2 \ldots f_n(s_1) = \overline{\alpha}\ \overline{f}_1\ \overline{f}_2 \ldots \overline{f}_n(\overline{s}_1)$.
Wegen $\overline{s}_1 \sim \overline{s}_2$: $= \overline{\alpha}\ \overline{f}_1\ \overline{f}_2 \ldots \overline{f}_n(\overline{s}_2)$.
Wegen (H2), (H3), (H4): $= \alpha\ f_1\ f_2 \ldots f_n(s_2)$. ∎

Satz 2.3.9. Zu jeder Maschine M gibt es einen eindeutigen Homomorphismus $\varphi : M \to \overline{M}$, so daß $\overline{M}$ reduziert ist und φ_S, φ_O, φ_T surjektiv sind.

B e w e i s . $\overline{M} = (\overline{S}, \overline{\mathbf{O}}, \overline{\mathbf{T}}, \overline{\delta}, \overline{\beta})$ werde wie folgt erklärt:

a) $\overline{S} = \{[s] \in 2^S \mid s \in S\}$,

b) $\overline{\mathbf{O}} = \{\overline{f} \mid f \in \mathbf{O}\}$,
$\forall\ s \in S : \overline{f}[s] = [f(s)]$,

c) $\overline{\mathbf{T}} = \{\overline{t} \mid t \in \mathbf{T}\}$
$\forall\ s \in S : \overline{t}[s] = t(s)$,

d) $\forall\ x \in I : \overline{\delta}(x) = [\delta(x)]$,

e) $\forall\ s \in S : \overline{\beta}[s] = \beta(s)$.

Wir zeigen: $\overline{f}$, $\overline{t}$, $\overline{\beta}$ sind widerspruchsfrei erklärt. Dies gilt wegen:

1. $s \sim r,\ f \in \mathbf{O} \Rightarrow f(s) \sim f(r)$,
2. $s \sim r,\ t \in \mathbf{T} \Rightarrow t(s) = t(r)$,
3. $s \sim r \Rightarrow \beta(s) = \beta(r)$.

Wir definieren den Homomorphismus $\varphi : M \to \overline{M}$ durch

$$\forall\ s \in S : \varphi_S(s) = [s],$$
$$\forall\ f \in \mathbf{O} : \varphi_O(s) = \overline{f},$$
$$\forall\ t \in \mathbf{T} : \varphi_T(t) = \overline{t}.$$

Es bleibt zu zeigen: φ ist Homomorphismus.
(H1) in Definition 2.3.1 folgt aus d), (H2) in Definition 2.3.1 folgt aus e), (H3) in Definition 2.3.2 folgt aus b) und (H4) in Definition 2.3.2 erfolgt aus c).
Behauptung: $\overline{M}$ ist reduziert.
Beweis. $[s] \sim [r] \Rightarrow s \sim r \Rightarrow [s] = [r]$ (Lemma 2.3.8). ∎

Beispiel. Die reduzierte Turingmaschine. Wir betrachten die Turingmaschine $\mathbf{TM}_n^k$. $S = \{(z, i) \in X^{\mathbf{Z}} \times \mathbf{Z} \mid \overset{\infty}{\forall}\ j : z_j = 0\}$ ist die Zustandsmenge von $\mathbf{TM}_n^k$. Man erkennt leicht, daß zwei Zustände (z, i), (u, j) genau dann äquivalent sind, wenn die beidseitig unendlichen Folgen z und u durch Verschiebung von z_i auf u_j ineinander übergehen. Z. B. sind die folgenden Zustände (z, 1) und (u, 5) äquivalent

$^\infty 0$	1	0	1	1	0	1	0^∞
...	z_1	z_2	z_3	z_4	z_5	z_6	...
$^\infty 0$	1	0	1	1	0	1	0^∞
...	u_5	u_6	u_7	u_8	u_9	u_{10}	...

Allgemein gilt: $(z, i) \sim (u, j) \iff \forall m \in \mathbf{Z} : z_{i+m} = u_{j+m}$.
Wir identifizieren $S_{/\sim}$ folgendermaßen mit $X^{\mathbf{Z}}$. In jeder Äquivalenzklasse $[(z, i)]$ gibt es genau einen Repräsentanten (u, j) mit $j = 0$. Sofern $(u, 0) \in [(z, i)]$, identifizieren wir die Äquivalenzklasse $[(z, i)]$ mit $u \in X^{\mathbf{Z}}$. Dabei fassen wir u als beschriftetes Band mit ausgezeichnetem Feld u_0 auf, Schreibweise:

$u = \ldots u_{-2}\, u_{-1}\, u_0 \uparrow u_1\, u_2 \ldots$

Wir geben die reduzierte Maschine zu $\mathbf{TM}_n^k$ an: $\mathbf{RTM}_n^k := (S, \mathbf{O}, \mathbf{T}, \delta^k, \beta_n)$ mit 1 bis 5:

1. $S = \{z \in X^{\mathbf{Z}} \mid \overset{\infty}{\forall} i : z_i = 0\}$.
2. $\mathbf{O} = \{d_0, d_1, \mathbf{R}, \mathrm{L}\}$ mit

$d_0 : z \longmapsto \ldots\ z_{-2}\, z_{-1}\, 0 \uparrow z_1\, z_2 \ldots$

$d_1 : z \longmapsto \ldots\ z_{-2}\, z_{-1}\, 1 \uparrow z_1\, z_2 \ldots$

$L : z \longmapsto \ldots\ z_{-2}\, z_{-1} \uparrow z_0\, z_1\, z_2 \ldots$

$R : z \longmapsto \ldots\ z_{-2}\, z_{-1}\, z_0\, z_1 \uparrow z_2\, z_3 \ldots$

3. $\mathbf{T} = \{t\}$ mit $t(z) = [z_0 = 0]$.
4. $\delta^k : (m_1, \ldots, m_k) \longmapsto {}^\infty 0 \uparrow 1^{m_1}\, 0\, 1^{m_2}\, 0 \ldots 0\, 1^{m_k}\, 0^\infty$.
5. $\beta_n : z \longmapsto (m_1, \ldots, m_n)$, falls $z = \ldots z_0 \uparrow 1^{m_1}\, 0\, 1^{m_2} 0 \ldots 0\, 1^{m_n}\, 0 \ldots$

2.4. Simulation von Maschinen

Inhaltsübersicht. Berechenbare Speicherfunktionen, berechenbare Prädikate, Simulation, Konstruktion einer Simulation $\varphi : \mathbf{URM}_n^k \to \mathbf{RTM}_n^k$.

Simulationen haben eine große praktische Bedeutung. Soll z. B. ein Rechenbetrieb von einer Maschine M_1 auf eine Maschine M_2 umgestellt werden, so ist man bestrebt, für eine Übergangsperiode auf der Maschine M_2 mit den schon vorhandenen Programmen der Maschine M_1 zu arbeiten. Hierzu simuliert man M_1 auf M_2. Für die Theorie ist folgendes wichtig: Kann man M_1 auf M_2 simulieren, so ist jede M_1-berechenbare, partielle Funktion auch M_2-berechenbar. Mit Hilfe des Konzepts der Simulation werden wir beweisen, daß die 1-Band-Turingmaschine und die unbeschränkte Registermaschine in dem Sinne äquivalent sind, daß sie dieselbe Klasse von Funktionen berechnen.

Homomorphismen von Maschinen sind spezielle Simulationen; aufgrund ihrer Starrheit haben sie nur einen begrenzten Anwendungsbereich. Man kann nicht erwarten, daß es Homomorphismen zwischen echt verschiedenen Maschinen wie z. B. der Turingmaschine und der Registermaschine gibt.

Es ist charakteristisch für einen Homomorphismus $\varphi : M \to \overline{M}$, daß sich jeder Rechenprozeß auf M mittels φ taktweise, d. h. Rechenschritt für Rechenschritt, von M auf $\overline{M}$ überträgt. Das Bild $\varphi(P)$ eines Programms P zu M ergibt sich, indem alle Anweisungen einzeln umgewandelt werden, Marken und Typ der Anweisungen bleiben unverändert. Das Konzept der Simulation soll solche Übergänge $\varphi : M \to \overline{M}$ erfassen, die jeden Rechenschritt auf M in einen endlichen Rechenprozeß auf $\overline{M}$ und jede Anweisung zu M in eine endliche Menge von Anweisungen zu $\overline{M}$ überführen.

Zur Maschine $M = (S, \mathbf{O}, \mathbf{T}, \delta, \beta)$ setzen wir $M^* = (S, S^S, \{W, F\}^S, \delta, \beta)$, $M^o :=$ $(S, \mathbf{O}, \mathbf{T}, id_S, id_S)$. Eine Simulation von M_1 auf M_2 soll ein Homomorphismus $\varphi : M_1 \to M_2^*$ sein, der die Operationen und Prädikate von M_1 derart auf M_2^* überträgt, daß die Bildoperationen und die Bildprädikate eingeschränkt auf die Menge der Bildzustände in einer noch zu präzisierenden Weise auf M_2 berechnet werden können.

Definition 2.4.1. Zu einer Maschine M und $R \subset S$ erklären wir die Menge $\mathsf{F}_R(M) \subset S^S$ der M-berechenbaren Speicherfunktionen auf R wie folgt: $f \in \mathsf{F}_R(M) :\iff \exists$ Programm P zu M^o : $Res^o_{P|R} = f_{|R}$.

Definition 2.4.2. Zur Maschine M und $R \subset S$ erklären wir die Menge $\mathsf{T}_R(M) \subset \{W, F\}^S$ der M-berechenbaren Prädikate auf R wie folgt:

$t \in \mathsf{T}_R(M) :\iff \exists$ Programm P mit Startmarke n und verschiedenen Endmarken $\overline{W}, \overline{F} \in \mathbf{N}$, so daß

$$\forall s \in R : \exists m \in \mathbf{N} : RS_P^{(m)}(n, s) = (\overline{t(s)}, s).$$

Ein Diagramm zu M, welches das Prädikat t auf R berechnet, schreiben wir schematisch

$$\begin{array}{l} \longrightarrow D \longrightarrow \overline{W}. \\ \quad\;\;\downarrow \\ \quad\;\;\overline{F} \end{array}$$

Definition 2.4.3. Eine Simulation von M_1 auf M_2 ist ein Homomorphismus $\varphi : M_1 \to M_2^*$ mit 1 und 2 (es bezeichne $\overline{S}_1 = \varphi_S(S_1)$):

1. $\forall f \in \mathbf{O}_1 : \varphi_O(f) \in \mathsf{F}_{\overline{S}_1}(M_2)$.
2. $\forall t \in \mathbf{T}_1 : \varphi_T(t) \in \mathsf{T}_{\overline{S}_1}(M_2)$.

Korollar 2.4.4. Sei φ eine Simulation von M_1 auf M_2, dann gilt $\mathsf{F}(M_1) \subset \mathsf{F}(M_2)$.

Beweis: Sei $\longrightarrow D_1 \longrightarrow$ ein Diagramm zu M_1, das $f \in \mathsf{F}(M_1)$ berechnet. Man konstruiere das Diagramm $\longrightarrow D_2 \longrightarrow$ zu M_2 wie folgt: Ein Teildiagramm $\longrightarrow g \longrightarrow$ in D_1 mit $g \in \mathbf{O}_1$ ersetze man durch ein Diagramm $\longrightarrow D \longrightarrow$ zu M_2^o, das $\varphi_O(g)_{|\overline{S}_1}$ berechnet. Dabei sei wieder $\overline{S}_1 = \varphi_S(S_1)$.

Ein Teildiagramm

$$\begin{array}{l} \longrightarrow t \xrightarrow{\text{ja}} \\ \quad\ \downarrow \text{nein} \end{array}$$

in D_1 mit $t \in \mathbf{T}_1$ ersetze man durch ein Diagramm

$$\begin{array}{l} \longrightarrow D \longrightarrow \overline{W} \\ \qquad \downarrow \\ \qquad \overline{F} \end{array}$$

zu M_2, das $\varphi_O(t)_{|\overline{S}_1}$ berechnet. Nach Konstruktion berechnet $\longrightarrow D_2 \longrightarrow$ auf M_2 dieselbe Funktion wie $\longrightarrow D_1 \longrightarrow$ auf M_1. ∎

In die Definition einer Simulation $\varphi : M_1 \to M_2$ gehen von den Bildfunktionen $\varphi_O(f), \varphi_T(t)$ nur die Einschränkungen $\varphi_O(f)_{|\overline{S}_1}, \varphi_T(t)_{|\overline{S}_1}$ ein. Bei der Konstruktion von Simulationen genügt es somit, diese Einschränkungen anzugeben. Wir simulieren nun die unbeschränkte Registermaschine auf der 1-Band-Turingmaschine.

Satz 2.4.5. Es gibt eine Simulation von $\mathbf{URM}_n^k$ auf $\mathbf{RTM}_n^k$. Somit gilt $\mathsf{F}(\mathbf{URM}_n^k) \subset \mathsf{F}(\mathbf{TM}_n^k)$.

B e w e i s . Sei $\mathbf{URM}_n^k = (S, \mathbf{O}, \mathbf{T}, \delta^k, \beta_n)$ und $\mathbf{RTM}_n^k = (\overline{S}, \overline{O}, \overline{T}, \overline{\delta}^k, \overline{\beta}_n)$; wir konstruieren einen Homomorphismus $\varphi = (\varphi_S, \varphi_O, \varphi_T)$, $\varphi : \mathbf{URM}_n^k \to (\mathbf{RTM}_n^k)$ durch 1 bis 3.

1. $\varphi_S : S \to \overline{S}$ definieren wir wie folgt:

$$\varphi_S : z \to {}^\infty 0 \uparrow 1^{z_1}\, 0\, 1^{z_2}\, 0\, 1^{z_3}\, 0 \ldots$$

Man verifiziert sofort die Kommutativität (H1) und (H2) für die Ein- und Ausgabefunktion.

2. Wir definieren $\varphi : \mathbf{O} \to \overline{\mathbf{O}}$ wie folgt:

$$\varphi_O(A_i) : {}^\infty 0 \uparrow 1^{z_1}\, 0\, 1^{z_2}\, 0 \ldots 0\, 1^{z_i}\, 0 \ldots \mapsto {}^\infty 0 \uparrow 1^{z_1}\, 0 \ldots 0\, 1^{z_i+1}\, 0 \ldots$$

$$\varphi_O(S_i) : {}^\infty 0 \uparrow 1^{z_1}\, 0\, 1^{z_2}\, 0 \ldots 0\, 1^{z_i}\, 0 \ldots \mapsto {}^\infty 0 \uparrow 1^{z_1}\, 0 \ldots 0\, 1^{z_i \dot{-} 1}\, 0 \ldots$$

Man verifiziert sofort, daß die Kommutativität (H3) erfüllt ist. Nun zeigen wir, daß $\varphi_O(A_i)$, $\varphi_O(S_i)$ in $\mathsf{F}_{\varphi_S(S)}(\mathbf{RTM}_n^k)$ liegen.

Wir benutzen folgende Teildiagramme für Turingmaschinen:

$$\longrightarrow RE \longrightarrow\ := \ \longrightarrow R \longrightarrow t \xrightarrow{\text{ja}} .$$
$$\qquad\qquad\qquad \uparrow \underline{\text{ nein }}|$$

Rücke nach rechts vor bis zur nächsten Null

$$\longrightarrow LI \longrightarrow\ := \ \longrightarrow L \longrightarrow t \xrightarrow{\text{ja}} .$$
$$\qquad\qquad\qquad \uparrow \underline{\text{ nein }}|$$

Rücke nach links vor bis zur nächsten Null.

Solche Teildiagramme nennen wir **P s e u d o b e f e h l e**, weil wir sie in Diagrammen auch anstelle von Befehlen verwenden. Ferner benutzen wir folgende abkürzende Schreibweise für ein Diagramm $\longrightarrow D \longrightarrow$ und $i \in \mathbf{N}$:

$$\longrightarrow \underset{\llcorner\!\lrcorner\, i}{D} \longrightarrow \; := \; \underbrace{\longrightarrow D \longrightarrow D \longrightarrow \cdots \longrightarrow D \longrightarrow}_{\text{i-mal}} .$$

Das Diagramm Fig. 11 berechnet auf **RTM** eine Funktion, welche auf $^\infty 0 \upharpoonleft X^\infty$ mit $\varphi_O(A_i)$ übereinstimmt. Das Diagramm zu $\varphi_O(A_i)$:

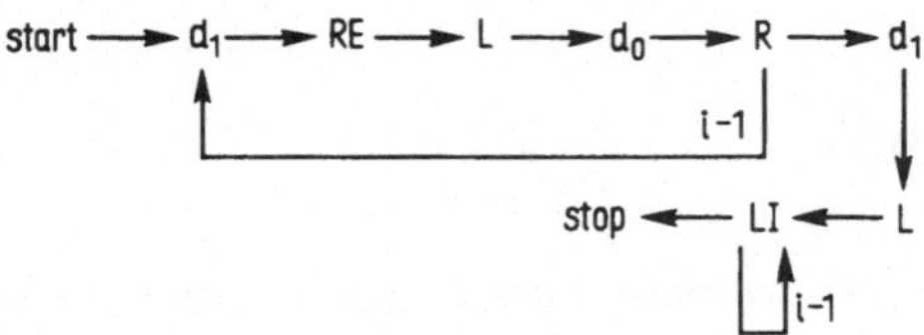

Fig. 11

Das Diagramm Fig. 12 berechnet auf **RTM** eine Funktion, deren Einschränkung auf $^\infty 0 \upharpoonleft X^\infty$ mit $\varphi_O(S_i)$ übereinstimmt. Das Diagramm zu $\varphi_O(S_i)$:

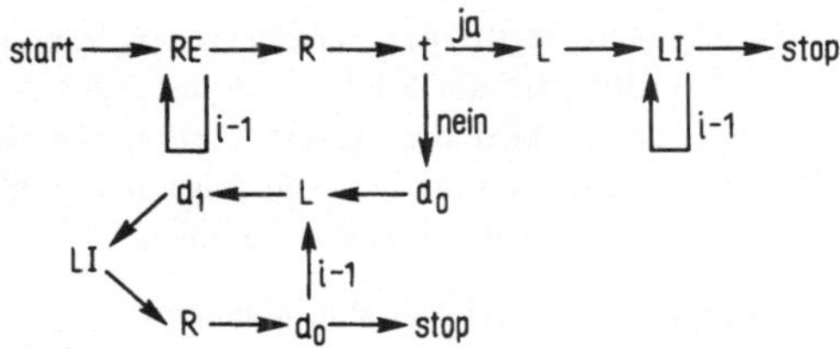

Fig. 12

3. Wir definieren $\varphi_T : \mathbf{T} \to \overline{\mathbf{T}}^*$ wie folgt:

$$\varphi_T(t_i) : {}^\infty 0 \upharpoonleft 1^{z_1}\, 0\, 1^{z_2}\, 0 \ldots \mapsto [z_i = 0]$$

Man verifiziert, daß die Kommutativität (H4) erfüllt ist.
Das Diagramm Fig. 13 berechnet $\varphi_T(t_i)$ auf **RTM**. Das Diagramm zu $\varphi_T(t_i)$:

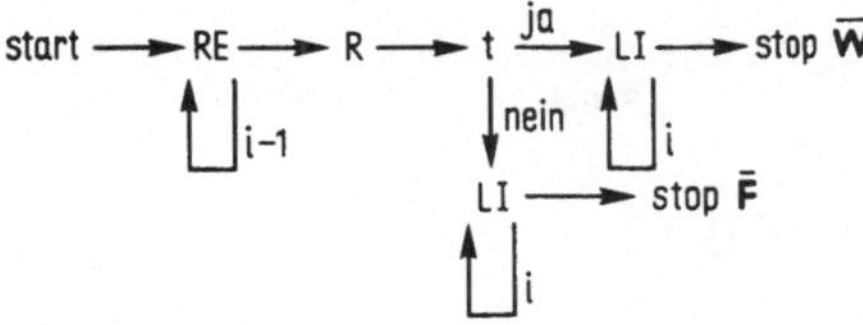

Fig. 13

Im Diagramm zu $\varphi_T(t_i)$ erfolgt der eigentliche Test durch die Operation t. Die beiden Programmteile $\longrightarrow \underset{\uparrow\!\_\_\!\rfloor_i}{\mathrm{LI}} \longrightarrow$ stellen den Startzustand der Maschine wieder her. Dieser Programmteil muß doppelt auftreten, und die verschiedenen Marken, die die beiden Ausführungen dieses Programmteils ansteuern, geben den Wert des Prädikats $\varphi_T(t_i)$ an.

3. Rekursive Funktionen

3.1. Grundfunktionen und Operationen

Inhaltsübersicht. Grundfunktionen, Operationen: Einsetzung, μ-Rekursion, simultan primitive Rekursion, beschränkte Summation, beschränkte Produktbildung, Funktionenklassen: Substitutionen, elementare Funktionen, primitiv rekursive Funktionen, partiell rekursive Funktionen, elementare Prädikate, rekursive Prädikate, Beispiele elementarer und primitiv rekursiver Funktionen, Abschluß gegen Verknüpfungen der Aussagenlogik, Abschluß gegen Fallunterscheidung, Abschluß gegen beschränkte Quantifizierung und beschränkte μ-Rekursion, die Primzahlfunktion **p** ist elementar.

Wir untersuchen einen weiteren Zugang zum Begriff der berechenbaren, zahlentheoretischen Funktion. Wir betrachten also partielle Funktionen des Typs $f: \mathbf{N}^n \to \mathbf{N}^m$. Wir bilden Klassen von zahlentheoretischen Funktionen, indem wir auf Grundfunktionen Verknüpfungen und Rekursionsschemata anwenden. Die folgenden zahlentheoretischen Funktionen kann man offensichtlich effektiv berechnen.

Definition 3.1.1 (Grundfunktionen). x sei Variable über $\mathbf{N}^n$.

1. Projektionen ($n \in \mathbf{N}_+$, $1 \leq i \leq n$)

$$\mathbf{I}_i^n : \mathbf{N}^n \to \mathbf{N} \quad \text{mit} \quad \mathbf{I}_i^n = \lambda\, x[x_i],$$

2. die Konstanten ($r, n \in \mathbf{N}$)

$$\mathbf{C}_r^n : \mathbf{N}^n \to \mathbf{N} \quad \text{mit} \quad \mathbf{C}_r^n = \lambda\, x[r],$$

3. die Identitäten ($n \in \mathbf{N}$)

$$\mathbf{I}^n : \mathbf{N}^n \to \mathbf{N}^n \quad \text{mit} \quad \mathbf{I}^n = \lambda\, x[x],$$

4. die Diagonalisierungen ($n, k \in \mathbf{N}_+$)

$$\Delta_k^n : \mathbf{N}^n \to \mathbf{N}^{nk} \quad \text{mit} \quad \Delta_k^n = \lambda\, x[\underbrace{(x, x, \ldots, x)}_{k\text{-mal}}],$$

5. die Nachfolgerfunktion

$$\mathbf{S} : \mathbf{N} \to \mathbf{N} \quad \text{mit} \quad \mathbf{S} = \lambda\, n[n+1],$$

6. die Vorzeichenfunktion

$$\mathrm{sg} : \mathbf{N} \to \mathbf{N} \quad \text{mit} \quad \mathrm{sg} = \lambda\, n[\text{if } n = 0 \text{ then } 0 \text{ else } 1],$$

7. $\dot{-} : N^2 \to N$ mit $\dot{-} = \lambda x, y[\max\{x - y, 0\}]$,
8. $+: N^2 \to N$ mit $+ = \lambda x\ y[x + y]$,
9. $\cdot : N^2 \to N$ mit $\cdot = \lambda x\ y[x \cdot y]$.

Die folgenden Operationen erzeugen aus effektiv berechenbaren, zahlentheoretischen Funktionen ebensolche Funktionen.

Definition 3.1.2 (Einsetzung). Zu $f_i : N^k \to N^{m_i}$, $g : N^m \to N^s$ mit $\sum_{i=1}^{r} m_i = m$ erklären wir die partielle Funktion $h : N^k \to N^s$ durch

$$h = \lambda x[g(f_1(x), f_2(x), \ldots, f_r(x))].$$

h heißt durch Einsetzung von $f_1, f_2, \ldots f_r$ in g erzeugt, Bezeichnung: $h = E(g; f_1, \ldots, f_r)$. Es gilt

$$D(h) = \{x \in \bigcap_{i=1}^{r} D(f_1) \mid (f_1(x), \ldots, f_r(x)) \in D(g)\}.$$

Offensichtlich ist mit $g, f_1, \ldots, f_r$ auch $E(g; f_1, \ldots f_r)$ effektiv berechenbar. Im Falle $r = 1$ erhält man die Zusammensetzung von Funktionen: $g \circ f = E(g; f)$.

Definition 3.1.3 (Kartesisches Produkt). Zu $f : N^k \to N^s$, $g : N^n \to N^m$ erklärt man $f \times g : N^{k+n} \to N^{s+m}$ durch

$$f \times g = \lambda x, y[(f(x), g(y))].$$

Definition 3.1.4 (Minimisierung, μ-Rekursion). Sei $h : N^n \to N$ eine totale Funktion; dann erklärt man die partielle Funktion $\mu h : N^n \to N$ durch

$$\mu h = \lambda x_1, \ldots, x_n[\min\{m \mid h(x_1, \ldots, x_{n-1}, m) = x_n\}].$$

Um $\mu h(x_1, \ldots, x_n)$ zu berechnen, berechnet man sukzessive die Werte $h(x_1, \ldots, x_{n-1}, m)$ für $m = 0, 1, 2, \ldots$, bis man ein m mit $h(x_1, \ldots, x_{n-1}, m) = x_n$ gefunden hat. Offensichtlich gilt

$$D(\mu h) = \{x \in N^n \mid \exists\, m \in N : h(x_1, \ldots, x_{n-1}, m) = x_n\}.$$

Bezeichnung: Zu einem Prädikat $\lambda x, m[P(x, m)]$ bezeichne $\mu_m[P(x, m)]$ das kleinste m mit $P(x, m) = W$, es gilt dann:

$$\mu_m[h(x_1, \ldots, x_{n-1}, m) = x_n] = \mu h(x_1, \ldots, x_n).$$

Die Minimisierung auf 0 erklärt man durch

$$\mu^0 h = \lambda x_1, \ldots, x_{n-1}[(\mu h)(x_1, \ldots, x_{n-1}, 0)].$$

$\mu^0 h$ ist eine partielle Funktion $\mu^0 h : N^{n-1} \to N$.

Definition 3.1.5 (Simultane (bzw. mehrstellige) primitive Rekursion). Es seien $f : N^n \to N^k$, $h : N^{n+k+1} \to N^k$ totale Funktionen. Dann wird $g : N^{n+1} \to N^k$ erklärt durch

$$\forall x \in N^n : g(x, 0) = f(x),$$
$$\forall x \in N^n : \forall m \in N : g(x, m + 1) = h(x, m, g(x, m)).$$

g heißt durch simultane primitive Rekursion aus h und f erzeugt, Bezeichnung $g = \mathbf{Pr}(f, h)$. Den Fall $k = 1$ bezeichnet man als (einfache) primitive Rekursion. Für $n = 0$ hat die primitive Rekursion die Form

$$g(0) = C_r^0(0) = r, \; g(m+1) = h(m, g(m)).$$

Definition 3.1.6 (Beschränkte Summation und beschränkte Produktbildung). Sei $f : \mathbf{N}^{n+1} \to \mathbf{N}$ eine totale Funktion. Dann werden die totalen Funktionen $\Sigma f, \Pi f : \mathbf{N}^{n+1} \to \mathbf{N}$ wie folgt erklärt:

$$(\Sigma f)(x, m) = \sum_{j \leq m} f(x, j); \qquad (\Pi f)(x, m) = \prod_{j \leq m} f(x, j).$$

Es ist lästig, stets alle Grundfunktionen und Grundoperationen gesondert aufzuführen. Deshalb bezeichnen wir zu einer Klasse $\mathbf{F}$ von zahlentheoretischen Funktionen

$$\overline{\mathbf{F}} = \mathbf{F} \cup \{C_j^n, I_i^m, I^n, \Delta_j^n \mid j, n \in \mathbf{N}, i, m \in \mathbf{N}_+\}$$

und zu einer Klasse $\mathbf{O}$ von Operationen auf Funktionen:

$$\overline{\mathbf{O}} = \mathbf{O} \cup \{\circ, \times, E\}.$$

Zu einer Klasse $\mathbf{F}$ von Funktionen und $\mathbf{O}$ von Operationen auf Funktionen bezeichne $A[\mathbf{F}, \mathbf{O}]$ diejenige Klasse von Funktionen, die man durch fortgesetzte Anwendung der Operationen in $\overline{\mathbf{O}}$ aus den Funktionen in $\overline{\mathbf{F}}$ erzeugen kann. $A[\mathbf{F}, \mathbf{O}]$ ist somit die kleinste Klasse von Funktionen, die $\overline{\mathbf{F}}$ enthält und abgeschlossen gegenüber den Operationen von $\overline{\mathbf{O}}$ ist. Für $A[\mathbf{F}, \emptyset]$ schreiben wir $[\mathbf{F}]$. Die Funktionen in $[\emptyset]$ nennt man Substitutionen. In diesen Bezeichnungen listen wir die Mengen $\mathbf{F}$ und $\mathbf{O}$ häufig durch ihre Elemente auf. Dabei verzichten wir auf die Mengenklammern $\{\}$ und trennen die Elemente von $\mathbf{F}$ und $\mathbf{O}$ durch Strichpunkt.

Definition 3.1.7 $A[+, \cdot, \dot{-}; \Sigma, \Pi]$ ist die Klasse der elementaren Funktionen, Bezeichnung: $\mathbf{E}$. $A[\mathbf{S}; \mathbf{Pr}]$ ist die Klasse der primitiv rekursiven Funktionen, Bezeichnung: $\mathbf{Pr}$. $\mathbf{P} = A[\mathbf{S}; \mathbf{Pr}, \mu]$ ist die Klasse der partiell rekursiven Funktionen. $\mathbf{R} = \{f \in \mathbf{P} \mid \exists n \in \mathbf{N} : D(f) = \mathbf{N}^n\}$ ist die Klasse der rekursiven Funktionen.

Beispiele 3.1.8. Folgende Funktionen sind primitiv rekursiv:

1. + ergibt sich durch primitive Rekursion aus $\mathbf{SI}_3^3$ und $\mathbf{I}^1$:

$$+(x, 0) = x + 0 = x = \mathbf{I}^1(x),$$
$$+(x, m+1) = x + (m+1) = (x+m) + 1 = \mathbf{SI}_3^3(x, m, +(x, m)).$$

Also $+ = \mathbf{Pr}(\mathbf{I}^1, \mathbf{SI}_3^3)$.

2. $\cdot$ ergibt sich durch primitive Rekursion aus $\mathbf{C}_0^1$ und +:

$$x \cdot 0 = \mathbf{C}_0^1(x), \qquad x \cdot (m+1) = x + x \cdot m.$$

Also $\cdot = \mathbf{Pr}(\mathbf{C}_0^1, +(\mathbf{I}_1^3 \times \mathbf{I}_3^3)\,\Delta_2^3) = \mathbf{Pr}(\mathbf{C}_0^1, E(+; \mathbf{I}_1^3, \mathbf{I}_3^3))$,
denn es gilt

$$E(+; \mathbf{I}_1^3, \mathbf{I}_3^3)(x, m, y) = x + y = +(\mathbf{I}_1^3 \times \mathbf{I}_3^3)\,\Delta_2^3(x, m, y).$$

3. $(\dot{-}1) : \mathbf{N} \to \mathbf{N}$ mit $(\dot{-}1)(n) = n \dot{-} 1$ wegen $0 \dot{-} 1 = 0, (x+1) \dot{-} 1 = x$.
4. $\dot{-} : \mathbf{N}^2 \to \mathbf{N}$ wegen $(x \dot{-} 0) = x, x \dot{-} (m+1) = (x \dot{-} m) \dot{-} 1$.

Folgende Funktionen sind elementar und primitiv rekursiv:

5. $\overline{sg} : \mathbf{N} \to \mathbf{N}$ mit $\overline{sg}(n) = 1 \dot{-} n$.
6. $sg : \mathbf{N} \to \mathbf{N}$ wegen $sg = \overline{sg} \circ \overline{sg}$.
7. $\max : \mathbf{N}^2 \to \mathbf{N}$ wegen $\max(x, y) = (x \dot{-} y) + y$.
8. $\min : \mathbf{N}^2 \to \mathbf{N}$ wegen $\min(x, y) = x + y \dot{-} \max(x, y)$.

Wegen $+, \cdot, \dot{-} \in \mathbf{PR}$ kann man Σ und Π wie folgt durch **Pr** ausdrücken:

$$(\Sigma f)(x, 0) = f(x, 0), \qquad (\Sigma f)(x, n+1) = f(x, n+1) + (\Sigma f)(x, n),$$
$$(\Pi f)(x, 0) = f(x, 0), \qquad (\Pi f)(x, n+1) = f(x, n+1) \cdot \Pi f(x, n).$$

Es folgt somit

Korollar 3.1.9. $\mathbf{E} \subset \mathbf{PR} \subset \mathbf{R} \subset \mathbf{P}$.

Im folgenden sei $\mathbf{F}$ eine Klasse von zahlentheoretischen Funktionen. Wir bezeichnen:

$$\mathbf{F}^n_m = \{f \in \mathbf{F} \mid D(f) \subset \mathbf{N}^n \wedge W(f) \subset \mathbf{N}^m\},$$

$$\mathbf{F}^n = \bigcup_{m \in \mathbf{N}} \mathbf{F}^n_m, \qquad \mathbf{F}_m = \bigcup_{n \in \mathbf{N}} \mathbf{F}^n_m.$$

Zu einer totalen Funktion $g \in \mathbf{F}^n_1$ definieren wir das Prädikat $g^o : \mathbf{N}^n \to \{W, F\}$ durch

$$g^o(x) = [g(x) \neq 0].$$

Rel $\mathbf{F} = \{g^o \mid g \in \mathbf{F}_1 \wedge g \text{ total}\}$ ist die Klasse der zu $\mathbf{F}$ gehörigen Relationen. Die Relationen in Rel $\mathbf{E}$, Rel $\mathbf{PR}$, Rel $\mathbf{R}$ heißen *elementar*, *primitiv rekursiv* bzw. *rekursiv*. Die rekursiven Relationen nennt man auch *entscheidbar*.

Lemma 3.1.10. Es seien $+, \cdot, \dot{-} \in \mathbf{F}^2_1$, dann gilt:

1. Rel $[\mathbf{F}]$ ist abgeschlossen gegen Operationen der Aussagenlogik;
2. die zweistelligen Relationen $\leq, \geq, =, <, >$ sind Elemente von Rel $[\mathbf{F}]$;
3. $[\mathbf{F}]$ ist abgeschlossen gegen Fallunterscheidung, d. h. mit den totalen Funktionen $g_1, \ldots, g_k \in [\mathbf{F}]^m_1$ und den Funktionen $f_1, \ldots, f_{k+1} \in [\mathbf{F}]^m_n (k \in \mathbf{N}_+, m, n \in \mathbf{N})$ ist die folgende Funktion f Element von $[\mathbf{F}]^m_n$.

$$f(x) = \begin{cases} \text{if } g^o_1(x) \text{ then } f_1(x) \text{ else} \\ \text{if } g^o_2(x) \text{ then } f_2(x) \text{ else} \\ \quad \ldots \\ \text{if } g^o_k(x) \text{ then } f_k(x) \text{ else} \\ f_{k+1}(x) \end{cases} \qquad (x \in \mathbf{N}^m)$$

Beweis.

egen $\overline{sg}(n) = 1 \dot{-} n$;

$sg \in [\mathbf{F}]$ wegen $sg(n) = 1 \dot{-} \overline{sg}(n)$.

1. Es gilt $\neg[g(x) \neq 0] = [\overline{sg}\ g(x) \neq 0]$

$$g_1^o \wedge g_2^o = (g_1 \cdot g_2)^o, \qquad g_1^o \vee g_2^o = (g_1 + g_2)^o.$$

2. Es gilt

$$> \in \mathrm{Rel}\,[\mathbf{F}] \text{ wegen } [a > b] = [\dot{-}(a, b) \neq 0]$$
$$< \in \mathrm{Rel}\,[\mathbf{F}] \text{ wegen } [a < b] = [\dot{-}\,V(a, b) \neq 0] = [\dot{-}(b, a) \neq 0$$

Dabei sei $V = (I_2^2 \times I_1^2)\,\Delta_2^2 \in [\emptyset]$ die Vertauschung.

$$\neq \in \mathrm{Rel}\,[\mathbf{F}] \text{ wegen } [a \neq b] = [a < b] \vee [a > b],$$
$$= \in \mathrm{Rel}\,[\mathbf{F}] \text{ wegen } [a = b] = \neg[a \neq b],$$
$$\leq \in \mathrm{Rel}\,[\mathbf{F}] \text{ wegen } [a \leq b] = \neg[b > a],$$
$$\geq \in \mathrm{Rel}\,[\mathbf{F}] \text{ wegen } [a \geq b] = \neg[b < a].$$

3. Wegen $f = E(I^n, I_1^n f, I_2^n f, \ldots, I_n^n f)$ gilt

$$f \in [\mathbf{F}] \iff \forall i (1 \leq i \leq n) : I_i^n f \in [\mathbf{F}].$$

Es genügt somit, den Beweis für n = 1 zu führen. Es gilt dann:

$$f = (sg\,g_1) \cdot f_1 + (\overline{sg}\,g_1) \cdot (sg\,g_2) \cdot f_2 + \ldots +$$
$$+ (\overline{sg}\,g_1) \cdot (\overline{sg}\,g_2) \cdot \ldots \cdot (\overline{sg}\,g_{k-1}) \cdot (sg\,g_k) \cdot f_k +$$
$$+ (\overline{sg}\,g_1) \cdot (\overline{sg}\,g_2) \cdot \ldots \cdot (\overline{sg}\,g_k) \cdot f_{k+1}. \quad \blacksquare$$

Lemma 3.1.11. Es gelte $+, \cdot, \dot{-} \in \mathbf{F}$ und $\mathbf{F} = A[\mathbf{F}; \Sigma, \Pi]$, dann gelten 1 und 2.

1. Rel $\mathbf{F}$ ist abgeschlossen gegen beschränkte Quantifizierung. D. h. mit $t \in \mathrm{Rel}\,\mathbf{F}_1^{n+1}$ sind auch die folgenden Prädikate t_1, t_2 in Rel $\mathbf{F}_1^{n+1}$:

$$t_1(x, m) = [\forall i \leq m : t(x, i)],$$
$$t_2(x, m) = [\exists i \leq m : t(x, i)].$$

2. $\mathbf{F}$ ist abgeschlossen gegen beschränkte μ-Rekursion, d. h. mit $h \in \mathbf{F}_1^{n+1}$ ist auch die folgende Funktion $\bar{\mu} h$ in $\mathbf{F}_1^{n+2}$:

$$\bar{\mu} h(x, m, n) = \begin{cases} \text{if } \exists i \leq n : h(x, i) = m \\ \text{then } \mu_i[h(x, i) = m] \text{ else } 0. \end{cases}$$

B e w e i s. 1. Sei $t = f^o$, dann gilt $t_1 = (\Pi f)^o$ und $t_2 = (\Sigma f)^o$.

2. Wegen Lemma 3.1.10 und 1 in Lemma 3.1.11 ist das folgende Prädikat t_1 in Rel $\mathbf{F}$

$$t_1(x, m, n) = [\exists i \leq n : h(x, i) = m].$$

Dann gibt es eine binäre Funktion $f \in \mathbf{F}$ mit $\neg t_1 = f^o$. Für diese gilt

$$f(x, m, n) = \begin{cases} 1 & \text{falls } \forall i \leq n : h(x, i) \neq m, \\ 0 & \text{falls } \exists i \leq n : h(x, i) = m. \end{cases}$$

Daraus folgt für $n \geq \mu_i[h(x, i) = m]$

$$(\Sigma f)(x, m, n) = \mu_i[h(x, i) = m]$$

und somit

$$\bar{\mu}\, h(x, m, n) = [\text{ if } t_1(x, m, n) \text{ then } (\Sigma f)(x, m, n) \text{ else } 0].$$

Nach Lemma 3.1.10 ist **F** abgeschlossen gegen Fallunterscheidung. Somit folgt $\bar{\mu} h \in \mathbf{F}$. ∎

Bemerkung. Wenn $+, \cdot, \dot{-} \in [\mathbf{F}]$ und $[\mathbf{F}]$ abgeschlossen gegen beschränkte μ-Rekursion ist, dann führt auch die beschränkte Maximumbildung nicht aus $[\mathbf{F}]$ hinaus, d. h. mit $h \in [\mathbf{F}]_1^2$ ist auch die folgende Funktion $g \in [\mathbf{F}]$:

$$g(x, m, n) = \begin{cases} \text{if } \exists\, i \leq n : h(x, i) = m \text{ then} \\ \max\, \{i \leq n : h(x, i) = m\} \text{ else } 0. \end{cases}$$

Denn unter der Voraussetzung $\exists\, i \leq n : h(x, i) = m$ gilt

$$\max\, \{i \leq n : h(x, i) = m\} = n \dot{-} \mu_j[h(x, n \dot{-} j) = m].$$

Lemma 3.1.12. Die folgenden Prädikate P_1, P_2, P_3 und die Funktion **p** sind elementar:

1. $P_1(n, m, k) = [m \cdot k = n]$,
2. $P_2(n, m) \quad = [\exists\, k \leq n : P_1(n, m, k)]$,
3. $P_3(n) \quad = [n \text{ ist Primzahl}]$,
4. $p(n) \quad = \text{die } n\text{-te Primzahl}, p(0) = 0$.

Beweis. 1. Folgt unmittelbar aus Lemma 3.1.10.
2. Folgt dann aus Lemma 3.1.11.
3. Es gilt:

$$P_3(n) = [n > 1 \wedge \neg\, \exists\, m \leq n : (P_2(n, m) \wedge m \neq 1 \wedge m \neq n)].$$

Weil Rel **E** abgeschlossen gegen Operationen der Aussagenlogik und gegen beschränkte Quantifizierung ist, folgt 3.
4. Es gibt eine binäre Funktion $g \in \mathbf{E}$ mit $P_3 = g^o$, dann gilt $\mathbf{p} = \mu(\Sigma\, g) = \lambda\, n[\min\, \{i \mid \sum_{j \leq i} g(j) = n\}]$. Es gilt $p(n) \leq (n + 1)\,!$ und somit

$$p(n) = (\bar{\mu}(\Sigma\, g))\,(n, (n + 1)!).$$

Wegen $(n + 1)! = (\Pi\, \mathbf{S})\,(n)$ und weil **E** abgeschlossen gegen Σ, Π und $\bar{\mu}$ ist, folgt $\mathbf{p} \in \mathbf{E}$. ∎

3.2. Die partiell rekursiven Funktionen kann man auf der Registermaschine berechnen

Inhaltsübersicht. Das m-normierte Diagramm zu **URM**, Diagramme zur Zusammensetzung $\circ$, zum kartesischen Produkt $\times$, zur Iteration und zur μ-Rekursion; Zurückführen der primitiven Rekursion auf die Iteration und der μ-Rekursion auf die μ^0-Rekursion.

Wir legen im folgenden die Registermaschine **URM** nach 2.2.1 zugrunde. $\mathbf{F}(\mathbf{URM}) := \bigcup_{n,m \in \mathbf{N}} \mathbf{F}(\mathbf{URM}_n^m)$ ist die Gesamtheit der registerberechenbaren Funktionen. Um $\mathbf{P} \subset \mathbf{F}(\mathbf{URM})$ zu zeigen, benutzen wir einige Hilfsdiagramme und Lemmata. Das Hilfsdiagramm Fig. 14 bewirkt, daß das i-te Register gelöscht wird

$\longrightarrow s_i \longrightarrow t_i \xrightarrow{\text{ja}}$ (nein: zurück zu s_i) Abkürzung: $\longrightarrow \boxed{r_i := 0} \longrightarrow$

Fig. 14

Weitere Diagramme: Fig. 15, Fig. 16

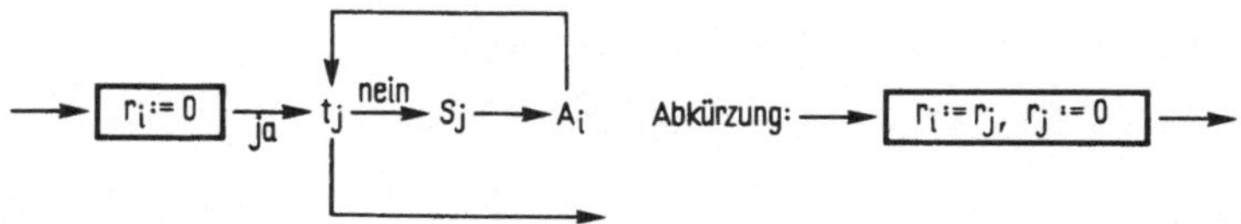

Fig. 15

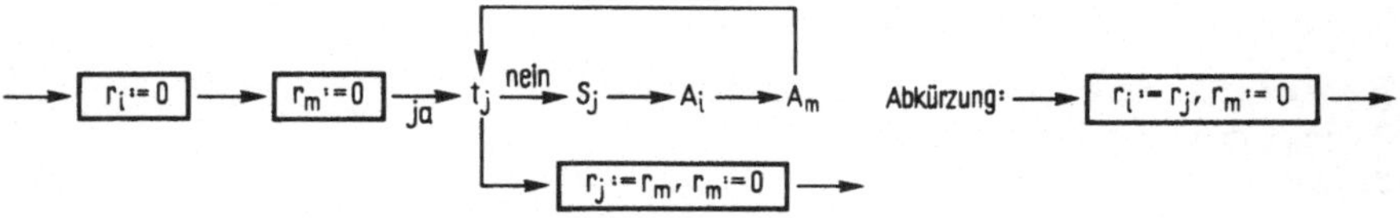

$\longrightarrow \boxed{r_i := 0} \longrightarrow \boxed{r_m := 0} \xrightarrow{\text{ja}} t_j \xrightarrow{\text{nein}} s_j \longrightarrow A_i \longrightarrow A_m$ (zurück zu t_j); ja: $\longrightarrow \boxed{r_j := r_m, r_m := 0} \longrightarrow$ Abkürzung: $\longrightarrow \boxed{r_i := r_j, r_m := 0} \longrightarrow$

Fig. 16

Bei der Benutzung des letzten Diagramms ist oft nur die Zuordnung $r_i := r_j$ von Interesse. Wir schreiben dann abkürzend $\longrightarrow \boxed{r_i := r_j} \longrightarrow$ und setzen dabei voraus, daß m so gewählt ist, daß das m-te Register von keinem anderen Befehl des Diagramms angesprochen wird und daß in das m-te Register nichts eingegeben wird.

Zu einem Diagramm $\longrightarrow D \longrightarrow$ und $m \in \mathbf{N}$ erklären wir das m-normierte Diagramm $\longrightarrow D^{(m)} \longrightarrow$. Dieses soll im Anschluß an D alle Register löschen, deren Nummer i größer ist als m und zu denen es einen Befehl in D gibt. Seien g(1), . . ., g(k) diejenigen $i > m$, für die es einen Befehl in D gibt. Dann wirkt $\longrightarrow D^{(m)} \longrightarrow$ wie

$$\longrightarrow D \longrightarrow \boxed{r_{g(i)} := 0}_{i=1,\dots,k} \longrightarrow .$$

Lemma 3.2.1. $\mathbf{F}(\mathbf{URM})$ ist abgeschlossen gegen $\circ$.

Beweis. Es seien $\longrightarrow D_i \longrightarrow (i = 1,2)$ Diagramme, die die partiellen Funktionen $f_1 : \mathbf{N}^n \mid\!\longrightarrow \mathbf{N}^m$, $f_2 \longrightarrow : \mathbf{N}^m \longrightarrow \mathbf{N}^k$ berechnen $(n, m, k \in \mathbf{N})$. Dann berechnet das Diagramm $\longrightarrow D_1^{(m)} \longrightarrow D_2 \longrightarrow$ die Funktion $f_2 \circ f_1$ auf $\mathbf{URM}_k^n$. ∎

Lemma 3.2.2. **F(URM)** ist abgeschlossen gegen $\times$.

B e w e i s. Es seien $\longrightarrow D_i \longrightarrow$ $(i = 1,2)$ Diagramme, die die partiellen Funktionen $f_i : \mathbf{N}^n \to \mathbf{N}^s$, $f_2 : \mathbf{N}^m \to \mathbf{N}^k$ auf **URM** berechnen $(n, s, m, k \in \mathbf{N})$. Es gilt

$$f_1 \times f_2 = (f_1 \times \mathbf{I}^k) \circ (\mathbf{I}^n \times f_2).$$

Da **F(URM)** abgeschlossen gegen $\circ$ ist, genügt es, die partiellen Funktionen $f_1 \times \mathbf{I}^k : \mathbf{N}^{n+k} \to \mathbf{N}^{s+k}$ und $\mathbf{I}^n \times f_2 : \mathbf{N}^{n+m} \to \mathbf{N}^{n+k}$ auf **URM** zu berechnen. Man wähle p größer als n + k und größer als jede Nummer eines Registers, das in D_1 vorkommt. Dann kann man $f_1 \times \mathbf{I}^k$ wie in Fig. 17 berechnen:

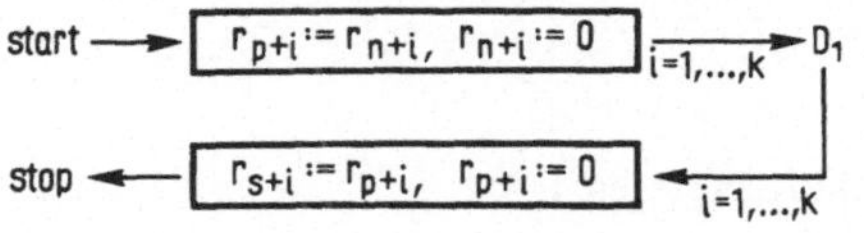

start $\longrightarrow$ $\boxed{r_{p+i} := r_{n+i},\ r_{n+i} := 0}_{i=1,\dots,k} \longrightarrow D_1$

stop $\longleftarrow$ $\boxed{r_{s+i} := r_{p+i},\ r_{p+i} := 0}_{i=1,\dots,k} \longleftarrow$

Fig. 17

Ein Diagramm, das $\mathbf{I}^n \times f_2$ berechnet, konstruiert man aus D_2, indem man die Nummern aller Register in D_2 um n erhöht. ■

Lemma 3.2.3. Die Konstanten, die Projektionen, die Identitäten, die Diagonalisierungen und die Nachfolgefunktion sind in **F(URM)**.

B e w e i s. Abgesehen von den Diagonalisierungen wurde alles in 2.2 gezeigt. Es gilt

$$\Delta^n_{i+2} = (\mathbf{I}^{ni} \times \Delta^n_2) \circ \Delta^n_{i+1}.$$

Weil **F(URM)** abgeschlossen gegen $\times$ und $\circ$ ist, genügt es, $\Delta^n_2 \in$ **F(URM)** zu zeigen. Δ^n_2 wird durch folgendes Diagramm berechnet:

start $\longrightarrow$ $\boxed{r_{j+n} := r_j}_{j=1,\dots,n} \longrightarrow$ stop ■

Bemerkung. Die Abgeschlossenheit gegenüber **E** erfolgt aus der Abgeschlossenheit gegen $\circ$ und $\times$, sofern Diagonalisierungen und Projektionen vorhanden sind.

Lemma 3.2.4. **F(URM)** ist abgeschlossen gegen **Pr**.

B e w e i s. Angenommen, $f \in \mathbf{F(URM)}^n_k$, $g \in \mathbf{F(URM)}^{n+k+1}_k$ und $h = \mathbf{Pr}(f, g)$, d. h.

$$h(x, 0) = f(x),$$
$$h(x, m + 1) = g(x, m, h(x, m)).$$

Wir führen die primitive Rekursion auf die Iteration zurück. Hierzu definieren wir eine Funktion $d \in [\mathbf{S}, g]^{n+k+1}_{n+k+1}$ durch

$$d(x, m, y) = (x, m + 1, g(x, m, y)).$$

Wegen $d \in [\mathbf{S}, g]$ ist d registerberechenbar. Die iterierte Funktion $\tilde{d} : \mathbf{N}^{n+k+2} \to \mathbf{N}^{n+k+1}$ wird erklärt durch

$$\tilde{d}(x, m, y, r) = d^{(r)}(x, m, y).$$

Es gilt $\tilde{d}(x, 0, f(x), r) = (x, r, h(x, r))$

und somit $h \in [\tilde{d}, f]$. Es genügt somit $\tilde{d}$ auf **URM** zu berechnen. Sei $\longrightarrow D \longrightarrow$ ein Diagramm zur Berechnung von d. Man wähle u so groß, daß es alle vorkommenden Registernummern übersteigt. Dann kann man $\tilde{d}$ nach Fig. 18 berechnen. ∎

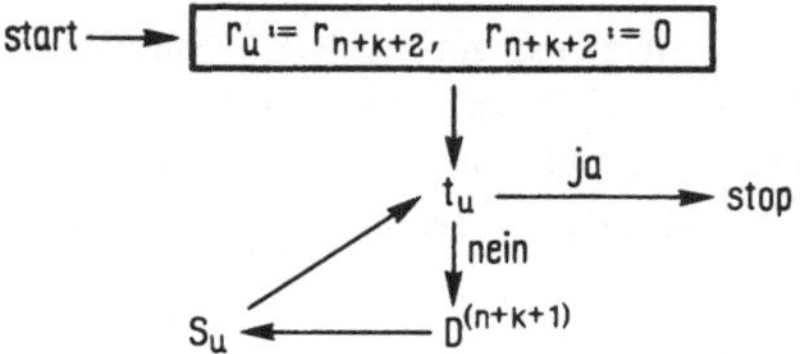

Fig. 18

Lemma 3.2.5. **F(URM)** ist abgeschlossen gegen μ.

Beweis. Wir bemerken, daß aufgrund der vorangehenden Lemmata jede primitiv rekursive Funktion in **F(URM)** liegt. Wir führen μ auf die spezielle Minimisierung μ^0 zurück. Zu $h : \mathbf{N}^n \to \mathbf{N}$ betrachten wir folgende Funktion $\bar{h} \in [h, +, \dot{-}]$:

$$\bar{h}(x_1, \ldots, x_n, y) = x_n \dot{-} h(x_1, \ldots, x_{n-1}, y) + (h(x_1, \ldots, x_{n-1}, y) \dot{-} x_n).$$

Es gilt $\bar{h}(x_1, \ldots, x_n, y) = 0 \Leftrightarrow h(x_1, \ldots, x_{n-1}, y) = x_n$ und somit $\mu^0 \bar{h} = \mu h$. Es genügt somit zu zeigen, daß **F(URM)** abgeschlossen gegen μ^0 ist. Zu $h : \mathbf{N}^{n+1} \to \mathbf{N}$ definieren wir

$$\tilde{h}(x_1, \ldots, x_{n+1}) = (x_1, \ldots, x_n, \mathbf{S}(x_{n+1}), \bar{h}(x_1, \ldots, x_{n+1})),$$

d. h. $\tilde{h} = (\mathbf{I}^n \times \mathbf{S} \times \bar{h})\, \Delta_2^{n+1}$. Aus $\bar{h} \in$ **F(URM)** folgt $\tilde{h} \in$ **F(URM)**.

Sei $\longrightarrow D \longrightarrow$ ein Diagramm, das $\tilde{h}$ berechnet. Wir benutzen das n + 2-normierte Diagramm $D^{(n+2)}$ zur Berechnung von $\mu^0 \bar{h}$ (Fig. 19).

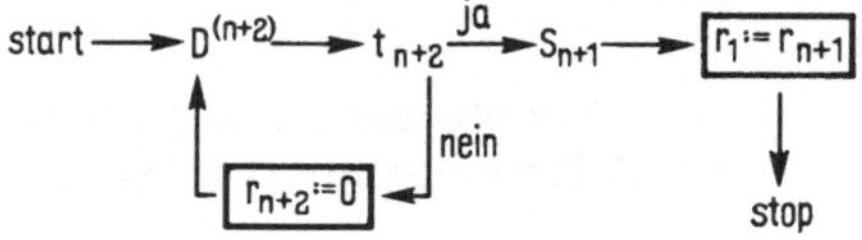

∎

Fig. 19

Die Lemmata 3.2.1 bis 3.2.5 beweisen gerade

Satz 3.2.6. $\mathbf{P} \subset$ **F(URM)**, d. h. jede partielle rekursive Funktion kann man auf der Registermaschine **URM** berechnen.

3.3. Die registerberechenbaren Funktionen sind partiell rekursiv

Inhaltsübersicht. Rekursive, primitiv rekursive und elementare Maschinen, eine Funktion ist genau dann rekursiv, wenn man sie auf einer rekursiven Maschine berechnen kann.

Das Ziel dieses Abschnitts ist es zu beweisen, daß jede auf der Registermaschine **URM** berechenbare Funktion partiell rekursiv ist. Zunächst zeigen wir, daß unter recht allgemeinen Voraussetzungen die auf einer Maschine M berechneten Funktionen partiell rekursiv sind.

Definition 3.3.1. Eine Maschine $M = (S, \mathbf{O}, \mathbf{T}, \delta, \beta)$ heißt *rekursiv* (bzw. primitiv rekursiv, elementar), wenn 0 bis 2 gelten:

0. $\exists n \in \mathbf{N} : S = \mathbf{N}^n$,
1. $\mathbf{O} \cup \{\beta, \delta\} \subset \mathbf{R}$ (bzw. $\mathbf{PR}$, $\mathbf{E}$),
2. $\mathbf{T} \subset \mathrm{Rel}\, \mathbf{R}$ (bzw. $\mathrm{Rel}\, \mathbf{PR}$, $\mathrm{Rel}\, \mathbf{E}$).

Satz 3.3.2. Sei M eine rekursive Maschine, dann gilt $\mathbf{F}(M) \subset \mathbf{P}$.

Beweis. Sei P ein Programm zu M mit Startmarke a und Endmarke e, o. B. d. A. gelte $n = 1$. Die Rechenschrittfunktion RS_P: $\mathbf{N} \times S \to \mathbf{N} \times S$ ist rekursiv, denn sie wird durch Fallunterscheidung nach endlich vielen Kennmarken und den Endmarken aus den Prädikaten in $\mathbf{T}$ und den Funktionen in $[\mathbf{O}]$ erklärt.
Auch die iterierte Funktion

$$\widetilde{RS}_P = \lambda\, m, s, k[RS_P^{(k)}(m, s)]$$

ist rekursiv, es gilt $\widetilde{RS}_P \in [RS_P; \mathbf{Pr}]$.
Damit ist die Rechenzeit

$$RZ_P = \lambda\, x[\mu_m [\mathbf{I}_1^2\, \widetilde{RS}_P(a, \delta(x), m) = e]]$$

partiell rekursiv. $RZ_P(x)$ gibt die Anzahl der Rechenschritte zur Berechnung von $Res_P(x)$ an. Es gilt nun

$$Res_P(x) = \beta\, \mathbf{I}_2^2\, \widetilde{RS}_P(a, \delta(x), RZ_P(x)).$$

Dies bedeutet $Res_P \in [\beta, \widetilde{RS}_P, \delta, RZ_P]$, und somit ist Res_P partiell rekursiv. ■

Satz 3.3.3. $\mathbf{F}(\mathbf{URM}) \subset \mathbf{P}$, d. h. jede auf der Registermaschine **URM** berechenbare Funktion ist partiell rekursiv.

Beweis. Jedes Programm P rechnet auf **URM** mit endlich vielen, etwa n, Registern. Es genügt daher zu zeigen, daß die n-Registermaschine n-**RM** nur partiell rekursive Funktionen berechnet. Da die n-Registermaschine sogar elementar ist, folgt dies aus Satz 3.3.2. ■

Den Satz 3.3.2 werden wir auch in der folgenden Form benutzen.

Korollar 3.3.4. Jedes Diagramm, dessen Prädikate rekursiv und dessen Zuordnungen rekursive Funktionen sind, berechnet eine partiell rekursive Funktion.

Denn ein solches Diagramm entspricht einem Programm einer rekursiven Maschine. Zusammen mit Satz 3.2.6 erhält man den

Satz 3.3.5. Eine Funktion f ist genau dann partiell rekursiv, wenn es eine rekursive Maschine M gibt und ein Programm P, das f auf M berechnet.

3.4. Gödelisierung der endlichen Folgen natürlicher Zahlen

Inhaltsübersicht. Paarungsfunktionen, elementare Paarungsfunktionen, Gödelisierung von $\mathbf{N}^*$, eine elementare Gödelisierung von $\mathbf{N}^*$, Hauptsatz 3.4.9 über die Darstellungen der partiell rekursiven Funktionen, ein Homomorphismus der reduzierten Turingmaschine auf eine elementare Maschine.

Unser Ziel ist es, endliche Zahlenfolgen durch natürliche Zahlen zu kodieren. Wir beginnen mit dem Kodieren von Folgen fester Länge. Bijektive Funktionen $\sigma_2^1 : \mathbf{N} \to \mathbf{N}^2$ und $\sigma_1^2 : \mathbf{N}^2 \to \mathbf{N}$, die zueinander invers sind, heißen *Paarungsfunktionen*. Eine Klasse $[\mathsf{F}]$ von zahlentheoretischen Funktionen mit Paarungsfunktionen ist bereits durch $[\mathsf{F}]_1^1$ charakterisiert; somit kann man Rechnungen mit k-Tupeln natürlicher Zahlen in $[\mathsf{F}]$ durch Rechnungen mit natürlichen Zahlen ausdrücken.

Satz 3.4.1. Zu einer Klasse $[\mathsf{F}]$ mit Paarungsfunktionen gibt es zu jedem $k \in \mathbf{N}_+$ Funktionen $\sigma_1^k \in [\mathsf{F}]_1^k$, $\sigma_k^1 \in [\mathsf{F}]_k^1$ so, daß $\sigma_1^k\, \sigma_k^1 = \mathbf{I}^1$, $\sigma_k^1\, \sigma_1^k = \mathbf{I}^k$.

Beweis. Ausgehend von σ_2^1, σ_1^2 definieren wir induktiv

$$\sigma_1^{n+1} = \sigma_1^2(\mathbf{I}^1 \times \sigma_1^n), \qquad \sigma_{n+1}^1 = (\mathbf{I}^1 \times \sigma_n^1)\, \sigma_2^1.$$

Durch Induktion folgt unmittelbar $\sigma_1^n\, \sigma_n^1 = \mathbf{I}^1$, $\sigma_n^1\, \sigma_1^n = \mathbf{I}^n$. Es gilt dann $f \in [\mathsf{F}]_m^n \Leftrightarrow \sigma_1^m\, f\, \sigma_n^1 \in [\mathsf{F}]_1^1$. ∎

Satz 3.4.2. Es gibt elementare Paarungsfunktionen.

Beweis. 1. Wir definieren $\sigma_1^2 : \mathbf{N}^2 \to \mathbf{N}$ durch diagonales Aufzählen von $\mathbf{N}^2$ (Fig. 20).

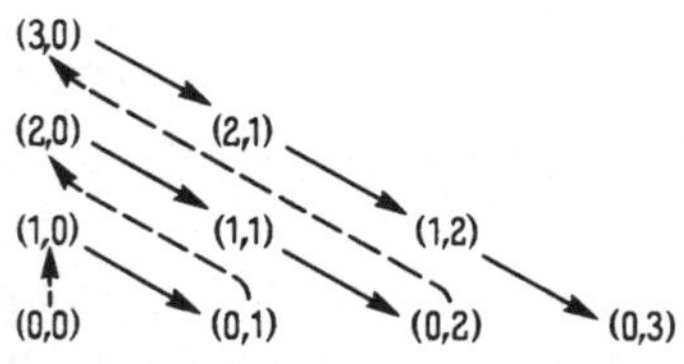

Fig. 20

Hieraus ergibt sich $\sigma_1^2(n, m) = \sum_{i=1}^{n+m} i + m$. σ_1^2 ist elementar, denn es gilt $\sigma_1^2(n, m) = (\Sigma \mathbf{I}_1^1)(n + m) + m$. Ebenso sieht man, daß die Funktion f mit $f(n) = n(n + 1)/2$ elementar ist. Die Funktion g mit

$$g(n) = \max \{m \mid f(m) \leq n\}$$

ist wegen Lemma 3.1.11 ebenfalls elementar, weil man sie durch

$$g(n) = n \dot{-} \min \{k \leq n \mid f(n - k) \leq n\}$$

auf die beschränkte μ-Rekursion zurückführen kann.

Es gilt

$$I_2^2\ \sigma_2^1(n) = n \dot{-} f\,g(n), \qquad I_1^2\ \sigma_2^1(n) = g(n) \dot{-} I_2^2\ \sigma_2^1(n).$$

Weil f und g elementar sind, folgt σ_2^1 elementar.

2. Eine andere Möglichkeit, σ_1^2 zu erklären, ist

$$\sigma_1^2(n, i) = 2^n + i\,2^{n+1} \dot{-} 1.$$

Auch bei dieser Definition von σ_1^2 sind σ_1^2 und σ_2^1 elementar. ∎

Im folgenden sind jene Klassen von zahlentheoretischen Funktionen besonders wichtig, in denen man Rechnungen mit endlichen Zahlenfolgen ausdrücken kann. Hierzu muß man die endlichen Zahlenfolgen in geeigneter Weise als natürliche Zahlen kodieren. Eine solche Kodierung nennt man Gödelisierung von $\mathbf{N}^*$.

Definition 3.4.3. Unter einer Gödelisierung von $\mathbf{N}^*$ in F verstehen wir eine bijektive Funktion $\langle\ \rangle : \mathbf{N}^* \to \mathbf{N}$ mit (G1) bis (G3).

(G1) Die Funktion $L : \mathbf{N} \to \mathbf{N}$ mit

$$\forall x \in \mathbf{N}^* : L\langle x \rangle = \ell(x)$$

liegt in F. ($\ell(x)$ sei die Länge von x.)

(G2) Die Funktion $\rho : \mathbf{N}^2 \to \mathbf{N}$ mit

$$\forall x \in \mathbf{N}^* : \forall j \in \mathbf{N} : \rho(\langle x \rangle, j) = \begin{cases} x_j & \text{falls } 0 < j \leq \ell(x), \\ 0 & \text{sonst} \end{cases}$$

liegt in F.

(G3) Mit $f \in \mathsf{F}_1^{k+1}$ liegt auch die folgende Funktion g in F_1^{k+1}:

$$g(x, n) = \langle f(x, 1), f(x, 2), \ldots, f(x, n) \rangle.$$

In hinreichend umfangreichen Funktionenklassen F gibt es im wesentlichen nur eine Gödelisierung:

Korollar 3.4.4. Es sei $\mathsf{F} = [\mathsf{F}]$ und $\langle\ \rangle_1, \langle\ \rangle_2$ seien zwei Gödelisierungen in F, dann gibt es eine bijektive Funktion $\tau \in \mathsf{F}_1^1$, so daß $\tau\langle\ \rangle_1 = \langle\ \rangle_2$.

B e w e i s. L_i und ρ_i gehöre zu $\langle\ \rangle_i$ $i = 1,2$. Dann erklärt man τ durch

$$\tau(x) = \langle \rho_1(x, 1), \rho_1(x, 2), \ldots, \rho_1(x, L_1(x)) \rangle_2.$$

Man erkennt unmittelbar, daß $\tau\langle\ \rangle_1 = \langle\ \rangle_2$. Die Funktion f mit

$$f(x, n) = \langle \rho_1(x, 1), \ldots, \rho_1(x, n) \rangle_2$$

ist wegen (G3) in F. Es gilt

$$\tau(x) = f(x, L_1(x)).$$

Wegen $f, L_1 \in [\mathsf{F}]$ folgt $\tau \in [\mathsf{F}]$.

Weil $\langle\ \rangle_1$ und $\langle\ \rangle_2$ bijektiv sind, folgt, daß $\tau = \langle\ \rangle_2 \langle\ \rangle_1^{-1}$ auch bijektiv ist. ∎

Ebenso beweist man

Korollar 3.4.5. Sei $\mathsf{F} = [\mathsf{F}]$ und $\langle\ \rangle$ eine Gödelisierung von $\mathbf{N}^*$ in F, dann gilt für jede Funktion $f : \mathbf{N} \to \mathbf{N}$

$$f \in \mathsf{F} \Leftrightarrow \lambda\, x[L\, f(x)], \lambda\, i, x[\rho(f(x), i)] \in \mathsf{F}.$$

Satz 3.4.6. Es gibt eine elementare Gödelisierung von $\mathbf{N}^*$.

B e w e i s. Sei $\mathbf{p}_n$ die n-te Primzahl. Wir definieren

$$\langle\, x_1\ x_2\ \ldots\ x_n\,\rangle = \begin{cases} \mathbf{p}_1^{x_1}\ \mathbf{p}_2^{x_2}\ \ldots\ \mathbf{p}_n^{x_n+1} \dot{-} 1 & \text{für } x \in \mathbf{N}^+, \\ 0 & \text{für } x = \Lambda. \end{cases}$$

$\langle\ \rangle : \mathbf{N}^* \to \mathbf{N}$ ist injektiv. Weil jede Zahl $m \geq 2$ eine Primfaktorzerlegung hat, in der mindestens ein Primfaktor vorkommt, ist $\langle\ \rangle$ surjektiv.
Wir weisen (G1) bis (G3) nach.
(G1), (G2): Es gilt

$$L(y) = \max\,\{n \leq y \mid \mathbf{p}_n \text{ teilt } y + 1\}.$$

$$\rho(y, i) = \begin{cases} \max\,\{j \leq y \mid \mathbf{p}_i^j \text{ teilt } y + 1\} & \text{falls } 0 < i < L(y), \\ \max\,\{j \leq y \mid \mathbf{p}_i^j \text{ teilt } y + 1\} \dot{-} 1 & \text{falls } i = L(y), \\ 0 & \text{sonst.} \end{cases}$$

Die Primzahlfunktion $\mathbf{p}$ und das Prädikat $\lambda\, n, y[n \text{ teilt } y]$ sind nach Lemma 3.1.12 elementar. Aus 2 in Lemma 3.1.11 wissen wir, daß auch die beschränkte Minimisierung nicht aus E hinausführt. In E kann man die beschränkte Maximisierung auf die beschränkte Minimisierung zurückführen. Somit folgt $L \in \mathsf{E}$.
Ebenso zeigt man $\rho \in \mathsf{E}$, hierzu muß man nur noch wissen, daß die Funktion $\lambda\, i, j[\mathbf{p}_i^j]$ elementar ist. Die folgende Funktion ist elementar:

$$g(i, j) = \begin{cases} \mathbf{p}_i & \text{falls } j \neq 0 \wedge i \neq 0, \\ 1 & \text{sonst.} \end{cases}$$

Es gilt $\Pi\, g = \lambda\, i, j[\mathbf{p}_i^j]$.
(G3) Sei $f \in \mathsf{E}$, dann ist, wie eben gezeigt wurde, auch die Funktion $h = \lambda\, x, i[\mathbf{p}_i^{f(x,i)}]$ in E, und es gilt

$$\langle\, f(x, 1)\, f(x, 2) \ldots f(x, n)\,\rangle = \mathbf{p}_n(\Pi\, h)(x, n) \dot{-} 1.$$

Hieraus ersieht man (G3). ∎

Als Anwendung von Satz 3.4.6 beweisen wir folgenden Satz:

Satz 3.4.7. Es gibt einen eindeutigen Homomorphismus $\varphi : \mathbf{RTM}_n^k \to \overline{\mathrm{M}}_n^k$ auf eine elementare Maschine $\overline{\mathrm{M}}_n^k$.

Korollar 3.4.8. $\forall\, n, k \in \mathbf{N} : \mathsf{F}(\mathbf{TM}_n^k) \subset \mathsf{P}$.

B e w e i s. Nach Satz 3.3.2 und 2.3.5. ∎

Als Resümee aus 3.3 und 3.4 ergibt sich somit der Hauptsatz über die D a r s t e l l u n g e n der p a r t i e l l r e k u r s i v e n F u n k t i o n e n.

Hauptsatz 3.4.9. F(URM) = F(TM) = P, d. h. die Mengen der registerberechenbaren, der turingberechenbaren und der partiell rekursiven Funktionen stimmen überein.

Beweis. Aus Satz 2.4.5 und Korollar 3.4.8 folgt F(URM) ⊂ F(TM) ⊂ P. Nach Satz 3.2.6 gilt aber auch P ⊂ F(URM). ∎

Beweis von Satz 3.4.7. Wir geben die Bildmaschine $\overline{M}^k_r = (\overline{S}, \overline{O}, \overline{T}, \overline{\delta}^k, \overline{\beta}_r)$ zu $RTM^k_r = (S, O, T, \delta^k, \beta_r)$ an. Es sei $\overline{S} = N^3$, $\overline{O} = \{\overline{R}, \overline{L}, \overline{d}_0, \overline{d}_1\}$, $\overline{T} = \{\overline{t}\}$.
Die Bildbefehle in $\overline{O}$ und $\overline{T}$ werden auf den Bildzuständen durch den noch zu definierenden eindeutigen Homomorphismus $\varphi = (\varphi_S, \varphi_O, \varphi_T)$ bestimmt.
1. Zunächst definieren wir $\varphi_S : S \to \overline{S}$. Einen Zustand $s \in S$ schreiben wir eindeutig in der folgenden Form:

$$s = \ ^\infty 0\, 1^{x_{\ell(x)}}\, 0 \ldots 0\, 1^{x_2}\, 0\, 1^{x_1}\, z \!\uparrow\! 1^{y_1}\, 0\, 1^{y_2}\, 0 \ldots 0\, 1^{y_{\ell(y)}}\, 0^\infty$$

mit $x, y \in N^* N_+ \cup \{\Lambda\}$ (für $x = y = \Lambda$ gilt $s = {}^\infty 0\, z \!\uparrow\! 0^\infty$).
Wir definieren

$$\varphi_S(s) = (\langle x_1, x_2, \ldots, x_{\ell(x)} \rangle, z, \langle y_1, y_2, \ldots, y_{\ell(y)} \rangle).$$

2. $\overline{R} : N^3 \to N^3$ wird auf $\varphi_S(S)$ wie folgt erklärt: $\overline{R}(m, z, n) = (\overline{m}, \overline{z}, \overline{n})$ mit

$$\overline{m} = \begin{cases} \langle \Lambda \rangle & \text{falls } m = \langle \Lambda \rangle \wedge z = 0, \\ \langle 0, \rho(m, 1), \ldots, \rho(m, L(m)) \rangle & \text{falls } z = 0 \wedge m \neq \langle \Lambda \rangle, \\ \langle \rho(m, 1) + 1, \rho(m, 2), \ldots, \rho(m, L(m)) \rangle & \text{falls } z \geq 1. \end{cases}$$

$$\overline{z} = \begin{cases} 1 & \text{falls } \rho(n, 1) \neq 0, \\ 0 & \text{falls } \rho(n, 1) = 0. \end{cases}$$

$$\overline{n} = \begin{cases} \langle \Lambda \rangle & \text{falls } L(n) = 0 \vee (L(n) = 1 \wedge \rho(n, 1) \leq 1), \\ \langle \rho(n, 2), \ldots, \rho(n, L(n)) \rangle & \text{falls } L(n) > 1 \wedge \rho(n, 1) = 0, \\ \langle \rho(n, 1) \dot{-} 1, \rho(n, 2), \ldots, \rho(n, L(n)) \rangle & \text{sonst} \end{cases}$$

Dabei sei $\langle\ \rangle$ die Gödelisierung nach Satz 3.4.6. $\overline{R}$ wird durch Fallunterscheidung nach elementaren Prädikaten mittels elementarer Funktionen erklärt. Dies gilt, weil $\langle\ \rangle$ eine elementare Gödelisierung von N^* ist. Nach Konstruktion gilt die Kommutativitätsbedingung (H3): $\varphi_S R = \overline{R}\, \varphi_S$.
$\overline{L}$ erklärt man analog zu $\overline{R}$. $\overline{d}_0$, $\overline{d}_1$ definiert man durch

$$\overline{d}_0(m, z, n) = (m, 0, n), \qquad \overline{d}_1(m, z, n) = (m, 1, n).$$

$\overline{d}_0$, $\overline{d}_1$ sind elementar, und es gilt (H3).
3. $\overline{t} = \varphi_T(t)$ definieren wir durch

$$\overline{t}(m, z, n) = \begin{cases} \mathbf{W} & \text{falls } z = 0, \\ \mathbf{F} & \text{falls } z \neq 0. \end{cases}$$

Es gilt dann $\overline{t} \in \mathrm{Rel}\, \mathbf{E}$ und (H4).

4. Ein- und Ausgabefunktionen $\overline{\delta}^k$, $\overline{\beta}_r$ erklären wir durch

$$\overline{\delta}^k(n_1, \ldots, n_k) = (0, 0, \langle n_1, \ldots, n_j \rangle);$$

dabei sei $j = \max \{i \mid n_i > 0\}$

$$I_i^r \overline{\beta}_r(x, z, y) = \rho(y, i).$$

Man verifiziert leicht, daß $\overline{\delta}^k$ und $\overline{\beta}_r$ elementar sind. Nach Konstruktion gilt (H1), (H2). ■

3.5. Die Churchsche These

Inhaltsübersicht. Die Churchsche These und ihre Bedeutung, intuitiver Begriff des Algorithmus, effektiver Isomorphismus; Beispiele von Mengen, die effektiv isomorph zur Menge der natürlichen Zahlen sind; effektiv berechenbare Funktionen auf solchen Mengen; die Existenzquantifizierung von Algorithmen; Prinzip vom ausgeschlossenen Dritten.

In den vorangehenden Abschnitten wurde gezeigt, daß die Klasse der partiell rekursiven Funktionen, die Klasse der turingberechenbaren, partiellen Funktionen und die Klasse der registerberechenbaren, partiellen Funktionen übereinstimmen. Jede Funktion in einer dieser Klassen kann durch ein Programm auf einer Maschine berechnet werden. Daher sind diese Funktionen gemäß unserer intuitiven Vorstellung algorithmisch (wir sagen auch mechanisch oder effektiv) berechenbar. Andererseits ist es eine Erfahrungstatsache, daß man jeden Algorithmus auf einer Maschine und insbesondere auf der Turingmaschine programmieren kann. Diese Erfahrungstatsache wird in der folgenden wissenschaftlichen These zusammengefaßt. Man nennt sie die

Churchsche These 3.5.1. Die Klasse der algorithmisch (d. h. mechanisch oder effektiv) berechenbaren partiellen zahlentheoretischen Funktionen stimmt mit der Klasse der partiell rekursiven Funktionen extensional überein.

Dabei besagt die extensionale Gleichheit zweier Klassen $\mathbf{F}_1$, $\mathbf{F}_2$ von berechenbaren Funktionen lediglich, daß die entsprechenden Funktionenklassen „klassisch" übereinstimmen. Sie sagt nichts darüber aus, wie sich die Algorithmen zu $\mathbf{F}_1$ strukturell zu denen zu $\mathbf{F}_2$ verhalten. Insbesondere folgt aus der extensionalen Gleichheit nicht, daß man zu jedem Algorithmus zu $\mathbf{F}_1$ effektiv einen äquivalenten zu $\mathbf{F}_2$ finden kann.

Die Churchsche These kann man nicht beweisen, weil die Klasse der Algorithmen, d. h. der mechanischen oder effektiven Rechenverfahren nicht präzise bestimmt wurde. Die Klasse der Algorithmen wird durch unsere intuitive Vorstellung abgegrenzt. Die intuitive Vorstellung vom Algorithmus fassen wir folgendermaßen zusammen:

Ein A l g o r i t h m u s ist eine in einen endlichen Text gefaßte Rechenvorschrift, die auf determinierte und in sich abgeschlossene Weise einen Rechenprozeß erklärt, der, angesetzt auf ein finites Objekt x, entweder nach endlich vielen Schritten ein Ergebnis (ein finites Objekt) liefert oder kein Ergebnis zu x liefert.

Jeder Algorithmus berechnet wie folgt eine Funktion f:

1. D(f) ist die Menge derjenigen finiten Objekte x, für die der Algorithmus ein Ergebnis liefert.

2. $\forall x \in D(f)$ ist f(x) das Ergebnis zu x.

Von finiten Objekten x, y verlangen wir insbesondere, daß man zu vorgegebenen x, y ersehen kann, ob x = y. Dies gilt z. B. für natürliche Zahlen und endliche Worte.

Die Churchsche These ist kein mathematischer Satz, denn sie ist nicht präzise formuliert. Die Churchsche These erhält erst einen wirklichen Inhalt, wenn man die Erfahrungstatsache akzeptiert, daß man zu jedem vorgelegten präzis beschriebenen Verfahren erkennt, ob ein Algorithmus im obigen Sinne vorliegt.

Wir wollen eine wichtige Folgerung aus der Churchschen These ableiten. Eine Funktion $\alpha : X \to Y$ nennen wir einen *effektiven Isomorphismus*, wenn α bijektiv ist und α und α^{-1} effektiv berechenbar sind. X und Y nennen wir dann *effektiv isomorph*. Insbesondere sind **N** und X genau dann effektiv isomorph, wenn es eine effektiv berechenbare Abzählung $\alpha : \mathbf{N} \to X$ von X gibt, welche keine Elemente wiederholt.

Korollar 3.5.2. Seien $\alpha : \mathbf{N} \to Y$ und $\beta : X \to \mathbf{N}$ effektive Isomorphismen. Dann ist $\{\alpha f \beta \mid f \in \mathbf{P}_1^1\}$ die Klasse der effektiv berechenbaren partiellen Funktionen $g : X \to Y$.

Begründung. Jede Funktion $\alpha f \beta$ mit $f \in \mathbf{P}_1^1$ ist eine Zusammensetzung von effektiv berechenbaren Funktionen und ist somit effektiv berechenbar. Sei umgekehrt $g : X \to Y$ eine effektiv berechenbare partielle Funktion. Dann ist $\alpha^{-1} g \beta^{-1}$ eine effektiv berechenbare Funktion. Aufgrund der Churchschen These folgt $\alpha^{-1} g \beta^{-1} \in \mathbf{P}_1^1$. Wegen $g = \alpha \alpha^{-1} g \beta^{-1} \beta$ folgt, daß g effektiv berechenbar ist.

Bemerkung. $\{\alpha f \beta \mid f \in \mathbf{P}_1^1\}$ ist unabhängig von der Wahl von α und β. Denn seien $\bar{\alpha} : \mathbf{N} \to Y, \bar{\beta} : X \to \mathbf{N}$ ebenfalls effektive Isomorphismen, dann gilt aufgrund der Churchschen These $\alpha^{-1} \bar{\alpha} \in \mathbf{P}_1^1$, $\bar{\beta} \beta^{-1} \in \mathbf{P}_1^1$. Dies impliziert $\{\alpha f \beta \mid f \in \mathbf{P}_1^1\}$ $= \{\bar{\alpha} f \bar{\beta} \mid f \in \mathbf{P}_1^1\}$.

Aufgrund von Korollar 3.5.2 ist der Begriff der effektiv berechenbaren, partiellen Funktionen $f : X \to Y$ stets erklärt, wenn die Mengen X, Y effektiv isomorph zu **N** sind. Es sei Ω die Klasse derjenigen Mengen, welche effektiv isomorph zu **N** sind. Die beiden folgenden Korollare kann man leicht verifizieren.

Korollar 3.5.3. Folgende Mengen sind Elemente von Ω:

1. die Menge **N** der natürlichen Zahlen,
2. die Menge **Z** der ganzen Zahlen,
3. die Menge **Q** der rationalen Zahlen,
4. die Menge $\mathbf{Q}_+$ der positiven rationalen Zahlen.

Zu $X, Y \in \Omega$ bezeichne $\mathbf{P}(X, Y)$ die Menge der effektiv berechenbaren, partiellen Funktionen $f: X \to Y$. $f \in \mathbf{P}(X, Y)$ nennen wir partiell rekursiv. $\mathbf{R}(X, Y) = \{ f \in \mathbf{P}(X, Y) \mid D(f) = X \}$ ist die Menge der rekursiven Funktionen $f: X \to Y$. Man verifiziert leicht folgende Abschlußeigenschaften von Ω.

Korollar 3.5.4. Seien $A, B \in \Omega$. Dann gilt

1. $A \times B, A \cup B, A^*, \{C \in 2^A \mid C \text{ endlich}\} \in \Omega$,
2. $A \cap B$ unendlich $\Rightarrow A \cap B \in \Omega$,
3. $f \in \mathbf{P}(A, B) \wedge D(f)$ unendlich $\Rightarrow D(f) \in \Omega$,
4. $f \in \mathbf{P}(A, P) \wedge W(f)$ unendlich $\Rightarrow W(f) \in \Omega$.

Die Churchsche These wird vielfach als Arbeitshypothese benutzt. Aufgrund der Churchschen These genügt es z. B., zu einer partiellen Funktion $f: \mathbf{N} \to \mathbf{N}$ einen Algorithmus im intuitiven Sinne anzugeben, um zu zeigen, daß f partiell rekursiv ist.

Im Zusammenhang mit der Churchschen These gehen wir kurz auf die Rolle des Existenzquantors insoweit ein, als damit Algorithmen quantifiziert werden. In allen unseren Ausführungen ist es sicher zulässig, die Aussage „∃ Algorithmus A mit der Eigenschaft E" im klassischen Sinn zu interpretieren. Es ist aber auch die folgende effektive Interpretation möglich. Danach soll die Aussage „∃ Algorithmus A mit E" nur dann gelten, wenn ein Algorithmus A mit der Eigenschaft E explizit angegeben ist. In diesem Fall kann die Existenz von A nicht durch einen Widerspruchsbeweis gesichert werden. Mit dieser effektiven Interpretation des Existenzquantors erhebt sich natürlich die Frage, was wir unter einer expliziten Angabe eines Algorithmus verstehen, ein Programm auf der Turingmaschine oder auf der Registermaschine oder eine explizite Darstellung einer partiell rekursiven Funktion $f \in A[\mathbf{S}; \mathbf{Pr}, \mu]$. Beim Studium der Gleichheitsbeweise von **F(URM)**, **F(TM)** und **P** stellt man jedoch leicht fest, daß dies unerheblich ist. Denn diese Beweise sind effektiv in dem Sinne, daß Darstellungen der partiellen, effektiv berechenbaren Funktionen effektiv ineinander übergeführt werden. Z. B. haben wir in Satz 2.4.5 zu einem vorgegebenen Programm P auf der Registermaschine **URM** effektiv ein Programm auf der Turingmaschine **RTM** konstruiert, welches dieselbe Funktion berechnet. Aufgrund dieses Sachverhalts wollen wir die Churchsche These wie folgt ergänzen:

Ergänzung zur Churchschen These 3.5.5. Zu jedem Algorithmus, der eine partielle zahlentheoretische Funktion f berechnet, kann man effektiv ein Programm zu f auf der Turingmaschine und auf der Registermaschine sowie eine explizite Darstellung von f als partiell rekursive Funktion angeben.

Wenn man diese Ergänzung der Churchschen These akzeptiert, kann man den ersten Existenzquantor in Aussagen des Typs „ $\exists f \in \mathbf{P}$: mit der Eigenschaft E(f)" in dem oben angegebenen Sinn effektiv interpretieren. Wir verabreden, daß eine solche Aussage nur durch eine explizite Angabe eines Algorithmus zu f bewiesen werden kann. Dagegen lassen wir zum Nachweis der Eigenschaft E(f) alle Mittel der klassischen Logik zu. Dies gilt insbesondere zum Nachweis der Eigenschaft „f ist total rekursiv" oder „$n \in D(f)$". Die Aussage $f \in \mathbf{P}$ soll stets so verstanden werden, daß ein Algorithmus zu f explizit vorliegt. Interpretiert man die Existenz von Algorithmen effektiv, so kann man für ein $f \in \mathbf{N}^{\mathbf{N}}$ die Aussage „$f \in \mathbf{P}$" nur dadurch beweisen, daß man einen Algorithmus zu f explizit angibt. Dieser Beweis hängt wesentlich davon ab, wie f formal erklärt ist. Eine konstante Funktion $f \in \mathbf{N}^{\mathbf{N}}$ ist erst dann rekursiv, wenn man die zugehörige Konstante kennt. Für die konstante Funktion

$$f(n) = \begin{cases} 0 & \text{falls } \exists\, a, b, c, n \in \mathbf{N} : a \cdot b \cdot c \neq 0 \wedge n \geq 3 \wedge a^n + b^n = c^n, \\ 1 & \text{sonst} \end{cases}$$

kennt man erst dann einen Algorithmus, wenn das Fermatsche Problem gelöst ist. Da es keine konstante Funktion $g \in \mathbf{N}^{\mathbf{N}}$ gibt mit $g \notin \mathbf{P}$, führt die Aussage „ es gibt kein Programm P auf $\mathbf{URM}_1^1$ mit $Res_P = g$" zum Widerspruch. Dies stellt für uns jedoch noch keinen Beweis der Aussage $f \in \mathbf{P}$ dar.

Seien E_A, E_B Prädikate auf der Menge der Programme zu $\mathbf{TM}_1^1$, dann kann man für die Mengen

$$A = \{Res_P \mid E_A(P)\},\ B = \{Res_P \mid E_B(P)\}$$

neben der Inklusion $A \subset B$ im Sinne der Mengenlehre eine effektive Inklusion wie folgt erklären: $A \underset{\text{eff}}{\subset} B \Leftrightarrow$ man kann zu jedem P mit $E_A(P)$ effektiv ein $\overline{P}$ angeben, so daß $Res_P = Res_{\overline{P}}$ und $E_B(\overline{P})$. Falls die Relation $\underset{\text{eff}}{\subset}$ einschränkender ist als $\subset$, wollen wir stets darauf hinweisen. Der Unterschied zwischen $\subset$ und $\underset{\text{eff}}{\subset}$ kommt insbesondere im Unterschied zwischen rekursiven Aufzählungen und Gödel-Numerierungen von $\mathbf{P}_1^1$ zum Ausdruck. An dieser Stelle weisen wir auch darauf hin, daß wir von der klassischen Logik das Prinzip vom ausgeschlossenen Dritten uneingeschränkt anwenden. Falls $f \in \mathbf{P}^1$ und $n \in \mathbf{N}$, so sind für uns nur zwei Fälle möglich: $n \in D(f)$ oder $n \notin D(f)$. Dieses Prinzip wird insbesondere beim Beweis der Nichtentscheidbarkeit des Halteproblems für Turingmaschinen (Satz 4.1.3) sowie beim Beweis des Hierarchiesatzes 6.5.9 benutzt.

3.6. 1-Band-Turingmaschinen mit endlichem Alphabet

Inhaltsübersicht. r-näre Kodierung natürlicher Zahlen, 1-Band-Turingmaschine **XTM** über dem Alphabet $X = \{0, 1, \ldots, r-1\}$, die Äquivalenz von **XTM** und **RTM**, Berechnung von Wortfunktionen.

Die bisher betrachteten Turingmaschinen $\mathbf{TM}_k^n$ bzw. $\mathbf{RTM}_k^n$ arbeiten über dem einelementigen Alphabet $X = \{1\}$; natürliche Zahlen werden unär dargestellt, d. h. 1^n entspricht n. Das Symbol 0 wird als Leerzeichen und zum Trennen der Einserblöcke benutzt. Die unäre Darstellung natürlicher Zahlen ist für praktische Zwecke ungeeignet, weil sie zu lang ist. Wir betrachten r-näre Darstellungen natürlicher Zahlen.

Sei X ein r-elementiges Alphabet, o. B. d. A. sei $X = \{0, 1, \ldots, r-1\}$. Einer Folge $x = x_1\, x_2 \ldots x_n \in X^*$ ordnen wir wie folgt eine natürliche Zahl zu:

$$\gamma(x_1\, x_2 \ldots x_n) = \sum_{i=1}^{n} x_i\, r^{i-n}.$$

x ist eine r-näre Darstellung zu $\gamma(x) \in \mathbf{N}$. $x \in X\,X^* - 0\,X^+$ ist die normierte r-näre Darstellung von $\gamma(x)$, d. h. Führungsnullen sind ausgeschlossen. γ ist auf $\mathbf{X}\,\mathbf{X}^* - 0\,\mathbf{X}^+$ injektiv.

Sei $\alpha : \mathbf{N} \to X\,X^* - 0\,\mathbf{X}^+$ die Umkehrung von $\gamma_{|X\,X^* - 0\,X^+}$, d. h. $\alpha(n)$ ist die normierte r-näre Darstellung zu n.

Wir geben nun die reduzierte Form der Turingmaschine mit Alphabet $X = \{0, 1, \ldots, r-1\}$ an.

Definition 3.6.1. Die 1-Band-Turingmaschine $\mathbf{XTM}^n_k = (S, \mathbf{O}, \mathbf{T}, \delta^n, \beta_k)$ mit Alphabet X wird wie folgt erklärt ($\square \notin X$ sei das Leerzeichen, es bezeichne $\overline{X} = X \cup \{\square\}$):

$$S = \{f \in \overline{X}^{\mathbf{Z}} \mid \overset{\infty}{\forall} i : f(i) = \square\},$$

$$\mathbf{O} = \{R, L\} \cup \{d_x \mid x \in \overline{X}\}, \qquad \mathbf{T} = \{t_x \mid x \in \overline{X}\}.$$

R und L sind Rechts- und Linksverschiebung. d_x ändert den Zustand $f \in S$ an der Stelle x wie folgt: $f(0) := x$ und t_x testet, ob $f(0) = x$. Einen Zustand $f \in S$ beschreiben wir durch

$$\ldots\ldots\ldots\, f(-2)\, f(-1)\, f(0) \uparrow f(1)\, f(2)\, f(3) \ldots\ldots\ldots$$

Dann gilt für alle $m_i \in \mathbf{N}$ und $x_i \in X^*$

$$\delta^n(m_1, m_2, \ldots, m_n) = {}^\infty\square \uparrow \alpha(m_1)\,\square\,\alpha(m_2)\,\square \ldots \alpha(m_n)\,\square^\infty,$$

$$\beta_k(\ldots \uparrow x_1 \,\square\, x_2 \,\square \ldots x_k \,\square \ldots) = (\gamma(x_1), \gamma(x_2), \ldots, \gamma(x_k)).$$

Die Maschine $\mathbf{XTM}^n_k$ berechnet gerade alle partiell rekursiven Funktionen in P^n_k:

Satz 3.6.2. $\mathsf{F}(\mathbf{XTM}^n_k) = \mathsf{P}^n_k$.

Beweis. „$\subset$“: Mit der im Beweis von Satz 3.4.7 angegebenen Methode kann man $\mathbf{XTM}^n_k$ homomorph auf eine elementare Maschine abbilden.

„$\supset$“: Es genügt zu zeigen, daß man auf $\mathbf{XTM}^n_k$ die natürlichen Zahlen umkodieren kann. O. B. d. A. sei $n = k = 1$, dann genügt es, Diagramme D_1 und D_2 für $\mathbf{XTM}^1_1$ zu schreiben, so daß D_1 jeden Zustand ${}^\infty\square \uparrow \alpha(m)\,\square^\infty$ überführt in ${}^\infty\square \uparrow 1^m\,\square^\infty$; D_2 soll jeden Zustand in ${}^\infty\overline{X} \uparrow 1^m\,\square\,\overline{X}^\infty$ überführen in einen Zustand in ${}^\infty\overline{X} \uparrow \alpha(m)\,\square\,\overline{X}^\infty$. Sei nun D ein Diagramm, das auf $\mathbf{RTM}^1_1$ die Funktion f berechnet, dann folgt unmittelbar, daß das Diagramm $\longrightarrow D_1 \longrightarrow D \longrightarrow D_2 \longrightarrow$ auf $\mathbf{XTM}^1_1$ ebenfalls die Funktion f berechnet. Das Diagramm D arbeitet nämlich auf $\mathbf{XTM}^1_1$ ebenso wie auf $\mathbf{RTM}^1_1$, wenn man die 0 auf $\mathbf{RTM}^1_1$ mit dem Leerzeichen $\square$ auf $\mathbf{XTM}^1_1$ identifiziert. D_1 und D_2 kodieren die Ein- und Ausgabe um. Wir geben ein geeignetes Diagramm D_1 an; das Aufstellen von D_2 sei dem Leser überlassen. Man benutzt folgende Teildiagramme:

Gehe nach links bis zum nächsten Leerzeichen:

$$\longrightarrow \mathrm{LI} \longrightarrow := \longrightarrow \mathrm{L} \longrightarrow t_{\square} \xrightarrow{\text{ja}}$$
(nein: zurück zu L)

Gehe nach rechts bis zum nächsten Leerzeichen:

$$\longrightarrow \mathrm{RE} \longrightarrow := \longrightarrow \mathrm{R} \longrightarrow t_{\square} \xrightarrow{\text{ja}}$$
(nein: zurück zu R)

Erniedrige die Ziffer um eins:

$$\longrightarrow \mathrm{S} \longrightarrow := \longrightarrow t_{r-1} \xrightarrow{\text{nein}} t_{r-2} \xrightarrow{\text{nein}} \dots \xrightarrow{\text{nein}} t_1 \longrightarrow \text{stop}$$
t_{r-1} ↓ja d_{r-2} ↓ stop; t_{r-2} ↓ja d_{r-1} ↓ stop; t_1 ↓ja d_0 ↓ stop

Erniedrigen einer r-nären Zahl um eins. Falls diese Zahl 0 ist, wird der Ausgang **F** benützt, andernfalls der Ausgang **W**:

$$\longrightarrow \mathrm{Sub} \longrightarrow \; := \; \longrightarrow \mathrm{RE} \longrightarrow \mathrm{L} \longrightarrow t_0 \xrightarrow[\text{ja}]{} \mathrm{L} \longrightarrow t_{\square} \xrightarrow[\text{ja}]{} \mathbf{F}$$
(nein von $t_{\square}$: zurück zu t_0)

t_0 nein↓ $\mathrm{S} \longrightarrow \mathrm{R} \longrightarrow t_0 \xrightarrow{\text{ja}} d_{r-1}$ (zurück zu R); t_0 ↓nein $\mathrm{LI} \longrightarrow \mathbf{W}$

Damit kann man ein geeignetes Diagramm D_1 wie folgt schreiben:

$$\longrightarrow D_1 \longrightarrow := \longrightarrow \mathrm{Sub} \xrightarrow{\mathbf{W}} \mathrm{LI} \longrightarrow d_1 \longrightarrow \mathrm{RE}$$
(RE zurück zu Sub); Sub ↓**F** stop ■

Turingmaschinen über dem Alphabet **X** kann man dazu benutzen, um partielle Wortfunktionen $f : X^* \to X^*$ zu berechnen. Hierzu ersetzt man in $\mathbf{XTM}_1^1$ die Ein- und Ausgabefunktion δ^1 und β_1 durch die folgenden Funktionen δ und β:

$$\delta(x) = {}^{\infty}\square \uparrow x \,\square^{\infty} \qquad (x \in X^*),$$

$$\beta(f) = x \qquad (f \in {}^{\infty}\overline{X} \uparrow x \,\square\, \overline{X}^{\infty} \text{ mit } x \in X^*).$$

Die M a s c h i n e m i t E i n - u n d A u s g a b e f u n k t i o n δ und β nennen wir **XTM.** Offensichtlich berechnet **XTM** nur partielle effektiv berechenbare Wortfunktionen $f : X^* \to X^*$. Es gilt sogar, daß **XTM** alle partiellen, effektiv berechenbare Funktionen $f : X^* \to X^*$ berechnet.

Satz 3.6.3 $\mathbf{F}(\mathbf{XTM}) = \mathbf{P}(X^*, X^*)$.

B e w e i s . Es genügt aufgrund der Churchschen These, bijektive und effektiv berechenbare Funktionen $\gamma : \mathbf{N} \to X^*$ und $\gamma^{-1} : X^* \to \mathbf{N}$ anzugeben, für die folgendes gilt: $\mathbf{F}(\mathbf{XTM}) = \{\gamma f \gamma^{-1} \mid f \in \mathbf{P}_1^1\}$. Hierzu genügt es, Diagramme D_1 und D_2 zu

XTM anzugeben, die γ und γ^{-1} im folgenden Sinne berechnen. D_1 soll jeden Zustand in $^{\infty}\bar{X} \upharpoonleft 1^n \square \bar{X}^{\infty}$ überführen in einen Zustand in $^{\infty}\bar{X} \upharpoonleft \gamma(n) \square \bar{X}^{\infty}$; D_2 soll jeden Zustand in $^{\infty}\bar{X} \upharpoonleft x \square \bar{X}^{\infty}$ mit $x \in \mathbf{X}^*$ in einen Zustand in $^{\infty}\bar{X} \upharpoonleft 1^{\gamma^{-1}(x)}$ $\square \bar{X}^{\infty}$ überführen. Sei nun D ein Diagramm, das f auf $\mathbf{RTM}_1^1$ berechnet, dann berechnet das Diagramm $\longrightarrow D_2 \longrightarrow D \longrightarrow D_1 \longrightarrow$ auf **XTM** die Funktion $\gamma f \gamma^{-1}$. Denn D arbeitet auf **XTM** ebenso wie auf $\mathbf{RTM}_1^1$, wenn man 0 auf $\mathbf{RTM}_1^1$ mit $\square$ auf **XTM** identifiziert. Die Angabe und Berechnung geeigneter Funktionen γ und γ^{-1} sei dem Leser überlassen. ■

4. Rekursive Aufzählungen

4.1. Universelle Programme, Gödel-Numerierungen

Inhaltsübersicht. Eine rekursive Aufzählung von $\mathbf{P}_1^1$, universelle Programme, Gödel-Nummern der Turingprogramme, der Kleenesche Normalform-Satz, die Nichtentscheidbarkeit des Halteproblems, Gödel-Numerierungen der partiell rekursiven Funktionen, das Iterationstheorem und Anwendungen, das S-m-n-Theorem.

Sei $\varphi : X \times Y \to Z$ eine partielle Funktion, dann schreiben wir für $\lambda x[\varphi(i, x)]$ kurz φ_i. Die Funktionenklasse $\{\varphi_i \mid i \in X\}$ bezeichnen wir mit A_φ. φ heißt Aufzählung von A_φ. Eine Aufzählung φ heißt rekursiv, primitiv rekursiv bzw. elementar, wenn die Funktion φ in **P**, **PR** bzw. **E** liegt. Als erstes zeigen wir, daß man die Klasse der einstelligen, partiell rekursiven Funktionen rekursiv aufzählen kann.

Satz 4.1.1. Es gibt eine rekursive Aufzählung von $\mathbf{P}_1^1$.

Ein Programm, das eine rekursive Aufzählung von $\mathbf{P}_1^1$ berechnet, heißt universelles Programm. Satz 4.1.1 ist somit ein Existenzsatz für universelle Programme. Im folgenden konstruieren wir eine rekursive Aufzählung φ von $\mathbf{P}_1^1$, die effektiv in dem Sinne ist, daß man zu jedem $f \in \mathbf{P}_1^1$ effektiv ein i findet mit $\varphi_i = f$. Es sei jedoch darauf hingewiesen, daß man auch solche Funktionen $\varphi \in \mathbf{P}_1^2$ als rekursive Aufzählungen von $\mathbf{P}_1^2$ bezeichnet, für die man die Eigenschaft $A_\varphi = \mathbf{P}_1^1$ nur durch Widerspruch beweisen kann.

Beweis von Satz 4.1.1. aufgrund der Churchschen These. Wir betrachten die Turingmaschine $\mathbf{TM}_1^1$. Es gilt $\mathbf{P}_1^1 = \mathbf{F}(\mathbf{TM}_1^1)$. Man erkennt ohne weiteres, daß man die Menge der Anweisungen zu $\mathbf{TM}_1^1$ effektiv aufzählen kann. Mit Hilfe dieser Aufzählung konstruiert man eine effektive Aufzählung $P_0, P_1, \ldots, P_j, \ldots$ der Programme zu $\mathbf{TM}_1^1$. Dann ist die partielle Funktion $\lambda j, x[\mathrm{Res}_{P_j}(x)]$ eine Aufzählung von $\mathbf{P}_1^1$. Aufgrund der Churchschen These ist diese Funktion partiell rekursiv. Denn um $\mathrm{Res}_{P_j}(x)$ zu berechnen, bestimme man zunächst P_j und berechne mittels des Programms P_j den Wert $\mathrm{Res}_{P_j}(x)$. ■

Eine formale Durchführung dieses Beweises erfordert lediglich etwas Programmiertechnik. Wegen der grundsätzlichen Bedeutung dieses Satzes geben wir auch einen formalen

B e w e i s zu Satz 4.1.1. Wir benutzen das in Satz 3.4.6 konstruierte homomorphe Bild der Turingmaschine. Sei $M_1^1 = (\overline{S}, \overline{O}, \overline{T}, \overline{\delta}^1, \overline{\beta}_1)$ die dort konstruierte, elementare Maschine mit $\overline{S} = \mathbf{N}^3$, $\overline{O} = \{\overline{R}, \overline{L}, \overline{d}_0, \overline{d}_1\}$ und $\overline{T} = \{\overline{t}\}$. Es gilt $\mathsf{F}(M_1^1) = \mathsf{P}_1^1$. Wir setzen $f_0 = \overline{R}$, $f_1 = \overline{L}$, $f_2 = \overline{d}_0$ und $f_3 = \overline{d}_1$. Die Menge AW der Anweisungen zu M_1^1 kodieren wir folgendermaßen in $\mathbf{N}^3$:

$$g(r, f_i, p) = (r, i, p) \qquad (i \leq 3, r, p \in \mathbf{N}),$$

$$g(r, \overline{t}, p, q) = (r, q + 4, p) \qquad (r, p, q \in \mathbf{N}).$$

Nun kodieren wir die endlichen Folgen von Anweisungen in $\mathbf{N}$:

$$G(a_1 a_2 \ldots a_n) = \langle g(a_1) g(a_2) \ldots g(a_n) \rangle.$$

Dabei fassen wir $g(a_1) g(a_2) \ldots g(a_n)$ als Element von $\mathbf{N}^{3n}$ auf, $\langle \ \rangle$ sei eine elementare Gödelisierung von $\mathbf{N}^*$.

Zu $m \in G(AW^*)$ bezeichne $K(m)$ die Menge der Kennmarken in den Anweisungen von $G^{-1}(m)$. Dann sind folgende Prädikate elementar:

$$\lambda m[m \in G(AW^*)], \qquad \lambda m, n[m \in G(AW^*) \wedge n \in K(m)].$$

Denn es gilt $[m \in G(AW^*)] = [3 \text{ teilt } L(m)]$ und für alle m in $G(AW^*)$ gilt

$$[n \in K(m)] = [\exists i(0 \leq 3i < L(m)) : \rho(m, 3i + 1) = n].$$

Zu $m \in \mathbf{N}$ erklären wir wie folgt ein Programm $P_m = (A_m, 0)$ mit Startmarke 0. Falls $m \notin G(AW^*)$, sei die Anweisungsmenge A_m leer. Im anderen Fall wird A_m gebildet, indem man zu jedem $n \in K(m)$ die erste Anweisung von $G^{-1}(m)$ mit der Kennmarke n in A_m aufnimmt. D. h. wir bilden $j := \mu_i[\rho(m, 3i + 1) = n]$ und nehmen

$$g^{-1}(\rho(m, 3j + 1), \rho(m, 3j + 2), \rho(m, 3j + 3))$$

in A_m auf.

Unter den Programmen P_m kommt jedes Programm P zu M_1^1 mit Startmarke 0 vor. m heißt die G ö d e l - N u m m e r zu P_m.

Es genügt zu zeigen, daß $\lambda m, x[\mathrm{Res}_{P_m}(x)]$ partiell rekursiv ist. Wir definieren $RS : \mathbf{N} \times \mathbf{N} \times \overline{S} \to \mathbf{N} \times \mathbf{N} \times \overline{S}$ durch

$$RS(m, r, s) = (m, RS_{P_m}(r, s)).$$

RS kann man durch Fallunterscheidung nach elementaren Prädikaten aus elementaren Funktionen berechnen (Fig. 21).

Der Eingangstest sichert, daß μ_i beschränkt ist. Damit ist RS elementar. Die iterierte Funktion $\widetilde{RS}: \mathbf{N} \times \mathbf{N} \times \overline{S} \times \mathbf{N} \to \mathbf{N} \times \mathbf{N} \times \overline{S}$ zu RS ist primitiv rekursiv:

$$\widetilde{RS}(m, r, s, n) = RS^{(n)}(m, r, s).$$

Damit ist die Rechenzeit RZ partiell rekursiv:

$$RZ(m, x) = \mu_n[(\widetilde{RS}(m, 0, \overline{\delta}^1(x), n)_2 \notin K(m)].$$

Nach Konstruktion gilt $RZ(m, x) = RZ_{P_m}(x)$, und es folgt:

$$Res_{P_m}(x) = \overline{\beta}_1(\widetilde{RS}(m, 0, \overline{\delta}^1(x), RZ(m, x))_3.$$

Somit liegt $\lambda\, m, x[Res_{P_m}(x)]$ in $[\overline{\beta}_1, \widetilde{RS}, \overline{\delta}^1, RZ]$ und ist partiell rekursiv.

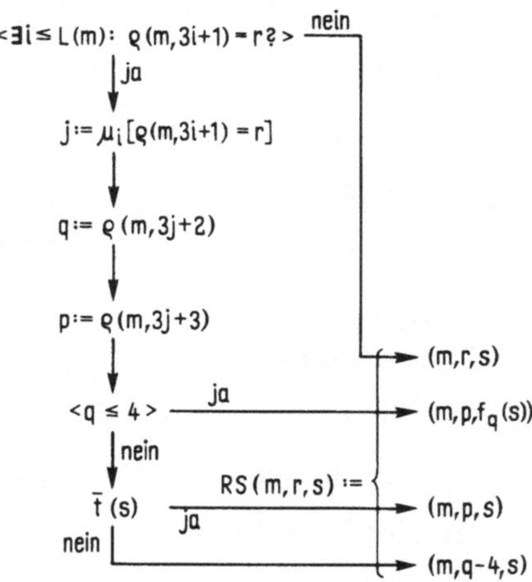

Fig. 21 Diagramm zu RS ■

Aus dem obigen Beweis folgern wir

Satz 4.1.2 (K l e e n e s c h e r N o r m a l f o r m - S a t z)

$\exists\, f \in \mathbf{PR}_1^3 : \exists\, U \in \mathbf{PR}_1^1 : \forall\, g \in \mathbf{P}_1^2 : \exists\, m \in \mathbf{N} : g = \lambda\, x[U(\mu_j[f(m, x, j) = 0])] = U(\mu^0 f_m)$.

Eine Darstellung $g = \lambda\, x[U(\mu_j[f(m, x, j) = 0])]$ mit $U, f \in \mathbf{PR}$ heißt K l e e n e s c h e N o r m a l f o r m zu g.

B e w e i s . Wir benutzen die Bezeichnungen im Beweis zu Satz 4.1.1. Wir schreiben $\sigma_2^1(j) = (j_1, j_2)$ und definieren f, U wie folgt. Es sei $g = Res_{P_m}$.

$$f(m, x, j) = \begin{cases} 0 & \text{falls } \widetilde{RS}(m, 0, \overline{\delta}^1(x), j_1)_2 \notin K(m) \wedge j_2 = x, \\ 1 & \text{sonst;} \end{cases}$$

$$U(j) = \quad \overline{\beta}_1((\widetilde{RS}(m, 0, \overline{\delta}^1(j_2), j_1))_3).$$

f und U sind primitiv rekursiv und es gilt

$$U\, \mu_j[f(x, j) = 0] = Res_{P_m}(x). \quad ■$$

Eine wichtige Folgerung aus Satz 4.1.1 ist die Nichtentscheidbarkeit des Halteproblems für Turingprogramme.

Satz 4.1.3 (Nichtentscheidbarkeit des Halteproblems). Sei $\varphi \in P_1^2$ eine Aufzählung von P_1^1, dann ist die charakteristische Funktion der Menge $K = \{x \mid (x, x) \in D(\varphi)\}$ nicht rekursiv.

Setzt man $\varphi = \lambda\, m, x[\mathrm{Res}_{P_m}(x)]$, so bedeutet Satz 4.1.2, daß es keinen Algorithmus gibt, der entscheidet, ob das m-te Programm der Turingmaschine angesetzt auf die Eingabe m nach endlich vielen Schritten anhält.

Beweis. Wir nehmen an, daß χ_K rekursiv ist, und führen diese Annahme zum Widerspruch. Wir definieren

$$g(x) = \begin{cases} 1 \dot{-} \varphi(x, x) & \text{falls } \chi_K(x) = 1, \\ 0 & \text{sonst.} \end{cases}$$

Aufgrund unserer Annahme ist g rekursiv, $g \in R_1^1$. Somit gibt es ein n mit $\varphi_n = g$. Wir unterscheiden zwei Fälle.

1. $\chi_K(n) = 1 \Rightarrow g(n) = 1 \dot{-} \varphi(n, n)$; dies steht im Widerspruch zu $g = \varphi_n$.
2. $\chi_K(n) = 0 \Rightarrow g(n) = 0 \Rightarrow \varphi(n, n) = 0$; dies ergibt einen Widerspruch, denn aus $\chi_K(n) = 0$ folgt $(n, n) \notin D(\varphi)$.

Somit führt die Annahme χ_K rekursiv zum Widerspruch. ∎

Für die Theorie der rekursiven Funktionen spielen die effektiven Aufzählungen von P_1^1 eine wichtige Rolle. Diese Aufzählungen wollen wir formal beschreiben, ohne dabei explizit von der Churchschen These Gebrauch zu machen. Zur Motivation der folgenden Definition einer Gödel-Numerierung von P_1^1 begründen wir die

These 4.1.4. Sei $\varphi \in P_1^2$, dann sind folgende Aussagen äquivalent:

1. φ ist eine effektive Aufzählung von P_1^1 (d. h. zu jedem $f \in P_1^1$ kann man effektiv ein i finden mit $\varphi_i = f$).
2. Zu jedem $\psi \in P_1^2$ kann man ein $h \in R_1^1$ bestimmen, so daß $\psi = \lambda\, i, x[\varphi_{h(i)}(x)]$.

Zur Begründung ziehen wir die Churchsche These heran.

„1 ⇒ 2“: Sei $\psi \in P_1^2$ vorgegeben. Dann kann man zu jedem $\psi_i \in P_1^1$ effektiv ein h(i) finden mit $\psi_i = \varphi_{h(i)}$. Aufgrund der Churchschen These ist h rekursiv.

„2 ⇒ 1“: Sei $f \in P_1^1$ gegeben, dann liegt $\psi = \lambda\, i, j[f(j)]$ in P_1^2, und es gibt ein $h \in R_1^1$ (d. h. man kann ein $h \in R_1^1$ effektiv finden), so daß $\psi = \lambda\, i, x[\varphi_{h(i)}(x)]$. Somit gilt $f = \varphi_{h(0)}$, und h(0) kann man effektiv bestimmen.

Die Eigenschaft 2 bedeutet, daß man jede rekursive Aufzählung $(\psi_i \mid i \in N)$ von Funktionen in P_1^1 effektiv in die Aufzählung $(\varphi_i \mid i \in N)$ überführen kann. ∎

Definition 4.1.5. $\varphi \in P_1^2$ heißt (akzeptable) Gödel-Numerierung von P_1^1, wenn $\forall\, \psi \in P_1^2 : \exists\, h \in R_1^1 : \psi = \lambda\, i, x[\varphi_{h(i)}(x)]$.

Aufgrund von These 4.1.4 folgt, daß die im Beweis zu Satz 4.1.1 konstruierte rekursive Aufzählung $\lambda\, i, x[\mathrm{Res}_{P_i}(x)]$ eine Gödel-Numerierung von P_1^1 ist. Die formale Ausführung dieses Beweises sei dem Leser überlassen. Die Existenz von Gödel-Numerierungen wollen wir jedoch formal nachweisen.

Satz 4.1.6. Es gibt Gödel-Numerierungen von $\mathbf{P}_1^1$.

Beweis. Sei $\psi = \lambda\, i, x[\mathrm{Res}_{P_i}(x)]$ die im Beweis zu Satz 4.1.1 konstruierte rekursive Aufzählung von $\mathbf{P}_1^1$. Wir zeigen, daß $\varphi = \psi(\mathbf{I} \times \sigma_1^2)(\sigma_2^1 \times \mathbf{I})$ Gödel-Numerierung von $\mathbf{P}_1^1$ ist. Sei $\gamma \in \mathbf{P}_1^2$ gegeben, dann ist $\gamma\, \sigma_2^1 \in \mathbf{P}_1^1$, und wir können ein m bestimmen mit $\gamma\, \sigma_2^1 = \psi_m$. Es folgt $\gamma = \psi_m\, \sigma_1^2 = \lambda\, i, x[\varphi(\sigma_1^2(m, i), x)]$. Somit haben wir ein $h = \lambda\, i[\sigma_1^2(m, i)] \in \mathbf{R}_1^1$ gefunden mit $\gamma = \lambda\, j, x[\varphi_{h(j)}(x)]$. ■

Bemerkung. Interpretiert man in Definition 4.1.5 den Existenzquantor klassisch, so folgt aus dem Beweis zu Satz 4.1.6, daß man ausgehend von einer beliebigen rekursiven Aufzählung ψ von $\mathbf{P}_1^1$ durch $\varphi := \psi(\mathbf{I} \times \sigma_1^2)(\sigma_2^1 \times \mathbf{I})$ eine Gödel-Numerierung von $\mathbf{P}_1^1$ erhält.

Definition 4.1.7. $\varphi^n \in \mathbf{P}_1^{n+1}$ ist Gödel-Numerierung von $\mathbf{P}_1^n$, wenn $\forall\, \psi \in \mathbf{P}_1^{n+1}$: $\exists\, h \in \mathbf{R}_1^1 : \psi = \lambda\, i, x[\varphi_{h(i)}^n(x)]$.

Offensichtlich ist φ^n genau dann Gödel-Numerierung von $\mathbf{P}_1^n$, wenn $\lambda\, i, x[\varphi^n(i, \sigma_n^m(x))]$ Gödel-Numerierung von $\mathbf{P}_1^m$ ist. φ^n steht im folgenden für eine feste Gödel-Numerierung von $\mathbf{P}_1^n$. Für φ^1 schreiben wir kurz φ. Allgemein kann man die Eigenschaften von Gödel-Numerierungen wie folgt fassen:

Korollar 4.1.8 (Iterationstheorem). $\forall\, \psi \in \mathbf{P}_1^{m+n} : \exists\, h \in \mathbf{R}_1^m$: $\psi = \lambda\, y, x[\varphi_{h(y)}^n(x)]$.

Beweis. Da $\lambda\, z, x[\psi(\sigma_m^1(z), x)]$ in $\mathbf{P}_1^{n+1}$ liegt, gibt es ein $g \in \mathbf{R}_1^1$, so daß $\varphi_{g(z)}^n(x) = \psi(\sigma_m^1(z), x)$. Somit folgt $\varphi_{g\sigma_1^m(y)}(x) = \psi(y, x)$. Also kann man $g\, \sigma_1^m$ für h wählen. ■

Bemerkung. Setzt man in Korollar 4.1.8 speziell $\psi = \varphi^{n+m} \in \mathbf{P}_1^{n+m+1}$, dann bezeichnet man die nach Korollar 4.1.8 existierende Funktion h speziell mit $S_n^m \in \mathbf{R}_1^{m+1}$. Es gilt also

$$\varphi^{n+m} = \lambda\, y, x[\varphi^n_{S_n^m(y)}(x)].$$

Korollar 4.1.8 sichert, daß man effektive Operationen auf p. r. Funktionen rekursiv in den Gödel-Nummern ausdrücken kann. Wir wollen dies, stellvertretend für viele Fälle am Beispiel der Zusammensetzung erläutern.

Korollar 4.1.9. $\exists\, h \in \mathbf{R}_1^2 : \forall\, i, j \in \mathbf{N} : \varphi_i\, \varphi_j = \varphi_{h(i,j)}$.

Beweis. Die Funktion $g = \lambda\, i, j, x[\varphi_i\, \varphi_j(x)]$ liegt in $\mathbf{P}_1^3$. Nach Korollar 4.1.8 gibt es somit ein $h \in \mathbf{R}_1^2$, so daß $g = \lambda\, i, j, x[\varphi_{h(i,j)}(x)]$. ■

Zum Abschluß zeigen wir noch, daß es zu einer abgeschlossenen Klasse (total) rekursiver Funktionen keine Aufzählung innerhalb der Klasse gibt.

Satz 4.1.10. Sei $\mathbf{F} = [\mathbf{F}]$ eine abgeschlossene Klasse totaler zahlentheoretischer Funktionen, die die Nachfolgerfunktion S enthält. Dann gibt es keine Funktion $f \in \mathbf{F}_1^2$ mit $A_f = \mathbf{F}_1^1$.

Beweis. Angenommen, für $f \in \mathbf{F}_1^2$ gelte $A_f = \mathbf{F}_1^1$. Wir betrachten die Funktion $g = \lambda\, i[f(i, i) + 1]$. Wegen $g = S \circ f \circ \Delta_2^1$ gilt $g \in \mathbf{F}_1^1$. Somit gibt es ein n mit $g = f_n$.

Es folgt f(n, n) = g(n) = f(n, n) + 1, d. h. Widerspruch. ∎

Korollar 4.1.11. Es gibt keine rekursive (elementare bzw. primitiv rekursive) Aufzählung von $\mathbf{R}_1^1$($\mathbf{E}_1^1$ bzw. $\mathbf{PR}_1^1$).

4.2. Rekursiv aufzählbare und entscheidbare Mengen

Inhaltsübersicht. Der intuitive Begriff der effektiv aufzählbaren Menge, rekursiv aufzählbare Mengen, Darstellungssätze für rekursiv aufzählbare Mengen, Abschlußeigenschaften der Klasse der rekursiv aufzählbaren Mengen, rekursive Aufzählung und Gödel-Numerierung der rekursiv aufzählbaren Mengen, eine Funktion ist genau dann partiell rekursiv, wenn ihr Graph rekursiv aufzählbar ist, entscheidbare Mengen, Darstellungssätze für entscheidbare Mengen, Beispiel einer nicht entscheidbaren Menge.

Eine Teilmenge $M \subset \mathbf{N}^k$ wollen wir als effektiv aufzählbar ansehen, wenn ein Algorithmus vorliegt, der in systematischer Weise die Elemente von M produziert. Mit Algorithmus ist wieder eine endliche Rechenvorschrift gemeint, die in determinierter und in sich abgeschlossener Weise einen Rechenprozeß erklärt.

Beispiele von effektiv aufzählbaren Mengen. **1.** Jede endliche Menge von finiten Objekten, deren Elemente explizit aufgeführt sind.

2. Die Menge der Primzahlen.

3. Der Definitionsbereich jeder p. r. Funktion.

Um Beispiel 3 zu begründen, sei P ein Programm mit Startmarke 0, das f auf $\mathbf{TM}_1^1$ berechnet. Dann gilt

$$D(f) = \{x \in \mathbf{N} \mid \exists\, n : RS_P^{(n)}(0, \delta^1(x)) \text{ ist Endkonfiguration}\}.$$

Indem man für m = 0, 1, 2, ... die Werte (n, x) = $\sigma_2^1(m)$ und $RS_P^{(n)}(0, \delta^1(x))$ berechnet, kann man D(f) effektiv aufzählen.

Andererseits folgt aufgrund der Churchschen These, daß D(f) mit $f \in \mathbf{P}$ bereits der allgemeinste Typ einer zahlentheoretischen, effektiv aufzählbaren Menge ist. Sei nämlich $A \subset \mathbf{N}^n$ durch ein Aufzählungsverfahren gegeben. Dann definieren wir eine partielle Funktion $f : \mathbf{N}^n \to \mathbf{N}$, indem wir f(x) nach Fig. 22 berechnen:

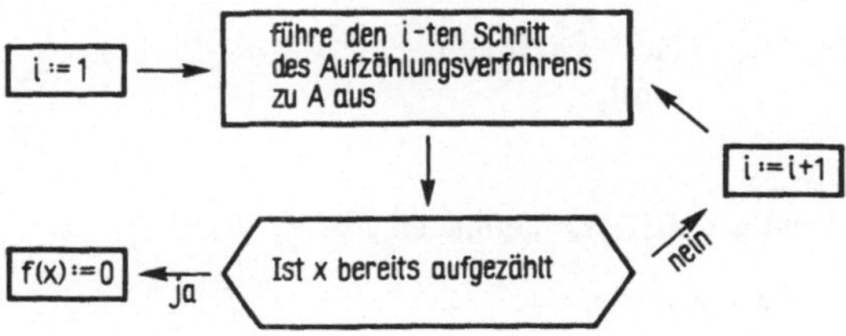

Fig. 22

Es gilt $D(f) = \mathbf{A}$; f ist effektiv berechenbar. Daher gilt aufgrund der Churchschen These $f \in \mathbf{P}_1^n$. Diese Überlegungen rechtfertigen

These 4.2.1 $\{D(f) \mid f \in \mathbf{P}\}$ stimmt mit der Klasse der effektiv aufzählbaren zahlentheoretischen Mengen überein.

Daher definieren wir rekursiv aufzählbare Mengen wie folgt.

Definition 4.2.2. Eine zahlentheoretische Menge A heißt rekursiv aufzählbar (r. a.), wenn es ein $f \in \mathbf{P}$ gibt mit $A = D(f)$.

$\mathbf{A} = \{D(f) \mid f \in \mathbf{P}\}$ sei die Klasse der r. a. Mengen; $\mathbf{A}_m \subset \mathbf{A}$ sei die Klasse der m-stelligen r. a. Mengen. Natürlich genügt es, die Struktur von $\mathbf{A}_1$ zu kennen, denn es gilt

Lemma 4.2.3. $\mathbf{A}_n = \{\sigma_n^m(B) \mid B \in \mathbf{A}_m\}$.

Beweis. „$\subset$": Sei $f \in \mathbf{P}_k^n$. Dann gilt $D(f) = \sigma_n^m(D(f \circ \sigma_n^m))$.
„$\supset$": Sei $g \in \mathbf{P}_k^m$. Dann gilt $D(g \circ \sigma_m^n) = \sigma_n^m(D(g))$. ■

Satz 4.2.4

$$A \in \mathbf{A}_1 \Leftrightarrow \exists f \in \mathbf{R}_1^2 : A = \{x \mid \exists m : f(x, m) = 0\}$$

$$(\Leftrightarrow \exists P \in \mathrm{Rel}\ \mathbf{R}_1^2 : A = \{x \mid \exists m : P(x, m)\}).$$

Beweis. „$\Rightarrow$" : Sei $A = D(f)$ mit $f \in \mathbf{P}^1$. Sei $f = \lambda x[U(\mu_j[g(m, x, j) = 0])]$ Kleenesche Normalform zu f. Dann gilt $D(f) = \{x \mid \exists n : g_m(x, n) = 0\}$.
„$\Leftarrow$" : Sei $A = \{x \mid \exists m : f(x, m) = 0\}$ mit $f \in \mathbf{R}_1^2$. Dann gilt $A = D(\mu^0 f)$. ■

Bemerkung. Offensichtlich kann man in Satz 4.2.4 **R** durch **PR** ersetzen. Das gleiche gilt für Satz 4.2.5 und Korollar 4.2.6.

Die Darstellungen der r. a. Mengen nach Definition 4.2.2 und Satz 4.2.4 schreiben keine Reihenfolge der Elemente beim Aufzählen vor. Wir kommen nun zu Darstellungen der r. a. Mengen, welche eine solche Reihenfolge mit angeben. Zu $B \subset \mathbf{N}$ bezeichne $B_+ = B \cap \mathbf{N}_+$ und zu $B \subset \mathbf{N}_+$ schreiben wir $B - 1 := \{n - 1 \mid n \in B\}$.

Satz 4.2.5. $A \in \mathbf{A}_1 \Leftrightarrow \exists g \in \mathbf{R}_1^1 : A = (g(\mathbf{N}))_+ - 1$.

Beweis. „$\Rightarrow$": Sei $A = \{x \mid \exists m : f(x, m) = 0\}$ mit $f \in \mathbf{R}_1^2$. Wir definieren $g \in \mathbf{R}_1^1$ durch

$$g(n) = \begin{cases} I_1^2\ \sigma_2^1(n) + 1 & \text{falls } f\,\sigma_2^1(n) = 0, \\ 0 & \text{sonst.} \end{cases}$$

Dann gilt $A = g(\mathbf{N})_+ - 1$.
„$\Leftarrow$" : Sei $A = g(\mathbf{N})_+ - 1$ mit $g \in \mathbf{R}_1^1$. Wir definieren $f \in \mathbf{R}_1^2$ durch

$$f(x, n) = \begin{cases} 0 & \text{falls } g(n) = x + 1, \\ 1 & \text{sonst.} \end{cases}$$

Dann gilt $A = \{x \mid \exists n : f(x, n) = 0\}$. ■

Korollar 4.2.6. Folgende Aussagen sind äquivalent:

1. $A \in \mathbf{A}_1 \wedge A \neq \emptyset$,
2. $\exists\, h \in \mathbf{R}_1^1 : A = h(\mathbf{N})$.

Beweis. „1 ⇒ 2": Sei $A = f(\mathbf{N})_+ - 1$ mit $f \in \mathbf{R}_1^1$.
Man beachte: $A \neq \emptyset \Rightarrow \exists\, j : f(j) \neq 0$.
Wir berechnen h rekursiv durch

$$h(0) = f(\mu_j[f(j) \neq 0]) - 1,$$

$$h(n+1) = \begin{cases} f(n+1) - 1 & \text{falls } f(n+1) > 0, \\ h(n) & \text{sonst.} \end{cases}$$

Nach Konstruktion gilt $h(\mathbf{N}) = f(\mathbf{N})_+ - 1$.
„2 ⇒ 1": Trivial. ∎

Satz 4.2.7. $A \in \mathbf{A}_1 \Leftrightarrow \exists\, g \in \mathbf{P}_1^1 : A = W(g)$.

Beweis. „⇒": Sei $A = D(f)$ mit $f \in \mathbf{P}_1^1$. Wir setzen $g = I_1^2(I \times f)\,\Delta_2^1$. Dann gilt $D(f) = D(g) = W(g)$.
„⇐": Sei $A = W(g)$ mit $g \in \mathbf{P}_1^1$. Es sei $g = \lambda x[g_1\ \mu_j[g_2(m, x, j) = 0]]$ Kleenesche Normalform zu g mit $g_1 \in \mathbf{PR}_1^1$, $g_2 \in \mathbf{PR}_1^3$. Es gilt

$$y \in W(g) \Leftrightarrow \exists\, x : \exists\, j : g_2(m, x, j) = 0 \wedge \forall\, i(0 \leq i < j) : g_2(m, x, i) \neq 0 \wedge g_1(j) = y.$$

Das rechts hinter den Existenzquantoren stehende Prädikat $P(y, x, j)$ ist Element von Rel **R** (vgl. 1 und 2 in Lemma 3.1.12). Sei $P(y, x, j) = [f(y, x, j) = 0]$ mit $f \in \mathbf{R}_1^3$, dann gilt $A = \{y \mid \exists\, m : f(y, \sigma_2^1(m)) = 0\}$; also $A \in \mathbf{A}_1$ (nach Satz 4.2.4). ∎

Auf die Möglichkeit, mehrere Existenzquantoren durch Anwendung der Funktion σ_2^1 zu einem Existenzquantor zusammenzufassen, sei hier auch für künftige Fälle hingewiesen.

Satz 4.2.8. Seien $A_i \in \mathbf{A}_1 (i = 1, 2)$ und $f \in \mathbf{P}_1^1$. Dann gilt

1. $A_1 \cup A_2,\ A_1 \cap A_2 \in \mathbf{A}_1$,
2. $f(A_1) \in \mathbf{A}_1$,
3. $f^{-1}(A_1) \in \mathbf{A}_1$,
4. $A_1 \times A_2 \in \mathbf{A}_2$.

Beweis. 1. Sei $A_i = \{x \mid \exists\, m : h_i(x, m) = 0\}$ mit $h_i \in \mathbf{R}_1^2 (i = 1, 2)$. Dann gilt

$$A_1 \cup A_2 = \{x \mid \exists\, m : h_1(x, m) \cdot h_2(x, m) = 0\},$$

$$A_1 \cap A_2 = \{x \mid \exists\, m_1\ \exists\, m_2 : h_1(x, m_1) + h_2(x, m_2) = 0\}.$$

2. Sei $A = W(g)$ mit $g \in \mathbf{P}_1^1$. Dann gilt $f(A) = W(f \circ g)$. Wegen $f \circ g \in \mathbf{P}_1^1$ folgt $f(A) \in \mathbf{A}_1$.

3. Sei $A_1 = D(g)$ mit $g \in \mathbf{P}^1$. Dann gilt $D(g \circ f) = f^{-1}(D(g))$. Wegen $g \circ f \in \mathbf{P}^1$ folgt $f^{-1}(A_1) \in \mathbf{A}_1$.

4. Sei $A_i = D(f_i)$, dann gilt $A_1 \times A_2 = D(f_1 \times f_2)$. ■

Wegen Lemma 4.2.3 gelten 1 und 2 aus Satz 4.2.8 auch in folgender allgemeiner Form:

Korollar 4.2.9. 1. $A \in \mathbf{A}_n \wedge f \in \mathbf{P}^n \Rightarrow f(A) \in \mathbf{A}$.
2. $A \in \mathbf{A}_n \wedge f \in \mathbf{P}^n \Rightarrow f^{-1}(A) \in \mathbf{A}$.

Bezeichnungen. Zu $A \subset \mathbf{N}^{n+1}$ und $i \in \mathbf{N}$ bezeichnen wir $A_i = \{x \in \mathbf{N}^n \mid (i, x) \in A\}$. A heißt Aufzählung von $\{A_i \mid i \in \mathbf{N}\}$.
Sei $A = D(f)$, dann gilt $A_i = (D(f))_i = D(f_i)$. Somit gilt $A \in \mathbf{A}_{n+1} \Rightarrow \forall i : A_i \in \mathbf{A}_n$.
$A \in \mathbf{A}_{n+1}$ heißt eine *rekursive Aufzählung* von $\{A_i \mid i \in \mathbf{N}\}$. Ist $A \in \mathbf{A}_{n+1}$, so heißt die Menge $\{A_i \mid i \in \mathbf{N}\}$ *rekursiv aufzählbar*, die Folge $(A_i \mid i \in \mathbf{N})$ heißt *rekursiv*.

Satz 4.2.10. $\mathbf{A}_n$ ist rekursiv aufzählbar.

Beweis. Sei $\varphi \in \mathbf{P}_n^{n+1}$ eine rekursive Aufzählung von $\mathbf{P}_1^n$. Dann gilt $\mathbf{A}_n = \{D(\varphi^n)_i \mid i \in \mathbf{N}\} = \{D(\varphi_i^n) \mid i \in \mathbf{N}\}$. Also ist $D(\varphi^n)$ rekursive Aufzählung von $\mathbf{A}_n$. ■

Gödel-Numerierungen der rekursiv aufzählbaren Mengen werden in Analogie zu Gödel-Numerierungen der p. r. Funktionen erklärt.

Definition 4.2.11. $A \in \mathbf{A}_{n+1}$ heißt *Gödel-Numerierung* zu $\mathbf{A}_n$, wenn $\forall B \in \mathbf{A}_{n+1} : \exists h \in \mathbf{R}_1^1 : \forall i \in \mathbf{N} : B_i = A_{h(i)}$.

Dies bedeutet, daß es zu jedem $B \in \mathbf{A}_{n+1}$ eine rekursive Übersetzung h der Folge ($B_i \mid i \in \mathbf{N}$) in die Folge $(A_i \mid i \in \mathbf{N})$ gibt. Sei $\varphi^n \in \mathbf{P}_1^{n+1}$ Gödel-Numerierung zu $\mathbf{P}_1^n$. Wir setzen $W^n := D(\varphi^n)$ und $W := W^1$. Dann folgt unmittelbar aus den Eigenschaften der Gödel-Numerierung φ^n

Korollar 4.2.12. $W^n \in \mathbf{A}_{n+1}$ ist Gödel-Numerierung von $\mathbf{A}_n$.

Definiert man $B_{i_1, i_2, \ldots i_n}$ induktiv durch $B_{i,j} = (B_i)_j$, dann folgt analog zu Satz 4.1.6

Korollar 4.2.13. $\forall B \in \mathbf{A}_{m+n} : \exists h \in \mathbf{R}_1^m : \forall x \in \mathbf{N}^m : B_x = W_{h(x)}^n$.

Bemerkung. Ähnlich wie Korollar 4.1.8 sichert Korollar 4.2.13, daß sich effektive Operationen auf r. a. Mengen rekursiv in den Gödel-Nummern ausdrücken. Z. B. gibt es $d, f, g, h \in \mathbf{R}_1^2$, so daß für alle $i, j \in \mathbf{N}$

$$W_i \cup W_j = W_{d(i,j)}, \; W_i \cap W_j = W_{f(i,j)},$$

$$\varphi_i(W_j) = W_{g(i,j)} \text{ und } \varphi_i^{-1}(W_j) = W_{h(i,j)}.$$

Wir betrachten stellvertretend nur den ersten Fall. Sei $W = \{(i, x) \mid \exists m : h(i, x, m) = 0\}$. Wir zeigen, daß die Menge $B := \{(i, j, x) \mid x \in W_i \cup W_j\}$ r. a. ist. Dies gilt wegen $B = \{(i, j, x) \mid \exists m_1 : \exists m_2 \; h(i, x, m_1) \, h(j, x, m_2) = 0\}$. Aufgrund von Korollar 4.2.13 gibt es somit ein $h \in \mathbf{R}_1^2$, so daß

$$\forall\, i, j\colon W_i \cup W_j = B_{i,j} = W_{h(i,j)}.$$

Wir zeigen, daß die Vereinigung einer r. a. Menge von r. a. Mengen selbst r. a. ist.

Satz 4.2.14. Sei $B \in \mathbf{A}_2$, dann gilt $\bigcup_{i \in \mathbf{N}} B_i \in \mathbf{A}_1$.

B e w e i s . $I_2^2(B) = \bigcup_{i \in \mathbf{N}} B_i$. ∎

Wir haben das Konzept der r. a. Menge aus dem Begriff der p. r. Funktion abgeleitet. Nun zeigen wir, daß man auch umgekehrt das Konzept der p. r. Funktion aus dem Begriff der r. a. Menge ableiten kann. Zu einer Funktion f setzen wir

$$\text{Graph } f := \{(x, f(x)) \in D(f) \times W(f) \mid x \in D(f)\}.$$

Satz 4.2.15. Sei $f: \mathbf{N} \to \mathbf{N}$ eine partielle Funktion, dann gilt $f \in \mathbf{P}_1^1 \Leftrightarrow \text{Graph } f \in \mathbf{A}_2$.

B e w e i s . „⇒“: Sei $f \in \mathbf{P}_1^1$. Setze $g := (I \times f) \circ \Delta_2^1$. Dann gilt $W(g) = \text{Graph } f$.
„⇐“: Wir setzen $X := \sigma_1^2(\text{Graph } f)$. Es gilt $X \in \mathbf{A}_1$. Nach Satz 4.2.5 gibt es ein $g \in \mathbf{R}_1^1$ mit $g(\mathbf{N})_+ - 1 = X$. Wir geben ein Diagramm an (Fig. 23), das f aus rekursiven Prädikaten und rekursiven Funktionen berechnet. Nach Korollar 3.3.4 folgt dann $f \in \mathbf{P}_1^1$. ∎

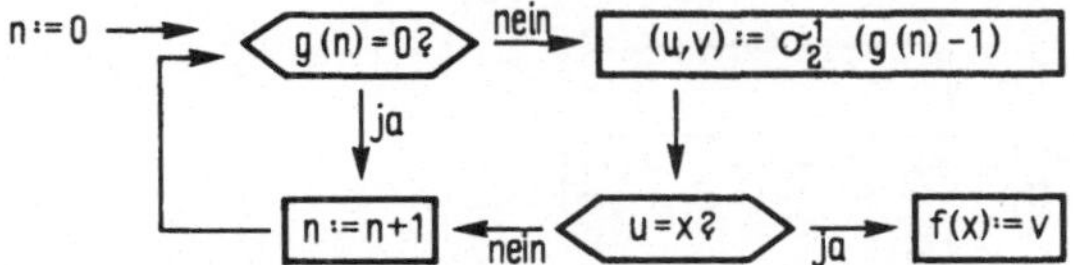

Fig. 23

Definition 4.2.16. Eine Menge $A \subset \mathbf{N}^n$ $(n \in \mathbf{N}_+)$ heißt r e k u r s i v (oder auch e n t s c h e i d b a r), wenn die charakteristische Funktion χ_A von A rekursiv ist.

Bemerkung. Die Angabe der Obermenge $\mathbf{N}^n$ ist unerläßlich, weil sie den Definitionsbereich von χ_A festlegt. A^c bezeichnet das Komplement von A.

Satz 4.2.17. Für jede Teilmenge $A \subset \mathbf{N}$ gilt: A entscheidbar $\Leftrightarrow$ $A, A^c \in \mathbf{A}_1$.

B e w e i s . „⇒“: Sei $\chi_A \in \mathbf{R}_1^1$, dann gilt $A = \chi_A^{-1}(0)$, $A^c = \chi_A^{-1}(1)$.
„⇐“: Sei $A = g(\mathbf{N})_+ - 1$, $A^c = h(\mathbf{N})_+ - 1$ mit $g, h \in \mathbf{R}_1^1$.

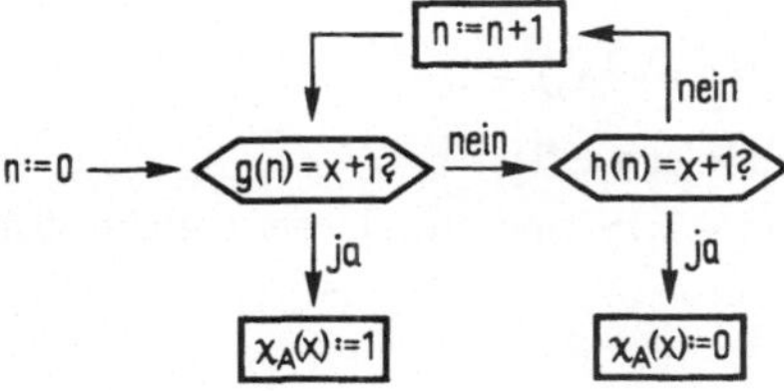

Fig. 24

Wir geben ein Diagramm (Fig. 24) an, das χ_A aus rekursiven Prädikaten und rekursiven Funktionen berechnet. Nach Korollar 3.3.4 folgt dann $f \in \mathbf{P}^1_1$. ∎

Durch Anwendung von Paarungsfunktionen überträgt sich Satz 4.2.17 unmittelbar auf mehrstellige Mengen: $A \subset \mathbf{N}^n$ entscheidbar $\Leftrightarrow A, A^c \in \mathbf{A}_n$. Aus Satz 4.1.3 folgt

Korollar 4.2.18. Sei $f \in \mathbf{P}^2_1$ eine Aufzählung von $\mathbf{P}^1_1$, dann ist D (f) nicht entscheidbar (d. h. der Haltebereich des universellen Turingprogramms ist nicht entscheidbar).

B e w e i s . Wäre D(f) entscheidbar, dann wäre im Widerspruch zu Satz 4.1.3 auch $K = \{x \mid (x, x) \in D(f)\}$ entscheidbar. ∎

Satz 4.2.19. Folgende Aussagen sind äquivalent:

1. $A \subset \mathbf{N}$ ist entscheidbar und unendlich.
2. $E f \in \mathbf{R}^1_1$, so daß f streng monoton ist und $A = W(f)$.

B e w e i s . „1 ⇒ 2“: Sei $\chi_A \in \mathbf{R}^1_1$ gegeben, dann berechne man f rekursiv durch

$$f(0) = \mu_j[\chi_A(j) \neq 0]; \qquad f(n+1) = \mu_j[\chi_A(j) \neq 0 \wedge j > f(n)].$$

Es gilt $A = W(f)$, und $f \in \mathbf{R}^1_1$ ist streng monoton.

„1 ⇐ 2“: Sei $f \in \mathbf{R}^1_1$ gegeben. Dann kann man $\chi_A(x)$ nach Fig. 25 berechnen.

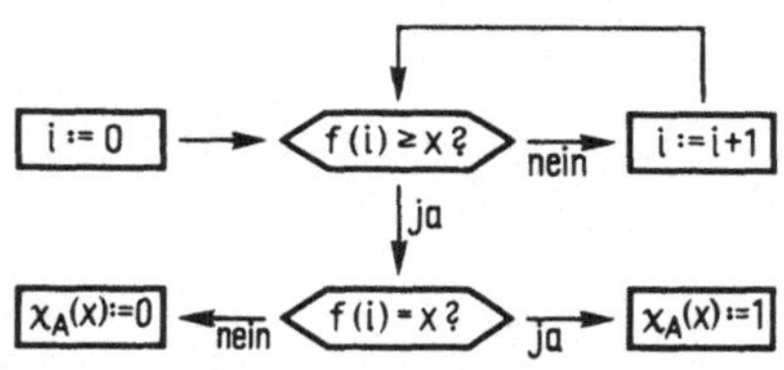

Fig. 25

Weil f streng monoton ist, bricht das Berechnungsverfahren zu $\chi_A(x)$ nach endlich vielen Schritten ab. Daher gilt $\chi_A \in \mathbf{R}^1_1$. ∎

Korollar 4.2.20. Jede unendliche r. a. Menge enthält eine unendliche entscheidbare Menge.

B e w e i s . Sei $A = f(\mathbf{N})_+ - 1$ mit $f \in \mathbf{R}^1_1$. Wir berechnen g rekursiv durch

$$g(0) = f(\mu_j[f(j) \neq 0]) - 1,$$

$$g(n+1) = f(\mu_j[f(j) \neq 0 \wedge f(j) > g(n) + 1]) - 1.$$

g ist streng monoton. Aus A unendlich folgt $g \in \mathbf{R}^1_1$.

Wegen $g(\mathbf{N}) \subset A$ enthält A nach Satz 4.2.19 eine unendliche, entscheidbare Menge. ∎

4.3. Rekursiv aufzählbare Relationen, Chomsky-Sprachen

Inhaltsübersicht. Rekursiv aufzählbare Relationen, Abschlußeigenschaften rekursiv aufzählbarer Relationen, der Abschluß R^* einer rekursiv aufzählbaren Relation R ist ebenfalls rekursiv aufzählbar, Erzeugung von Wortmengen durch Chomsky-Grammatiken, eine Wortmenge ist genau dann effektiv aufzählbar, wenn sie Chomsky-Sprache ist.

Es ist oft zweckmäßig, Aufzählungsverfahren durch Relationen auszudrücken. Wir betrachten daher Relationen etwas eingehender. Eine Teilmenge $R \subset \mathbf{N}^2$ fassen wir als z w e i s t e l l i g e R e l a t i o n auf. Genau für alle $(x, y) \in R$ sei die Relation R erfüllt. Statt $(x, y) \in R$ schreibt man auch $R(x, y)$ oder $x\,R\,y$ oder $R(x, y) = W$. R heißt eindeutig, wenn es zu jedem x höchstens ein y gibt mit $(x, y) \in R$. Die e i n d e u t i g e n R e l a t i o n e n identifiziert man mit den partiellen Funktionen $f : \mathbf{N} \to \mathbf{N}$.

Eine R e l a t i o n $R \subset \mathbf{N}^2$ heißt r e k u r s i v a u f z ä h l b a r, wenn $R \in \mathbf{A}_2$. R heißt e n t s c h e i d b a r (oder auch r e k u r s i v), wenn $R \subset \mathbf{N}^2$ entscheidbar ist. Die entscheidbaren Relationen sind gerade die Relationen in Rel $\mathbf{R}_1^2$.

Zu einer Relation $R \subset \mathbf{N}^2$ und $A \subset \mathbf{N}$ bezeichnet

$$R(A) = \{y \in \mathbf{N} \mid \exists\, x \in A : (x, y) \in R\}$$

das Bild von A bei R. Zu zwei Relationen $R_1, R_2 \subset \mathbf{N}^2$ definieren wir die Zusammensetzung

$$R_2 \circ R_1 = \{(x, z) \in \mathbf{N}^2 \mid \exists\, y : (x, y) \in R_1 \wedge (y, z) \in R_2\}.$$

Die Zusammensetzung $\circ$ ist assoziativ. $\Delta_2^1(\mathbf{N}) \subset \mathbf{N}^2$ ist neutrales Element zu $\circ$. Zu $R \subset \mathbf{N}^2$ definieren wir induktiv $R^0 = \Delta_2^1(\mathbf{N})$, $R^{i+1} = R^i \circ R$. $R^* = \bigcup_{j \in \mathbf{N}} R^j$ ist der Abschluß von R. Wir untersuchen Abschlußeigenschaften der r. a. Relationen.

Satz 4.3.1. Seien $R_1, R_2 \subset \mathbf{N}^2$ r. a. Relationen, dann gilt

1. $R_2 \circ R_1$ ist r. a.
2. $A \in \mathbf{A}_1 \Rightarrow R_1(A) \in \mathbf{A}_1$.

B e w e i s. 1. Die Funktion $f = \lambda x, y, z[(x, z)]$ liegt in $\mathbf{R}_2^3$, und es gilt $R_2 \circ R_1 = f(R_1 \times \mathbf{N} \cap \mathbf{N} \times R_2)$. Aus 2 in Satz 4.2.8 folgt $R_2 \circ R_1 \in \mathbf{A}_2$.

2. $R_1(A) = \mathbf{I}_2^2(R_1 \cap A \times \mathbf{N})$. ∎

Zu einer Relation R ist $R(\mathbf{N})$ gerade die Menge $\{y \mid \exists\, x : R(x, y)\}$. Mit einer r. a. Relation R ist somit auch die durch $\exists\, x$ quantifizierte Relation rekursiv aufzählbar. Da wir den Aufzählungsalgorithmus $R_2 \circ R_1$ explizit angegeben haben, folgt für die Gödel-Numerierung W^2 von $\mathbf{A}_2$

Korollar 4.3.2. $\exists\, g \in \mathbf{R}_1^2 : \forall\, i, j \in \mathbf{N} : W_i^2 \circ W_j^2 = W_{g(i,j)}^2$.

Hieraus folgern wir

Satz 4.3.3. Sei $R \subset \mathbf{N}^2$ eine r. a. Relation, dann ist auch der Abschluß R^* eine r. a. Relation.

Beweis. Sei $R = W^2_m$, $\Delta^1_2(N) = W^2_k$ und $g \in \mathbf{R}^2_1$ wie in Korollar 4.3.2. Wir berechnen $h \in \mathbf{R}^1_1$ rekursiv durch

$$h(0) = k, \quad h(i+1) = g(h(i), m).$$

Es gilt dann für alle $j \in \mathbf{N} : R^j = W^2_{h(j)}$.
$(W^2_{h(j)} \mid j \in \mathbf{N})$ ist eine rekursive Folge von r. a. Mengen. Somit folgt aus Satz 4.2.14, daß $R^* = \bigcup_{j \in \mathbf{N}} R^j$ r. a. ist. ∎

Als Beispiel zur Erzeugung r. a. Mengen durch Relationen betrachten wir Chomsky-Grammatiken. Sei X ein endliches Alphabet. Eine Wortmenge $L \subset X^*$ nennen wir eine Sprache über X. Wir wollen effektiv aufzählbare Wortmengen $L \subset X^*$ direkt durch Operationen auf Worten darstellen, ohne auf Turingprogramme oder auf die Klasse **A** der r. a. zahlentheoretischen Mengen zurückzugreifen. Als Grundoperation auf Worten bietet sich das Ersetzen eines Teilwortes u an beliebiger Stelle durch ein Wort v an. Eine solche Ersetzung

$$x u y \to x v y$$

nennt man einen Ableitungsschritt, man sagt die Regel (u, v) ist auf x u y angewandt worden. Eine Folge von Ableitungsschritten nennen wir einen Ableitungsprozeß. Als erster hat Chomsky solche Ableitungsprozesse für endliche Systeme von Regeln untersucht.

Definition 4.3.4. Eine Chomsky-Grammatik ist ein 4-Tupel $G = (S, X, T, R)$ mit

1. X ist eine endliche Menge, das Alphabet,
2. $T \subset X$ ist das Endalphabet,
3. $S \in X$ ist das Startsymbol,
4. $R \subset X^* \times X^*$ ist eine endliche Menge von Regeln, das Regelsystem.

Man nennt R auch ein Semi-Thue-System.

Die endliche Relation $R \subset X^* \times X^*$ setzt man wie folgt fort:

$$\xrightarrow[R]{*} = \{(w\,p\,v, w\,q\,v) \in X^* \times X^* \mid w, v \in X^* \wedge (p, q) \in R\}.$$

Wenn $u \xrightarrow[R]{*} v$ gilt, sagt man, daß v direkt mittels einer Regel in R aus u ableitbar ist. Die Relation $\xrightarrow[R]{} \subset X^* \times X^*$ sei der Abschluß von $\xrightarrow[R]{*}$, d. h. $\xrightarrow[R]{} = (\xrightarrow[R]{*})^*$.

Es gilt also

$u \xrightarrow[R]{} v \Leftrightarrow$ es gibt eine endliche Folge $u_0, u_1, \ldots, u_n$ mit $n \geq 0$ und $u_0 = u$, $u_n = v$ und $u_i \xrightarrow[R]{*} u_{i+1}$ für $i = 0, \ldots, n-1$.

Ist ein festes Regelsystem gemeint, so schreibt man $\xrightarrow{*}$ statt $\xrightarrow[R]{*}$ und $\longrightarrow$ statt $\xrightarrow[R]{}$. Wenn $w \xrightarrow[R]{} v$ gilt, so sagt man: v ist aus w ableitbar. Die von einer Chomsky-

Grammatik G erzeugte Sprache ist die Menge der Endworte $w \in T^*$, die man aus dem Startsymbol S ableiten kann:

$$L_G := \{w \in T^* \mid S \to w\}.$$

Eine Sprache $L \subset T^*$ heißt Chomsky-Sprache, wenn es eine Chomsky-Grammatik G gibt mit $L_G = L$. $\mathbf{C}(T)$ sei die Klasse der Chomsky-Sprachen über dem Alphabet T.

Während bei einem Rechenprozeß die Reihenfolge der Rechenschritte eindeutig festgelegt ist, kann man im Ableitungsprozeß einer Chomsky-Grammatik die Ableitungsschritte im allgemeinen vertauschen. Wir machen dies an einem Beispiel klar. Seien (p, q), $(u, v) \in X^* \times X^*$ Regeln und X_1, X_2, Y_1, Y_2 geeignete Wörter. Die Reihenfolge zweier Ableitungsschritte

$$X_1\, p\, X_2 \xrightarrow[(p,q)]{*} X_1\, q\, X_2 = Y_1\, u\, Y_2 \xrightarrow[(u,v)]{*} Y_1\, v\, Y_2$$

kann man sicher dann vertauschen, wenn sich die beiden Teilworte q und u in $X_1\, q\, X_2 = Y_1\, u\, Y_2$ nicht überlappen. In diesem Fall kann man zuerst u durch v und dann p durch q ersetzen, d. h. man erhält zwei Ableitungsschritte.

$$X_1\, p\, X_2 \xrightarrow[(u,v)]{*} Z \xrightarrow[(p,q)]{*} Y_1\, v\, Y_2,$$

wobei $Z \in X^*$ ein geeignetes Wort ist. Die Voraussetzung für die Vertauschbarkeit der beiden Ableitungsschritte liegt insbesondere dann vor, wenn u und q keine Symbole gemeinsam haben. Diese Tatsache nutzen wir aus, um zu zeigen, daß die Einsetzung einer Chomsky-Sprache in eine andere wieder eine Chomsky-Sprache ergibt.

Lemma 4.3.5. Sei $L_1 \subset T_1^*$ Chomsky-Sprache, $R_2 \subset X^* \times X^*$ sei ein endliches Regelsystem und $T_2 \subset X$, dann ist

$$L_2 := \{w \in T_2^* \mid \exists\, v \in L_1 : v \xrightarrow[R_2]{} w\}$$

eine Chomsky-Sprache.

Beweis. Angenommen, L_1 wird von der Chomsky-Grammatik $G_1 = (S_1, X, T_1, R_1)$ erzeugt. $\overline{X} = \{\overline{x} \mid x \in X\}$ sei ein disjunktes Alphabet zu X. Zu $w = w_1\, w_2 \ldots w_n \in X^*$ bezeichne $\overline{w} = \overline{w}_1\, \overline{w}_2 \ldots \overline{w}_n$. Wir setzen $\overline{R}_1 = \{(\overline{u}, \overline{v}) \mid (u, v) \in R_1\}$, $R_3 = \{(\overline{y}, y) \mid y \in T_1\}$. Dann wird die Sprache L_2 von der Chomsky-Grammatik $G_2 = (\overline{S}, X \cup \overline{X}, T_2, \overline{R}_1 \cup R_3 \cup R_2)$ erzeugt. Denn einerseits kann man zu jeder Ableitung $S \xrightarrow[R_1]{} v \xrightarrow[R_2]{} w$ mit $v \in T_1^*$ stets eine Ableitung $S \xrightarrow[\overline{R}_1]{} \overline{v} \xrightarrow[R_3]{} v \xrightarrow[R_2]{} w$ konstruieren. Somit gilt $L_2 \subset L_{G_2}$. Andererseits kann man jede Ableitung $S \xrightarrow[\overline{R}_1 \cup R_3 \cup R_2]{} w \in T^*$ durch Vertauschung von Ableitungsschritten derart umformen, daß man zunächst nur Regeln in $\overline{R}_1$, dann Regeln in R_3 und zuletzt nur noch Regeln in R_2 anwendet. Damit erhält man eine Ableitung der Form $\overline{S} \xrightarrow[\overline{R}_1]{} \overline{v} \xrightarrow[R_3]{} v \xrightarrow[R_2]{} w$. Es folgt $v \in L_1$ und somit $w \in L_2$. Dies zeigt $L_{G_2} \subset L_2$. ■

Mit einem ähnlichen Argument kann man jede Chomsky-Grammatik derart normieren, daß keine Endsymbole in den linken Seiten der Regeln auftreten.

Lemma 4.3.6. Sei $L \subset T^*$ Chomsky-Sprache, dann gibt es eine Chomsky-Grammatik $G' = (S', X', T, R')$ mit $R' \subset (X' - T)^* \times T^*$ und $L_{G'} = L$.

Beweis. Sei $G = (S, X, T, R)$ eine Chomsky-Grammatik mit $L = L_G$. Sei $\overline{X} = \{\overline{x} \mid x \in X\}$ ein zu X disjunktes Alphabet. Wir setzen $X' = \overline{X} \cup T$, $R' = \{(\overline{u}, \overline{v}) \mid (u, v) \in R\} \cup \{(\overline{t}, t) \mid t \in T\}$. Dann erzeugt die Chomsky-Grammatik $G' = (\overline{S}, X', T, R')$ die Sprache L_G, und sie erfüllt unsere Normierungsbedingung. ∎

Korollar 4.3.7. 1. Jede endliche Sprache ist Chomsky-Sprache.
2. $L_1, L_2 \in \mathbf{C}(T) \Rightarrow L_1 \cup L_2, L_1 \cdot L_2 \in \mathbf{C}(T)$.

Beweis. 1. ist trivial.
2. Seien G_1, G_2 Chomsky-Grammatiken mit Endalphabet T und Startsymbolen S_1, S_2, die die Normierungsbedingung 4.3.6 erfüllen. O. B. d. A. sei das Endalphabet T genau der Durchschnitt der Alphabete X_1 und X_2 der beiden Grammatiken. Dann gilt

$$L_1 \cup L_2 = \{w \in T^* \mid \exists S \in \{S_1, S_2\}: S \xrightarrow[R_1 \cup R_2]{} w\},$$

$$L_1 \cdot L_2 = \{w \in T^* \mid \exists v \in (X_1 \cup X_2)^* : S_1 S_2 \xrightarrow[R_1]{} v \xrightarrow[R_2]{} w\}.$$

Aus 4.3.5 und 4.3.7.1 folgt, daß $L_1 \cup L_2, L_1 \cdot L_2$ Chomsky-Sprachen sind. ∎

Offensichtlich kann man jede Chomsky-Sprache effektiv aufzählen, indem man systematisch alle Ableitungsprozesse aufzählt. Um diesen Aufzählungsprozeß durchzuführen, kodiert man die Wörter über dem Alphabet X der Grammatik als natürliche Zahlen. Dabei gehen T^* und $\xrightarrow[R]{*}$ in rekursiv aufzählbare Mengen über. Wegen

$$L_G = (\xrightarrow[R]{*})^* (S) \cap T^*$$

erhält man daher das Bild von L_G unter der Kodierung, indem man den Abschluß einer r. a. Relation auf eine einelementige Menge (dem Bild von S) anwendet und mit einer r. a. Menge (dem Bild von T^*) schneidet.
Aus Satz 4.3.3. und 2 in Satz 4.3.1 folgt, daß das Bild von L_G rekursiv aufzählbar ist.

Wir wollen nun umgekehrt beweisen, daß jede effektiv aufzählbare Wortmenge auch Chomsky-Sprache ist.

Satz 4.3.8. Der Wertebereich jedes Programms P der Turingmaschine **XTM** ist Chomsky-Sprache.

Beweis. Es sei K(P) die Menge der Marken zu P, 0 sei die Startmarke und 1 die einzige Endmarke von P. δ sei die Eingabefunktion zu **XTM**. Es sei $\overline{X} = X \cup \{\square\}$ und $\square$ das Leerzeichen von XTM. Den Konfigurationen zu P ordnen wir paarweise disjunkte Wortmengen über dem Alphabet

$$A = \overline{X} \cup \{B\} \cup \{\uparrow_r \mid r \in K(P)\} \qquad \text{mit } B \notin \overline{X}$$

zu. Sei $k = (r, {}^{\infty}\square\, u \uparrow v\, \square^{\infty})$ eine Konfiguration mit $u \in \overline{X}^* - \square\,\overline{X}^*$, $v \in \overline{X}^* - \overline{X}^*\,\square$, dann setzen wir

$$\tau(k) = B\,\{\square\}^*\, u \uparrow_r v\, \{\square\}^*\, B.$$

Aus Korollar 4.3.7 folgt, daß die Menge

$$L_1 = B\,\{\square\}^* \uparrow_0 X^*\, \{\square\}^*\, B = \bigcup_{x \in X^*} \tau(0, \delta(x))$$

der Bilder der Startkonfigurationen eine Chomsky-Sprache ist. X^* und $\{\square\}^*$ sind nämlich Chomsky-Sprachen. Denn zu einer endlichen Menge $C \subset T^*$ wird die Chomsky-Sprache C^* durch die Regeln $(S, S\,S)$, (S, Λ) und (S, x) mit $x \in C$ aus dem Startsymbol S abgeleitet.

Als nächstes zeigen wir, daß die Menge

$$L_2 = \bigcup_{n \in \mathbf{N}, x \in X^*} \tau^n(0, \delta(x))$$

der Bilder aller Folgekonfigurationen eine Chomsky-Sprache ist. Wir definieren ein Regelsystem R_2, indem wir die Anweisungen von P wie folgt durch Regeln simulieren: R_2 bestehe aus den folgenden Regelgruppen I bis V:

I. $\begin{cases} r : \text{do } R \text{ then } p \\ (j \uparrow_r i,\ j\, i \uparrow_p) \end{cases}$ wird durch folgende Regeln simuliert mit $(j, i) \in (\overline{X} \cup \{B\}) \times \overline{X}$,

II. $\begin{cases} r : \text{do } L \text{ then } p \\ (j \uparrow_r i,\ \uparrow_p j\, i) \end{cases}$ wird durch folgende Regeln simuliert mit $(j, i) \in \overline{X} \times (\overline{X} \cup \{B\})$,

III. $\begin{cases} r : \text{do } d_x \text{ then } p \\ (i \uparrow_r,\ x \uparrow_p) \end{cases}$ wird durch folgende Regeln simuliert mit $i \in \overline{X}$,

IV. $\begin{cases} r : \text{if } t_x \text{ then } p \text{ else } q \\ (x \uparrow_r,\ x \uparrow_p),\quad (i \uparrow_r,\ i \uparrow_q) \end{cases}$ wird durch folgende Regeln simuliert mit $i \in \overline{X} - \{x\}$,

V. $(B\,\square, B)\ (\square\, B, B)$ zum Löschen von Leerstellen.

Man verifiziert sofort, daß

$$L_2 = \{w \in A^* \mid \exists v \in L_1 : v \xrightarrow[R_2]{} w\}.$$

Aufgrund von Lemma 4.3.5 ist L_2 Chomsky-Sprache. Damit ist auch die Menge

$$L_3 := \{w \in (\overline{X} \cup \{\uparrow_1, B\})^* \mid \exists v \in L_1 : v \xrightarrow[R_2]{} w\}$$

der Bilder aller Endkonfigurationen eine Chomsky-Sprache.
Wir definieren nun ein Regelsystem R_3, das aus den Bildern der Endkonfigurationen die Ausgaben erzeugt.

$$R_3 = \{(x \,\Lsh_1, x), (\square x, \square) \mid x \in \bar{X}\} \cup \{(B \,\Lsh_1, \Lambda), (\square B, \Lambda)\}.$$

Man überzeugt sich leicht, daß die Menge

$$L_4 := \{w \in X^* \mid \exists\, v \in L_3 : v \xrightarrow[R_3]{} w\}$$

die Menge der Ausgaben des Programms P ist. Wegen Lemma 4.3.5 ist L_4 eine Chomsky-Sprache. ∎

5. Das Rekursionstheorem und Anwendungen

5.1. Das Rekursionstheorem

Inhaltsübersicht. Das Rekursionstheorem und einfache Folgerungen, implizite Definition von partiell rekursiven Funktionen durch Funktionalgleichungen, effektive Operatoren, der doppelte Rekursionssatz von Smullyan.

Die besondere Stärke des Kalküls der rekursiven Funktionen liegt in der *Methode des Diagonalisierens* über die Klasse aller p. r. Funktionen. Mit dieser Methode beweist man z. B. die Nichtentscheidbarkeit des Halteproblems für Turingprogramme (Satz 4.1.2). Das folgende Rekursionstheorem ist ein besonders vielfältig anwendbares Beispiel für diese Methode des Diagonalisierens.
Allgemein verabreden wir, daß zu zwei Funktionen g und h und $n \notin D(h)$ das Symbol $g_{h(n)}$ die *nirgends definierte Funktion* bezeichnet. Damit gilt stets $g(h(n), x) = g_{h(n)}(x)$. Wir beginnen mit einer schwachen Form des Rekursionstheorems.

Satz 5.1.1. $\forall f \in \mathbf{P}_1^1 : \exists\, m \in \mathbf{N} : \varphi_{f(m)} = \varphi_m$. m heißt Fixpunkt zu f.

Beweis. Die folgende Funktion

$$g = \lambda n, x[\varphi_{\varphi_n(n)}(x)]$$

liegt in $\mathbf{P}_1^2$, denn es gilt $g = \varphi(\varphi\, \Delta_2^1 \times \mathbf{I})$. Da φ Gödel-Numerierung ist, kann man zu g nach dem Iterationstheorem eine rekursive Funktion $h \in \mathbf{R}_1^1$ bestimmen, so daß
1. $\forall\, n \in \mathrm{N} : \varphi_{h(n)} = g_n = \varphi_{\varphi_n(n)}$.
Sei n eine Gödel-Nummer zu f h, eine solche kann man effektiv bestimmen:
2. $\varphi_n = f\,h$.
Dann folgt $\varphi_{h(n)} \stackrel{1}{=} \varphi_{\varphi_n(n)} \stackrel{2}{=} \varphi_{fh(n)}$. Damit ist $m := h(n)$ ein Fixpunkt zu f. ∎

Um die Bedeutung von Satz 5.1.1 zu erfassen, betrachten wir folgendes Problem. Zu $g \in P_1^2$ sei eine Funktion φ_n gesucht, für die gilt

(5.1.2) $\varphi_n = \lambda x[g(n, x)]$.

Da die Gödel-Nummer n der gesuchten Funktion in die rechte Seite von (5.1.2) eingeht, kann bei geeigneter Wahl von g die rechte Seite ziemlich allgemein vom Funktionsverlauf von φ_n abhängen. Z. B. kann man g unter Benutzung einer Gödelisierung $\langle\ \rangle$ von N* definieren zu

$$g(i, x) = \langle \varphi_i(0)\, \varphi_i(1) \dots \varphi_i(x) \rangle.$$

Es gilt dann $(i, x) \in D(g) \Leftrightarrow \forall\, y \leq x : y \in D(\varphi_i)$.
(5.1.2) stellt somit einen recht allgemeinen Typ einer Funktionalgleichung für die Funktion φ_i dar. Aus Satz 5.1.1 folgt, daß man zu jeder Funktionalgleichung (5.1.2) eine Lösung angeben kann:

Korollar 5.1.3. $\forall\, g \in P_1^2 : \exists\, n \in N : \varphi_n = g_n$.

B e w e i s . Zu $g \in P_1^2$ kann man ein $h \in R_1^1$ konstruieren, so daß $\forall\, i \in N : \varphi_{h(i)} = g_i$. Nach Satz 5.1.1 gibt es ein n mit $\varphi_n = \varphi_{h(n)} = g_n$. ■

Setzt man in Korollar 5.1.3 $g = \lambda\, i, x[C_i^1(x)]$, so gibt es ein n mit $\varphi_n = C_n^1$. Dies bedeutet, daß es in jeder Aufzählung aller Turing-Programme stets ein Programm P_n mit der Nummer n gibt, das zu jedem Eingabewert seine eigene Nummer ausdruckt. Im allgemeinen ist die Funktion φ_n durch die Funktionalgleichung (5.1.2) nicht eindeutig bestimmt. Wir sagen, die Funktionalgleichung (5.1.2) definiert φ_n implizit. Bei einer impliziten Definition einer Funktion φ_n darf der Werteverlauf der zu definierenden Funktion unbeschränkt auf der rechten Seite der Definitionsgleichung benutzt werden. Um dies auszudrücken, führen wir den Begriff des effektiven Operators ein.

Definition 5.1.4. Eine Abbildung $F : P_1^n \to P_1^m$ heißt ein e f f e k t i v e r O p e r a t o r , wenn es ein $f \in R_1^1$ gibt, so daß $\forall\, i \in N : F(\varphi_i^n) = \varphi_{f(i)}^m$.

Einen effektiven Operator $F : P_1^n \to P_1^n$ kann man somit auffassen als eine rekursive Funktion $f \in R_1^1$, so daß $\forall\, i, j : (\varphi_i = \varphi_j) \Rightarrow (\varphi_{f(i)} = \varphi_{f(j)})$. Wir geben einige Beispiele für effektive Operatoren $F : P_1^1 \to P_1^1$ an.

$$F(h) = h\, h, \qquad F(h) = h^h,$$

d. h. $\quad F(h)(x) = (h^{h(x)}(x))$.

Sind F_1, F_2 effektive Operatoren, dann kann man wie folgt neue effektive Operatoren erklären:

$$F = F_1\, F_2, \quad \text{d. h.} \quad F(h)(n) = F_1(F_2(h))(n),$$
$$F = F_1^{F_2}, \quad \text{d. h.} \quad F(h)(n) = [F_1^{F_2(h)(n)}(h)](n).$$

Aus dem Rekursionstheorem bzw. Korollar 5.1.3 folgt

Korollar 5.1.5. Sei $F : \mathbf{P}_1^n \to \mathbf{P}_1^n$ ein effektiver Operator, dann kann man ein $i \in \mathbf{N}$ effektiv bestimmen, so daß $\varphi_i^n = F(\varphi_i^n)$.

Die merkwürdige Eigenschaft, daß es zu jeder Funktionsgleichung eine p. r. Funktion gibt, die sie erfüllt, beruht natürlich auf dem Umstand, daß eine p. r. Funktion jeden r. a. und insbesondere den leeren Definitionsbereich haben kann. Besonders interessant sind daher solche Funktionsgleichungen, von deren Lösung man zeigen kann, daß sie notwendigerweise rekursiv ist.

Zu $A \subset \mathbf{N}^n$ und $m \notin D(f)$ bezeichne $A_{f(m)}$ im folgenden die leere Menge. Aus Korollar 5.1.3 folgt unmittelbar ein entsprechendes Korollar für r. a. Mengen:

Korollar 5.1.6. $\forall f \in \mathbf{P}_1^1 : \exists m \in \mathbf{N} : W_{f(m)} = W_m$.

Im Beweis von Satz 5.1.1 wurde gezeigt, daß man einen Fixpunkt m zu f effektiv bestimmen kann. Wir präzisieren dies und zeigen, daß man den Fixpunkt zu $f = \varphi_z$ rekursiv in z berechnen kann.

Satz 5.1.7. $\exists r \in \mathbf{R}_1^1 : \forall z \in \mathbf{N} : \varphi_{r(z)} = \varphi_{\varphi_z(r(z))}$.

B e w e i s . Wie in Beweis zu Satz 5.1.1 konstruiert man ein $h \in \mathbf{R}_1^1$, so daß

1. $\forall n \in \mathbf{N} : \varphi_{h(n)} = \varphi_{\varphi_n(n)}$.

Ferner konstruiert man zu $g = \lambda z, n[\varphi(z, h(n))]$ ein $f \in \mathbf{R}_1^1$, so daß

2. $\forall z \in \mathbf{N} : \varphi_{f(z)} = g_z = \varphi_z h$.

Wir definieren $r \in \mathbf{R}_1^1$ durch

3. $r = h f$.

Dann folgt für alle $z \in \mathbf{N}$:

$$\varphi_{r(z)} \overset{3}{=} \varphi_{hf(z)} \overset{1}{=} \varphi_{\varphi_{f(z)}f(z)} \overset{2}{=} \varphi_{\varphi_z hf(z)} \overset{3}{=} \varphi_{\varphi_z r(z)}. \quad ■$$

Es folgt unmittelbar das entsprechende

Korollar 5.1.8. $\exists r \in \mathbf{R}_1^1 : \forall z \in \mathbf{N} : W_{r(z)} = W_{\varphi_z r(z)}$.

Läßt man in Satz 5.1.1 anstelle von einstelligen Funktionen f mehrstellige Funktionen f zu, so hängt der Fixpunkt in rekursiver Weise von den zusätzlichen Eingabestellen ab.

Satz 5.1.9. $\forall f \in \mathbf{P}_1^{k+1} : \exists r \in \mathbf{R}_1^k : \forall x \in \mathbf{N}^k : \varphi_{r(x)} = \varphi_{f(r(x),x)}$.

B e w e i s . Zur Gödel-Numerierung φ^{k+1} von $\mathbf{P}_1^{k+1}$ konstruiert man nach Definition 4.1.7 ein $\bar{h} \in \mathbf{R}_1^{k+1}$, so daß

1. $\forall (n, x) \in \mathbf{N} \times \mathbf{N}^k : \varphi_{\bar{h}(n,x)} = \varphi_{\varphi_n^{k+1}(n,x)}$.

Dann bestimmt man eine Gödel-Nummer m zu $\lambda n, x[f(\bar{h}(n, x), x)]$:

2. $\varphi_m^{k+1}(n, x) = f(\bar{h}(n, x), x)$.

Wir definieren $r \in \mathbf{R}_1^k$ durch

3. $r = \bar{h}_m$.

Dann folgt für alle $x \in \mathbf{N}^k$

$$\varphi_{r(x)} \overset{3}{=} \varphi_{\bar{h}(m,x)} \overset{1}{=} \varphi_{\varphi_m^{k+1}(m,x)} \overset{2}{=} \varphi_{f(\bar{h}(m,x),x)} \overset{3}{=} \varphi_{f(r(x),x)}. \quad ■$$

Hieraus folgern wir den doppelten Rekursionssatz von Smullyan: Es sei $\langle\ \rangle \in \mathbf{R}_1^2$ bijektiv.

Satz 5.1.10. $\forall\, g, h \in \mathbf{R}_1^1 : \exists\, m, n \in \mathbf{N} : [\varphi_m = \varphi_{g\langle m,n\rangle} \wedge \varphi_n = \varphi_{h\langle m,n\rangle}]$.

Dies bedeutet, daß man φ_m und φ_n simultan derart definieren kann, daß in die rechte Seite der Definitionsgleichung von φ_m und φ_n der Verlauf von φ_n und φ_m unbeschränkt eingeht. Dies ist eine simultane, implizite Definition von φ_m und φ_n.

Beweis. Aufgrund von Satz 5.1.9 gibt es ein $\sigma \in \mathbf{R}_1^1$ so, daß $\varphi_{\sigma(y)} = \varphi_{g\langle\sigma(y),y\rangle}$. Wähle $\tau \in \mathbf{R}_1^1$ so, daß

$$\varphi_{\tau(y)} = \varphi_{h\langle\sigma(y),y\rangle}.$$

Aufgrund des Rekursionssatzes gibt es ein n, so daß

$$\varphi_n = \varphi_{\tau(n)} = \varphi_{h\langle\sigma(n),n\rangle}.$$

Setze $m = \sigma(n)$, dann gilt

$$\varphi_n = \varphi_{h\langle m,n\rangle} \wedge \varphi_m = \varphi_{g\langle m,n\rangle}. \quad \blacksquare$$

Bemerkung 5.1.11. Wir wenden das Rekursionstheorem häufig in der Form an, daß wir eine rekursive Funktionenfolge $\lambda\, u, x[\varphi_{t(u)}(x)]$ durch eine Funktionalgleichung

(5.1.12) $\varphi(t \times I) = F[\varphi(t \times I)]$

implizit erklären. Dabei ist $F : \mathbf{P}_1^2 \to \mathbf{P}_1^2$ ein effektiver Operator Die Existenz einer Lösung $t \in \mathbf{R}_1^1$ zu (5.1.12) folgt unmittelbar aus Korollar 5.1.5 und dem Iterationstheorem Korollar 4.1.8. Sei nämlich $\psi \in \mathbf{P}_1^2$ eine Lösung von $\psi = F(\psi)$. Dann gibt es nach dem Iterationstheorem ein $t \in \mathbf{R}_1^1$, so daß

$$\psi = \varphi(t \times I).$$

Damit ist t eine Lösung von (5.1.12). t definiert eine rekursive Folge $(\varphi_{t(n)} \mid n \in N)$ von Funktionen.

Auf entsprechende Weise konstruiert man über den doppelten Rekursionssatz von Smullyan mehrere rekursive Funktionenfolgen.

Aufgabe 5.1.13. Man zeige: $\forall\, f \in \mathbf{P}_1^1 : \overset{\infty}{\exists}\, m \in \mathbf{N} : \varphi_{f(m)} = \varphi_m$.

Das Rekursionstheorem gilt allgemein für akzeptable Aufzählungen abgeschlossener Teilklassen der partiell rekursiven Funktionen.

Definition 5.1.14. Sei $\mathbf{F} \subset \mathbf{P}$ eine abgeschlossene Funktionenklasse. Eine rekursive Aufzählung $\psi \in \mathbf{F}_1^2$ von $\mathbf{F}_1^1$ heißt effektiv, wenn 1 und 2 gilt.

1. $\forall\, f \in \mathbf{F}_1^2 : \exists\, h \in \mathbf{F}_1^1 \cap \mathbf{R}_1^1 : \forall\, i : f_i = \psi_{h(i)}$,
2. $\exists\, h \in \mathbf{F}_1^1 \cap \mathbf{R}_1^1 : \forall\, i : \psi_{h(i)} = \psi_{\psi(i,i)}$.

Die Eigenschaft 1 entspricht dem Iterationstheorem. Im Falle $\mathbf{F} = \mathbf{P}$ impliziert 1 auch 2; im allgemeinen Fall ist 2 jedoch unabhängig von 1. Der Leser beweise zur Übung

Satz 5.1.15. Sei $\psi \in \mathsf{F}_1^2$ eine effektive Aufzählung von $\mathsf{F}_1^1 \subset \mathsf{P}_1^1$; dann gilt das Rekursionstheorem

$$\forall f \in \mathsf{F}_1^1 : \exists j : \psi_j = \psi_{f(j)}.$$

5.2 Konstruierende Maschinen

Inhaltsübersicht. Der intuitive Begriff des Konstruktionsalgorithmus, universelle Systeme von Konstruktionsalgorithmen, selbstkonstruierende Maschinen.

Aus dem Rekursionstheorem haben wir gefolgert, daß es in jeder Aufzählung $P_0, P_1, P_2, \ldots$ der Programme zur Turingmaschine $\mathbf{TM}_1^1$ ein Programm P_n gibt, das auf jede Eingabe seine eigene Nummer ausdruckt: $\mathrm{Res}_{P_n} = \mathbf{C}_n^1$. Wir stellen uns nun eine verwandte Frage: Gibt es Maschinen, die die Fähigkeit haben, sich selbst zu reproduzieren? Die Antwort auf diese Frage folgt im wesentlichen aus dem Rekursionstheorem.

Hierzu betrachten wir Maschinen, die die Fähigkeit haben, mit physikalisch-technischem Material zu operieren und die in der Lage sind, zu jeder Eingabe (Bauplan) $n \in \mathbf{N}$ eine Maschine zu konstruieren. Wir denken uns hierzu einen unerschöpflichen Vorrat an technischem Material zum Bau von Maschinen als gegeben. Das Material kann man sich als Bausteinsystem vorstellen, wobei die einzelnen Typen von Bausteinen in unbegrenzter Zahl vorrätig sind.

Eine k o n s t r u i e r e n d e M a s c h i n e (oder K o n s t r u k t i o n s a l g o r i t h m u s) ist eine endliche Vorschrift, die, angesetzt auf eine beliebige natürliche Zahl n (den Bauplan), fortlaufend Bausteine des Bausteinsystems zusammensetzt. Wenn der Algorithmus abbricht, soll das entstandene Bauwerk selbst eine konstruierende Maschine sein.

Sei M eine feste, abzählbare Menge von konstruierenden Maschinen, die nur Maschinen aus M konstruieren. Ein Algorithmus $M \in \mathsf{M}$ berechnet somit eine partielle Funktion $\psi_M : \mathbf{N} \to \mathsf{M}$. Dabei gilt $m \in D(\psi_M) \Leftrightarrow$ der Algorithmus M bricht, angesetzt auf m, nach endlich vielen Schritten ab, und für alle $m \in D(\psi_M)$ ist $\psi_M(m)$ die von M, angesetzt auf m, nach Beendigung der Konstruktion erzeugte Maschine. Wir sagen, M ist eine Darstellung des Konstruktionsalgorithmus ψ_M.

Sei $(M_i \mid i \in \mathbf{N})$ eine effektive Aufzählung ohne Wiederholung von M. Das S y s t e m $(M_i \mid i \in \mathbf{N})$ soll u n i v e r s e l l heißen, wenn man zu jedem Konstruktionsalgorithmus $\beta : \mathbf{N} \to \mathsf{M}$, der in informeller Form vorliegt, eine Maschine M_i effektiv finden kann, so daß $\psi_{M_i} = \beta$. Es liegt nahe, diesen intuitiven Begriff unter Benutzung des analogen Begriffs der Gödel-Numerierung zu formalisieren.

Definition 5.2.1. Ein System $(M_i \mid i \in \mathbf{N})$ von Konstruktionsalgorithmen ψ_M : $\mathbf{N} \to \{M_i \mid i \in \mathbf{N}\}$ heißt u n i v e r s e l l, wenn es eine Gödel-Numerierung φ von P_1^1 gibt, so daß für alle $j, n, m \in \mathbf{N} : \varphi_j(n) = m \Leftrightarrow \psi_{M_j}(n) = M_m$.

Die Eigenschaft eines Systems $(M_i \mid i \in \mathbf{N})$ von konstruierenden Maschinen, universell zu sein, hängt nicht von der Wahl der effektiven Aufzählung ab. Es gilt nämlich

Lemma 5.2.2. Sei φ Gödel-Numerierung von $\mathbf{P}_1^1$ und $\alpha, \overline{\alpha} \in \mathbf{R}_1^1$ Permutationen, dann ist auch $\lambda\, i, x[\alpha\, \varphi_{\overline{\alpha}(i)}(x)]$ Gödel-Numerierung von $\mathbf{P}_1^1$.

Beweis. Weil φ Gödel-Numerierung von $\mathbf{P}_1^1$ ist, gilt $\forall\, g \in \mathbf{P}_1^2 : \exists\, h \in \mathbf{R}_1^1 : \alpha^{-1}\, g = \lambda\, i, x[\varphi_{h(i)}(x)]$. Damit ist aber $\alpha\, \varphi$ Gödel-Numerierung von $\mathbf{P}_1^1$. Offensichtlich gilt dies auch für $\lambda\, i, x[\alpha\, \varphi_{\overline{\alpha}(i)}(x)]$. ∎

Eine der wesentlichen Schwierigkeiten bei der expliziten Angabe eines universellen Systems von konstruierenden Maschinen liegt darin, die Umgebung der Maschine genau von der Maschine abzugrenzen. Als erster hat von Neumann ein universelles System explizit angegeben. Übersichtliche universelle Systeme wurden von Codd und Arbib angegeben. Ebenso wie man auf jeder Rechenmaschine mit hinreichend flexibler Speicherstruktur bereits jede berechenbare Funktion programmieren kann, so ist auch jedes System von konstruierenden Maschinen, das über hinreichend starke Konstruktionsmechanismen verfügt, ein universelles System. In jedem universellen System gibt es Maschinen, die sich selbst reproduzieren.

Satz 5.2.3. Sei $(M_i \mid i \in \mathbf{N})$ ein universelles System von konstruierenden Maschinen, dann gibt es ein M_m, so daß $\forall\, j \in \mathbf{N} : \psi_{M_m}(j) = M_m$.

Beweis. Sei φ die Gödel-Numerierung von $\mathbf{P}_1^1$ nach Definition 5.2.1. Dann gibt es ein m, so daß $\varphi_m = \mathbf{C}_m^1$. Daraus folgt $\forall\, j \in \mathbf{N} : \psi_{M_m}(j) = M_m$.
Außerdem sieht man, daß es zu jedem universellen System $(M_i \mid i \in \mathbf{N})$ eine Maschine M_m gibt, die, angesetzt auf i, die Maschine M_i konstruiert. ∎

5.3 Isomorphiesätze für Gödel-Numerierungen

Inhaltsübersicht. Injektives Translationstheorem, der Isomorphiesatz für Gödel-Numerierungen, Programmkomplexität von partiell rekursiven Funktionen, optimale Gödel-Numerierungen, linear beschränkte Isomorphismen zwischen optimalen Gödel-Numerierungen, relative Häufigkeit von Gödel-Nummern, Beispiel einer rekursiven Aufzählung von $\mathbf{P}_1^1$, die keine Gödel-Numerierung ist.

Viele Konzepte der Theorie der rekursiven Funktionen beruhen auf dem Begriff der Gödel-Numerierung. Es ist daher wichtig zu wissen, ob alle Gödel-Numerierungen gleichwertig sind.

In diesem Abschnitt zeigen wir u. a., daß je zwei Gödel-Numerierungen φ und $\overline{\varphi}$ rekursiv isomorph sind, d. h. es gibt eine Permutation $\alpha \in \mathbf{R}_1^1$, so daß $\varphi_i = \overline{\varphi}_{\alpha(i)}$ für alle i.

Als Vorbereitung hierzu beweisen wir, daß man jede Folge $(g_i \mid i \in \mathbf{N})$ mit $g \in \mathbf{P}_1^2$ effektiv und eineindeutig in jede Gödel-Numerierung übersetzen kann. Für Anwendungen dieses Satzes ist es bequem, eine $\mathbf{S}_1^1$-Funktion zu φ zugrunde zu legen, d. h. für eine gegebene Gödel-Numerierung φ^2 von $\mathbf{P}_1^2$ gelte für alle $e, i, x \in \mathbf{N}$:

$$\varphi_e^2(i, x) = \varphi_{S_1^1(e,i)}(x).$$

Satz 5.3.1 (Injektives Translationstheorem). $\forall g \in \mathbf{P}_1^2 : \exists h = \lambda i[\mathbf{S}_1^1(e_0, i)] \in \mathbf{R}_1^1 : h$ injektiv $\wedge \forall i : g_i = \varphi_{h(i)}$. Insbesondere kann man zu $g \in \mathbf{P}_1^2$ die Zahl e_0 effektiv angeben.

Beweis. Wir definieren $\varphi_{e_0}^2$ implizit durch Anwendung des Rekursionstheorems (∞ steht für undefiniert):

$$\varphi_{e_0}^2(i, x) = \begin{cases} \infty & \text{falls } \exists j < i : [\mathbf{S}_1^1(e_0, j) = \mathbf{S}_1^1(e_0, i)], \\ 0 & \text{falls } \forall j < i : [\mathbf{S}_1^1(e_0, j) \neq \mathbf{S}_1^1(e_0, i)] \wedge \\ & \quad \exists j > i : [j \leq x \wedge \mathbf{S}_1^1(e_0, j) = \mathbf{S}_1^1(e_0, i)], \\ g_i(x) & \text{sonst.} \end{cases}$$

Offensichtlich muß $\lambda i[\mathbf{S}_1^1(e_0, i)]$ injektiv sein. Denn angenommen, i_0 ist das kleinste i, so daß $\mathbf{S}_1^1(e_0, i) = \mathbf{S}_1^1(e_0, j)$ für ein $j > i$. Dann ist $\varphi_{e_0}^2(j, x) = \varphi_{\mathbf{S}_1^1(e_0, j)}(x) = \varphi_{\mathbf{S}_1^1(e_0, i_0)}(x)$ aufgrund der ersten Bedingung für alle x undefiniert. Andererseits gilt $\varphi_{e_0}^2(i_0, x) = \varphi_{\mathbf{S}_1^1(e_0, i_0)}(x) = 0$ für alle $x \geq j$ aufgrund der zweiten Bedingung. Dies ist ein Widerspruch; somit ist $\lambda i[\mathbf{S}_1^1(e_0, i)]$ injektiv, und es folgt $\varphi_{\mathbf{S}_1^1(e_0, i)}(x) = \varphi_{e_0}^2(i, x) = g_i(x)$ für alle $i, x \in \mathbf{N}$. ∎

Aus Satz 5.3.1 folgt unmittelbar, daß man zu jeder Gödel-Nummer unendlich viele äquivalente Gödel-Nummern rekursiv aufzählen kann, und daß man je zwei Gödel-Numerierungen rekursiv und injektiv ineinander übersetzen kann.

Korollar 5.3.2. $\forall i : \exists h \in \mathbf{R}_1^1 : h$ injektiv $\wedge \forall j : \varphi_i = \varphi_{h(j)}$.

Beweis. Man setze $g = \lambda i, x[\varphi_i(x)]$ und wende Satz 5.3.1 an. ∎

Korollar 5.3.3. Seien φ und $\overline{\varphi}$ Gödel-Numerierungen von $\mathbf{P}_1^1$, dann gibt es ein injektives $t = \lambda i[\mathbf{S}_1^1(e_0, i)]$, so daß $\overline{\varphi}_i = \varphi_{t(i)}$ für alle i, wobei $\mathbf{S}_1^1$ die $\mathbf{S}_1^1$-Funktion zu $\overline{\varphi}$ ist. ∎

Aus Korollar 5.3.3 kann man unmittelbar folgern, daß je zwei Gödel-Numerierungen rekursiv isomorph sind. Wir wollen dies in einer schärferen Version beweisen.

Satz 5.3.4 (Isomorphiesatz). Seien $\varphi, \overline{\varphi}$ Gödel-Numerierungen von $\mathbf{P}_1^1$ und $t, \overline{t} \in \mathbf{R}_1^1$ seien injektive Übersetzungen: $\overline{\varphi}_i = \varphi_{t(i)}$ und $\varphi_i = \overline{\varphi}_{\overline{t}(i)}$ für alle i. Dann gibt es eine Permutation $\alpha \in \mathbf{R}_1^1$, so daß

1. $\overline{\varphi}_i = \varphi_{\alpha(i)}$ für alle i,
2. $\alpha(i) \leq \max \{t(j) \mid j \leq i\}, \alpha^{-1}(i) \leq \max \{\overline{t}(j) \mid j \leq i\}$.

Der Beweis von Satz 5.3.4 ergibt sich sofort aus dem folgenden kombinatorischen Lemma 5.3.5. Zu einer Relation $A \subset \mathbf{N} \times \mathbf{N}$ ist der Abschluß $A^* \subset \mathbf{N} \times \mathbf{N}$ wie folgt erklärt:

$(i, j) \in A^* \Leftrightarrow \exists$ endliche Folge $i = i_0, i_1, \ldots, i_n = j$, so daß $(i_k, i_{k+1}) \in A$ für $k = 0, 1, \ldots, n-1$. Wir identifizieren im folgenden eine Funktion f mit ihrem Graphen, $f = \{(x, f(x)) \mid x \in D(f)\}, f^{-1} = \{(f(x), x) \mid x \in D(f)\}$.

Lemma 5.3.5. Seien $t_0, \overline{t}_0 \in \mathbf{R}_1^1$ injektive Funktionen. Dann gibt es eine Permutation $\alpha \in \mathbf{R}_1^1$, so daß

1. $\alpha \subset t_0 \circ (\bar{t}_0 \circ t_0 \cup t_0^{-1} \circ \bar{t}_0^{-1})^*$
2. $\alpha(i) \leq \max \{t_0(j) \mid j \leq i\}, \alpha^{-1}(i) \leq \max \{\bar{t}_0(j) \mid j \leq i\}$.

Beweis. Wie es in solchen Beweisen üblich ist, konstruieren wir α in Stufen. Stufe 2n soll sichern, daß $n \in D(\alpha)$, während Stufe $2n+1$ sichern soll, daß $n \in D(\alpha^{-1})$.

Es ist für unsere Zwecke angemessen, zwei Funktionen $t, \bar{t} \in \mathbf{R}_1^2$ zu konstruieren, so daß die Folge t_i die Funktion α „approximiert“, während die Folge $\bar{t}_i$ die Funktion α^{-1} „approximiert“. Wir konstruieren $\alpha, \alpha^{-1}, t, \bar{t}$ rekursiv, so daß die folgenden Beziehungen gelten (α_j sei der Teil von α der in den Stufen kleiner gleich j konstruiert wird):

1. Für alle j : t_j und $\bar{t}_j$ sind injektiv

$$t_{j+1} \subset t_j \circ \bar{t}_j \circ t_j \cup \bar{t}_j^{-1}, \quad \bar{t}_{j+1} \subset \bar{t}_j \circ t_j \circ \bar{t}_j \cup t_j^{-1}.$$

2. Für alle j : $\alpha_j \subset t_{j+1} \cap \bar{t}_{j+1}^{-1} \wedge j \in D(\alpha_{2j}) \wedge j \in D(\alpha_{2j+1}^{-1})$.

3. Für alle n und alle z: falls $t_{n+1}(z) > t_n(z)$, dann gibt es ein $y < z$, so daß $t_n(y) = t_{n+1}(z)$; falls $\bar{t}_{n+1}(z) > \bar{t}_n(z)$, dann gibt es ein $y < z$, so daß $\bar{t}_n(y) = \bar{t}_{n+1}(z)$.

Aus 1 und 2 folgt dann, daß α bijektiv ist und $\alpha \subset t_0 \circ (\bar{t}_0 \circ t_0 \cup t_0^{-1} \circ \bar{t}_0^{-1})^*$. Aus 3 folgt dann die Behauptung 2 des Lemmas.

Konstruktion von $\alpha, t, \bar{t}$,: a) Stufe n, n gerade. Berechne $m := \min \{j \mid j \notin D(\alpha_{n-1})\}$ und prüfe, ob es ein $j < t_n(m)$ gibt mit $\bar{t}_n(j) = m$. Weil $\bar{t}_n$ injektiv ist, gibt es höchstens ein solches j.

Wenn ja, setze

$$\alpha(m) := j$$

und $\quad \bar{t}_{n+1} := \bar{t}_n$ und $t_{n+1} := [\sigma(\alpha(m), t_n(m))] (t_n)$

Dabei soll $[\sigma(a, b)]$ allgemein die Werte a und b vertauschen:

$$[\sigma(a, b)](z) = \begin{cases} a & \text{falls } z = b, \\ b & \text{falls } z = a, \\ z & \text{sonst.} \end{cases}$$

Falls es kein solches j gibt, setze man

$$\alpha(m) := t_n(m); \quad t_{n+1} := t_n; \quad \bar{t}_{n+1} := [\sigma(m, \bar{t}_n(m))] (\bar{t}_n).$$

Gehe weiter zur Stufe n + 1.

b) Stufe n, n ungerade. Gehe wie im Fall n gerade vor, aber vertausche die Rolle von α mit α^{-1} und von t mit $\bar{t}$.

Damit ist die Konstruktion beendet. Die Beziehungen 1 bis 3 folgen alle direkt durch triviale Induktion über alle Fälle in der Konstruktion. Wir veranschaulichen die beiden Fälle bei gerader Stufe n (Fig. 26). Die Pfeile ↑, ↓, ↥, ↧, stehen für $\bar{t}_n, t_n, \bar{t}_{n+1}, t_{n+1}$.

Aus der Konstruktion folgen die Eigenschaften 1 und 2 unmittelbar. Wir zeigen 3 im Fall n gerade. Falls $\exists\, j < t_n(m) : \bar{t}_n(j) = m$, gilt $\alpha(m) = t_{n+1}(m) < t_n(m)$, und $t_n(r) = \alpha(m)$ kann nach Konstruktion nur für ein $r > m$ eintreten.

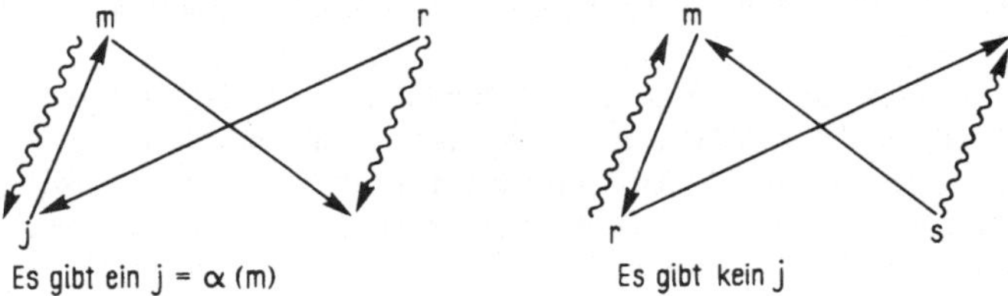

Fig. 26

Es gilt dann $t_{n+1}(r) = t_n(m) = \alpha(m) > t_n(r)$. Somit gilt 3. Falls aber $\neg \exists\, j < t_n(m) : \bar{t}_n(j) = m$, dann gilt für $e = t_n(m) : \alpha^{-1}(e) = \bar{t}_{n+1}(e) = m \leq \bar{t}_n(e)$, und $\bar{t}_n(s) = m$ kann nur für ein $s > e$ eintreten. Es gilt dann $\bar{t}_{n+1}(s) = \bar{t}_n(e) > \bar{t}_n(s)$, und somit ist 3 erfüllt. ■

Aufgrund von Satz 5.3.4 wissen wir, daß je zwei Gödel-Numerierungen rekursiv isomorph sind. Wir stellen uns nun die Frage, ob man unter den Gödel-Numerierungen noch eine besonders natürliche Klasse auszeichnen kann. Betrachtet man eine Gödel-Numerierungen von $\mathbf{P}_1^1$ als Programmiersystem, dann sind solche Programmiersysteme interessant, in denen alle Funktionen durch relativ kleine Programme beschrieben werden. Die P r o g r a m m k o m p l e x i t ä t $K_\psi(g)$ von $g \in \mathbf{P}_1^1$ relativ zu $\psi \in \mathbf{P}_1^2$ definieren wir durch

$$K_\psi(g) = \min \{i \mid g = \psi_i\}.$$

Dabei sei $\min \emptyset = \infty$. Zu $i \in \mathbf{N}$ bezeichne $\| i \|$ die Länge der Dualdarstellung von i. Um die Größe des Funktionals $\| K_\varphi \|$ weitgehend von der Wahl von φ unabhängig zu machen, führen wir optimale Gödel-Numerierungen ein. Eine Funktion $h : \mathbf{N} \to \mathbf{N}$ heiße l i n e a r b e s c h r ä n k t (l. b.), wenn $\overline{\lim_n}\; h(n) / n < \infty$.

Definition 5.3.6. $\varphi \in \mathbf{P}_1^2$ heißt o p t i m a l e G ö d e l - N u m e r i e r u n g von $\mathbf{P}_1^1$, wenn $\forall\, g \in \mathbf{P}_1^2 : \exists\, h \in \mathbf{R}_1^1 : h$ ist l. b. $\wedge \forall\, i : g_i = \varphi_{h(i)}$.

In optimalen Gödel-Numerierungen haben alle Funktionen kurze Programme im Vergleich zu beliebigen Gödel-Numerierungen. Denn offensichtlich gilt

Korollar 5.3.7. Sei φ optimale Gödel-Numerierung und $\psi \in \mathbf{P}_1^2$. Dann gibt es ein $c \in \mathbf{N} : \forall\, f \in \mathbf{P}_1^1 : \| K_\varphi(f) \| \leq \| K_\psi(f) \| + c$. Dabei hängt c nur von ψ und φ ab.

B e w e i s . Zu ψ gibt es ein l. b. $h \in \mathbf{R}_1^1$, so daß $\psi_i = \varphi_{h(i)}$ für alle i. Weil h l. b. ist, gibt es ein $\bar{c} \in \mathbf{N} : \forall\, i (i \neq 0) : h(i) < \bar{c} \cdot i$. Daraus folgt $\| K_\varphi(f) \| \leq \| K_\psi(f) \| + c$ für alle $f \in \mathbf{P}_1^1$. Dabei hängt $c \in \mathbf{N}$ nur von $\bar{c}$ ab.

Wir wollen uns optimale Gödel-Numerierungen für die Turingmaschinen $\mathbf{TM}_1^2$ veranschaulichen. $\mathbf{TM}_1^2$ arbeite mit dem Alphabet $\{0, 1\}$. Natürliche Zahlen seien binär kodiert, $\square$ sei das Leerzeichen. Sei $(P_j \mid j \in \mathbf{N})$ eine effektive Aufzählung der Programme zu $\mathbf{TM}_1^2$. Wir beschreiben die Wirkung eines Programmes P, welches eine optimale Gödel-Numerierung von $\mathbf{P}_1^1$ berechnet. Seien

$$i = i_1\, i_2 \ldots i_k, \quad j = j_1\, j_2 \ldots j_s, \quad x = x_1\, x_2 \ldots x_r$$

Dualzahlen. Dann soll das Programm P bei der Eingabe

$$i_1\, i_1\, i_2\, i_2 \ldots i_k\, i_k\, 0\, 1\, j_1\, j_2 \ldots j_s \,\square\, x_1\, x_2 \ldots x_r$$

denselben Wert berechnen, den das Programm P_i bei der Eingabe

$$j_1\, j_2 \ldots j_s \,\square\, x_1\, x_2 \ldots x_r$$

berechnet. Es folgt dann für alle i:

$$\| K_{Res_P} \| \leq \| K_{Res_{P_i}} \| + 2 \| i \| + 2. \quad \blacksquare$$

Satz 5.3.8. Es gibt optimale Gödel-Numerierungen.

B e w e i s . Sei $\varphi^2 \in \mathbf{P}_1^3$ Gödel-Numerierung von $\mathbf{P}_1^2$ und sei $g \in \mathbf{R}_1^2$ erklärt durch $g(n, i) = 2^n + i\, 2^{n+1} - 1$. g ist bijektiv, und jedes g_n ist linear beschränkt. Wir definieren $\varphi \in \mathbf{P}_1^2$ durch

$$\varphi(g(n, i), x) = \varphi^2(n, i, x).$$

Weil jedes g_n linear beschränkt ist, folgt, daß φ optimale Gödel-Numerierung ist. $\blacksquare$

Jede optimale Gödel-Numerierung $\bar{\varphi}$ hat eine linear beschränkte $\mathbf{S}_1^1$-Funktion, d. h. $\lambda i[\mathbf{S}_1^1(n, i)]$ ist linear beschränkt für alle n. Dies gilt sicher für die oben konstruierte Gödel-Numerierung φ mit der $\mathbf{S}_1^1$-Funktion $g(n, i) = 2^n + i\, 2^{n+1} - 1$. Sei $t \in \mathbf{R}_1^1$ eine linear beschränkte Übersetzung von φ in $\bar{\varphi}$, dann hat φ die $\mathbf{S}_1^1$-Funktion tg, welche ebenfalls linear beschränkt ist. Für optimale Gödel-Numerierungen gilt ein spezieller Isomorphiesatz:

Satz 5.3.9 (L i n e a r b e s c h r ä n k t e I s o m o r p h i e) . Seien φ, $\bar{\varphi}$ optimale Gödel-Numerierungen von $\mathbf{P}_1^1$, dann gibt es eine Permutation $\alpha \in \mathbf{R}_1^1$, so daß α und α^{-1} linear beschränkt sind und $\bar{\varphi}_i = \varphi_{\alpha(i)}$ für alle i.

B e w e i s . Weil φ und $\bar{\varphi}$ linear beschränkte $\mathbf{S}_1^1$-Funktionen haben, gibt es nach Korollar 5.3.3 injektive, linear beschränkte Übersetzungen $t, \bar{t} \in \mathbf{R}_1^1$, so daß $\bar{\varphi}_i = \varphi_{\bar{t}(i)}$ und $\varphi_i = \bar{\varphi}_{t(i)}$ für alle i. Dann gibt es nach Satz 5.3.4 eine geeignete Permutation $\alpha \in \mathbf{R}_1^1$. $\blacksquare$

Zu $\psi \in \mathbf{P}_1^2$ und $g \in \mathbf{P}_1^1$ definieren wir die r e l a t i v e H ä u f i g k e i t d e r G ö d e l - N u m m e r n zu g bezüglich der Aufzählung ψ durch

$$U_\psi(g) = \overline{\lim_n} \frac{1}{n} \sum_{i \leq n} \delta^g_{\psi_i}.$$

Dabei sei

$$\delta^a_b = \begin{cases} 0 & \text{falls } a \neq b, \\ 1 & \text{falls } a = b. \end{cases}$$

Das Funktional U ist für optimale Gödel-Numerierungen φ maximal in dem Sinne wie das Funktional K minimal ist. Die große Häufigkeit äquivalenter Programme in optimalen Gödel-Numerierungen steht somit nicht im Widerspruch dazu, daß alle p. r. Funktionen durch kleine Programme beschrieben werden.

Korollar 5.3.10. Sei φ optimale Gödel-Numerierung von $\mathbf{P}_1^1$ und $\psi \in \mathbf{P}_1^2$, dann gibt es ein $c \in \mathbf{N} : U_\varphi(h) \geq c^{-1}\, U_\psi(h)$ für alle $h \in \mathbf{P}_1^1$.

Beweis. Sei $t \in \mathbf{R}_1^1$ eine linear beschränkte injektive Übersetzung von ψ in φ, d. h. $\psi_i = \varphi_{t(i)}$ für alle i. Ein solches t gibt es nach Korollar 5.3.3, weil φ eine linear beschränkte $\mathbf{S}_1^1$-Funktion hat. Dann gibt es ein $c \in \mathbf{N}$ mit $\overline{\lim\limits_i}\ t(i)/i \leq c$, und es folgt für alle $h \in \mathbf{P}_1^1$, daß $U_\varphi(h) \geq c^{-1}\, U_\psi(h)$. ∎

Wir geben nun ein Beispiel einer rekursiven Aufzählung von $\mathbf{P}_1^1$ an, die alle p. r. Funktionen durch kurze Programme beschreibt, die aber keine Gödel-Numerierung von $\mathbf{P}_1^1$ ist.

Satz 5.3.11. Es gibt ein $\psi \in \mathbf{P}_1^2$, so daß

1. $\forall g \in \mathbf{P}_1^2 : \dot{\exists} c : \forall h \in \mathbf{P}_1^1 : \| K_\psi(h) \| \leq \| K_g(h) \| + c$,
2. ψ ist nicht Gödel-Numerierung zu $\mathbf{P}_1^1$.

Beweis. Sei φ eine optimale Gödel-Numerierung von $\mathbf{P}_1^1$. Man berechne ψ wie folgt:

$$\psi(2i, x) = \begin{cases} \varphi_i(x) & \text{falls } x \neq 0 \vee \varphi_i(x) \text{ gerade,} \\ \varphi_i(x) - 1 & \text{falls } x = 0 \wedge \varphi_i(x) \text{ ungerade,} \\ \infty & \text{falls } \varphi_i(x) = \infty. \end{cases}$$

$$\psi(2i+1, x) = \begin{cases} \varphi_i(x) & \text{falls } x \neq 0 \vee \varphi_i(x) \text{ ungerade,} \\ \varphi_i(x) + 1 & \text{falls } x = 0 \wedge \varphi_i(x) \text{ gerade,} \\ \infty & \text{falls } \varphi_i(x) = \infty. \end{cases}$$

Offensichtlich gilt $\varphi_i = \psi_{2i} \vee \varphi_i = \psi_{2i+1}$ für alle i. Daraus folgt $K_\psi(h) \leq 2\, K_\varphi(h) + 1$ für alle $h \in \mathbf{P}_1^1$.

Dies beweist Teil 1 der Behauptung. Ferner folgt aus der Konstruktion

$$\text{(R)} \quad \begin{array}{lll} i \text{ gerade} & \Rightarrow \psi_i(0) \text{ gerade} & \vee\ \psi_i(0) = \infty, \\ i \text{ ungerade} & \Rightarrow \psi_i(0) \text{ ungerade} & \vee\ \psi_i(0) = \infty. \end{array}$$

Angenommen ψ sei Gödel-Numerierung, dann gibt es durch Anwendung des Rekursionstheorems ein $i \in \mathbf{N}$, so daß

$$\psi_i(x) = \begin{cases} 0 & \text{falls } x \neq 0, \\ 0 & \text{falls } x = 0 \wedge i \text{ ungerade,} \\ 1 & \text{falls } x = 0 \wedge i \text{ gerade.} \end{cases}$$

Dies steht im Widerspruch zu den Eigenschaften (R).

Wir weisen darauf hin, daß in diesem Falle der Nachweis, daß ψ alle partiell rekursiven Funktionen in $\mathbf{P}_1^1$ aufzählt, durch Widerspruch aus der Eigenschaft

$\varphi_i = \psi_{2i} \vee \varphi_i = \psi_{2i+1}$ folgt. Dagegen kann man nicht zu jedem i effektiv ein j finden, so daß $\varphi_i = \psi_j$. ∎

Ein Beispiel einer rekursiven Aufzählung von $\mathbf{P}^1_1$ ohne Wiederholung wurde von Friedberg [1958] angegeben.

Aufgabe 5.3.12. Das injektive Translationstheorem Satz 5.3.1. gilt allgemein für effektive Aufzählungen von abgeschlossenen Teilklassen $\mathbf{F} \subset \mathbf{P}$ (siehe 5.1.14), sofern nur $\mathbf{F}$ abgeschlossen ist gegen beschränkte μ-Rekursion und $+, \cdot, \dot{-}$ sowie Paarungsfunktionen enthält.

5.4. Eine rekursive Aufzählung der primitiv rekursiven Funktionen

Inhaltsübersicht. Die hier angegebene direkte Konstruktion einer rekursiven Aufzählung von $\mathbf{PR}^1_1$ steht stellvertretend für viele Anwendungen des Rekursionstheorems bei der rekursiven Formalisierung allgemeiner Definitionsschemata; primitiv rekursive Ausdrücke, Kodierung primitiv rekursiver Ausdrücke, wohlgeformte primitiv rekursive Ausdrücke, Kodierung der von einem primitiv rekursiven Ausdruck definierten Funktion.

Wir wissen aufgrund von Satz 4.1.1, daß es keine primitiv rekursive Aufzählung der Klasse der primitiv rekursiven Funktionen gibt. Um die Klasse **PR** rekursiv aufzuzählen, benötigen wir somit einen Konstruktionsmechanismus zur Konstruktion von rekursiven Funktionen, der über die primitiv rekursiven Funktionen hinausführt. Solche starken Konstruktionsverfahren für rekursive Funktionen kann man aus dem Rekursionstheorem ableiten.

Wir wollen die Klasse der primitiv rekursiven Funktionen rekursiv aufzählen. Der folgende Beweis hat exemplarischen Charakter, weil dabei wichtige Beweismethoden zur Anwendung kommen. Er benutzt im wesentlichen das Rekursionstheorem und die rekursive Gödelisierung $\langle\ \rangle : \mathbf{N}^* \to \mathbf{N}$ von Satz 3.4.6, die durch die Funktionen $L \in \mathbf{R}^1_1$ und $\rho \in \mathbf{R}^2_1$ beschrieben wird.

Offensichtlich erhält man $\mathbf{PR} = A[S; Pr]$ als Abschluß von $\mathbf{F} := \{\mathbf{C}^m_j, \mathbf{I}^m_j, \Delta^m_2 \mid m, j \in \mathbf{N}\} \cup \{\mathbf{S}\}$ gegen die Operationen $\circ$, $\times$, **Pr**. Als Vorübung bilden wir die Menge **Pr A** der primitiv rekursiven Ausdrücke.

Pr A wird erklärt als die kleinste Menge mit

1. $\mathbf{F} \subset \mathbf{Pr\,A}$,
2. $f, h \in \mathbf{Pr\,A} \Rightarrow \circ(f, h), \times(f, h), \mathbf{Pr}(f, h) \in \mathbf{Pr\,A}$.

Die Elemente in $\mathbf{Pr\,A} - \mathbf{F}$ fassen wir als formale Elemente und nicht als Funktionen auf. Später werden wir einer Teilmenge von **Pr A**, den wohlgeformten primitiv rekursiven Ausdrücken primitiv rekursive Funktionen zuordnen. Zunächst gödelisieren wir **F** durch eine Funktion $\overline{G} : \mathbf{F} \to \mathbf{N}$. Wir setzen $\overline{\mathbf{C}} = 0, \overline{\mathbf{I}} = 1, \overline{\Delta} = 2, \overline{\mathbf{S}} = 3$ und definieren

$$\overline{G}(\mathbf{C}^n_j) = \langle \overline{\mathbf{C}}, n, j \rangle, \quad \overline{G}(\mathbf{I}^n_j) = \langle \overline{\mathbf{I}}, n, j \rangle,$$
$$\overline{G}(\Delta^n_2) = \langle \overline{\Delta}, n, 2 \rangle, \quad \overline{G}(\mathbf{S}) = \langle \overline{\mathbf{S}}, 1, 1 \rangle.$$

Man verifiziert sofort

Lemma 5.4.1. $\overline{G}(\mathbf{F}) \subset \mathbf{N}$ ist entscheidbar, $\overline{G}$ ist injektiv.

Als nächstes setzen wir G fort zu $G : \mathbf{Pr\,A} \to \mathbf{N}$. Es bezeichne $\overline{\circ} = 4, \overline{\times} = 5, \overline{\mathbf{Pr}} = 6$. Wir setzen

$$\begin{aligned} &\forall f \in \mathbf{F} &&: G(f) = \overline{G}(f), \\ &\forall f, h \in \mathbf{Pr\,A} &&: \forall \alpha \in \{\circ, \times, \mathbf{Pr}\}: G(\alpha(f, h)) = \langle \overline{\alpha}, G(f), G(h) \rangle \end{aligned}$$

Lemma 5.4.2. $G(\mathbf{Pr\,A}) \subset \mathbf{N}$ ist entscheidbar; G ist injektiv.

Beweis. φ_k sei die charakteristische Funktion zu $\overline{G}(\mathbf{F})$. Aufgrund des Rekursionstheorems gibt es ein φ_j, so daß

$$\varphi_j(x) = \begin{cases} \varphi_k(x) & \text{falls } L(x) = 3 \wedge \rho(x, 1) \leq 3, \\ \varphi_j(y)\, \varphi_j(z) & \text{falls } \quad x = \langle i, y, z \rangle \wedge 3 < i \leq 6, \\ 0 & \text{sonst.} \end{cases}$$

Sei f die charakteristische Funktion der Menge $G(\mathbf{Pr\,A})$. Wir zeigen $\varphi_j = f$, denn angenommen $x = \min \{u \mid f(u) \neq \varphi_j(u)\}$. Dies erscheint nur im Fall $x = \langle i, y, z \rangle$ mit $3 < i \leq 6$ möglich.
Wegen $\varphi_j(x) = \varphi_j(y) \cdot \varphi_j(z)$ gilt dann entweder $\varphi_j(y) \neq f(y)$ oder $\varphi_j(z) \neq f(z)$.
Wegen $y, z < x$ führt dies zum Widerspruch zur Minimalität von x. Offensichtlich ist φ_j injektiv und total. ■

Nun ordnen wir rekursiv gewissen Zahlen $n \in G(\mathbf{Pr\,A})$ Stellenzahlen $\beta(n)$ der Eingabe und $\tau(n)$ der Ausgabe zu. Diese beziehen sich auf die primitiv rekursive Funktion $\mathbf{J}_n$, die dem primitiv rekursiven Ausdruck $G^{-1}(n)$ in natürlicher Weise zugeordnet wird. Wir definieren β, γ zunächst unter der Bezeichnung $\overline{\beta}, \overline{\gamma}$ für die Zahlen $n \in \overline{G}(\mathbf{F})$:

$$(\overline{\beta}(n), \overline{\gamma}(n)) = \begin{cases} (\rho(n, 2), 1) & \text{falls } \rho(n, 1) \in \{\overline{\mathbf{C}}, \overline{\mathbf{I}}, \overline{\mathbf{S}}\} \wedge n \in \overline{G}(\mathbf{F}), \\ (\rho(n, 2), 2\, \rho(n, 2)) & \text{falls } \rho(n, 1) = \overline{\Delta} \wedge n \in \overline{G}(\mathbf{F}), \\ \infty & \text{sonst.} \end{cases}$$

Man verifiziert leicht, daß für alle $n \in G(\mathbf{F})$ die Werte $\overline{\beta}(n), \overline{\gamma}(n)$ die Stellenzahl der Ein- und Ausgabe der Funktion $\overline{G}^{-1}(n)$ sind.
$\overline{\beta}, \overline{\gamma}$ sind p. r. Funktionen mit $D(\overline{\beta}) = D(\overline{\gamma}) = \overline{G}(\mathbf{F})$.
Nun setzen wir $\overline{\beta}$ und $\overline{\gamma}$ fort auf G(Pr A):

$$(\beta(x), \gamma(x)) = \begin{cases} (\beta(z), \gamma(y)) & \text{falls } x = \langle \overline{\circ}, y, z \rangle \wedge \gamma(z) = \beta(y), \\ (\beta(z) + \beta(y), \gamma(z) + \gamma(y)) & \text{falls } x = \langle \overline{\times}, y, z \rangle, \\ (\beta(y) + 1, \gamma(z)) & \text{falls } x = \langle \overline{\mathbf{Pr}}, y, z \rangle \wedge \beta(z) \\ & \qquad = \beta(y) + \gamma(y) + 1 \wedge \gamma(y) = \gamma(z), \\ (\overline{\beta}(x), \overline{\gamma}(x)) & \text{sonst.} \end{cases}$$

Dabei soll ein Paar stets als undefiniert gelten, wenn eine der Komponenten undefiniert ist. Aus dem Rekursionstheorem folgt, daß es. p. r. Funktionen $\beta, \gamma \in \mathbf{P}_1^1$ gibt, die die obige Funktionalgleichung erfüllen. Man erkennt durch Induktion, daß β, γ eindeutig bestimmt sind. Es gilt $D(\beta) = D(\gamma) \subset G(\mathbf{Pr\ A})$. Falls die Stellenzahlen von y und z zur beabsichtigten Interpretation von $x = \langle \alpha, y, z \rangle$ in **PR** nicht „passen", gilt $x \notin D(\beta) = D(\gamma)$. $D(\beta) = D(\gamma)$ ist die Menge der Kodenummern von „w o h l g e f o r m t e n" primitiv rekursiven Ausdrücken.
Analog zum Beweis von Lemma 5.4.2 folgt aus dem Rekursionstheorem und der Tatsache, daß $D(\overline{\beta}) \subset \mathbf{N}$ entscheidbar ist,

Lemma 5.4.3. $D(\beta) = D(\gamma) \subset \mathbf{N}$ ist entscheidbar.

Nun ordnen wir jeder Kodenummer $n \in D(\beta) = D(\gamma)$ eines wohlgeformten primitiv rekursiven Ausdrucks eine primitiv rekursive Funktion $\mathbf{J}_n : \mathbf{N}^{\beta(n)} \to \mathbf{N}^{\gamma(n)}$ zu, die Interpretation von n:

$$\mathbf{J}_n = \begin{cases} \overline{G}^{-1}(n) & \text{falls } n \in \overline{G}(\mathbf{F}), \\ \mathbf{J}_r \circ \mathbf{J}_s & n = \langle \overline{\circ}, r, s \rangle \wedge n \in D(\beta), \\ \mathbf{J}_r \times \mathbf{J}_s & n = \langle \overline{\times}, r, s \rangle \wedge n \in D(\beta), \\ \mathbf{Pr}(\mathbf{J}_r, \mathbf{J}_s) & n = \langle \overline{\mathbf{Pr}}, r, s \rangle \wedge n \in D(\beta), \\ \lambda x[\quad] & \text{sonst.} \end{cases}$$

Dabei ist $\lambda x[\quad]$ die nirgends definierte Funktion. Um die Funktionenfolge $(\mathbf{J}_n \mid n \in \mathbf{N})$ rekursiv aufzählen zu können, kondieren wir sie in eine Funktionenfolge mit fester Stellenzahl. Eine Funktion $f : \mathbf{N}^n \to \mathbf{N}^m$ kodieren wir wie folgt durch eine einstellige Funktion $\tilde{f} : \mathbf{N} \to \mathbf{N}$:

$$\tilde{f}(x) = \begin{cases} \langle f(\rho(x, 1), \rho(x, 2), \ldots, \rho(x, L(x))) \rangle & \text{falls } L(x) = n, \\ \infty & \text{sonst.} \end{cases}$$

Man verifiziert leicht, daß $\tilde{f} \circ \tilde{g} = \widetilde{fg}$.
$\tilde{f}$ kann man wie folgt zu f dekodieren:

$$\mathbf{I}_i^m f(y_1, y_2, \ldots, y_n) = \rho(\tilde{f}\ \langle y_1, y_2, \ldots, y_n \rangle, i)$$

Wir definieren nun eine p. r. Funktion $\mathbf{J}^* \in \mathbf{P}_1^2$, so daß $\mathbf{J}_n^* = \tilde{\mathbf{J}}_n$ für alle $n \in D(\beta)$. Unter der Bezeichnung $\overline{\mathbf{J}}$ geben wir zunächst eine rekursive Definition von $\mathbf{J}_n^*$ für $n \in \overline{G}(\mathbf{F})$. Hierzu verwenden wir die folgende rekursive Funktion $\xi \in \mathbf{R}_1^2$:

$$\xi(x, y) = \langle \rho(x, 1)\ \rho(x, 2), \ldots, \rho(x, L(x)), \rho(y, 1), \rho(y, 2), \ldots, \rho(y, L(y)) \rangle$$

Wir setzen

$$\overline{\mathbf{J}}_n(x) = \begin{cases} \langle \rho(n, 3) \rangle & L(n) = 3 \wedge L(x) = \beta(n) \wedge \rho(n, 1) = \overline{\mathbf{C}}, \\ \langle \rho(x, \rho(n, 3)) \rangle & L(n) = 3 \wedge L(x) = \beta(n) \wedge \rho(n, 1) = \overline{\mathbf{I}}, \\ \xi(x, x) & L(n) = 3 \wedge L(x) = \beta(n) \wedge \rho(n, 1) = \Delta, \\ \langle \mathbf{S}\ \rho(x, 1) \rangle & L(n) = 3 \wedge L(x) = 1 \quad \wedge \rho(n, 1) = \overline{\mathbf{S}}, \\ \infty & \text{sonst.} \end{cases}$$

Offensichtlich ist $\lambda n, x[\bar{J}_n(x)]$ partiell rekursiv, und es folgt aus der Definition von $\bar{G}$, daß für alle $f \in \mathbf{F} : \bar{J}_{\bar{G}(f)} = \tilde{f}$.

Um $\mathbf{J}$ auf die Kodenummern von allen wohlgeformten primitiv rekursiven Ausdrükken fortsetzen zu können, benötigen wir noch einige Hilfsfunktionen, deren Rekursivität sich unmittelbar aus den Eigenschaften einer rekursiven Gödelisierung $\langle\ \rangle : \mathbf{N}^* \to \mathbf{N}$ ergibt:

$\eta \in \mathbf{R}_1^1$ definieren wir durch:

$$\eta(x) = \begin{cases} \langle \rho(x, 1), \ldots, \rho(x, L(x) - 1) \rangle & \text{falls } L(x) > 0, \\ 0 & \text{sonst.} \end{cases}$$

$\tau \in \mathbf{R}_1^1$ definieren wir durch

$$\tau(x) = \begin{cases} \langle \rho(x, 1), \ldots, \rho(x, L(x) - 1), \rho(x, L(x)) \dot{-} 1 \rangle & \text{falls } L(x) > 0, \\ 0 & \text{sonst.} \end{cases}$$

$\delta \in \mathbf{R}_1^3$ definieren wir durch

$$\delta(n, m, x) = \begin{cases} \langle \rho(x, n), \rho(x, n+1), \ldots, \rho(x, m) \rangle & \text{falls } 0 < n \leq m \leq L(x), \\ 0 & \text{sonst.} \end{cases}$$

Nun setzen wir die Interpretation $\bar{J}$ fort auf $D(\beta)$. Aufgrund des Rekursionstheorems gibt es ein $\mathbf{J}^* \in \mathbf{P}_1^2$, das folgende Gleichung erfüllt:

$$\mathbf{J}_n^*(x) = \begin{cases} \bar{\mathbf{J}}_n(x) & \text{falls } n \in D(\bar{\beta}), \\ \xi(\mathbf{J}_r^*\, \delta(1, \beta(r), x), \mathbf{J}_s^*\, \delta(\beta(r) + 1, L(x), x)) & \text{falls } \beta(n) = L(x) \wedge n = \langle \bar{x}, r, s \rangle, \\ \mathbf{J}_r^*\, \mathbf{J}_s^*(x) & \text{falls } \beta(n) = L(x) \wedge n = \langle \bar{o}, r, s \rangle, \\ \mathbf{J}_r^*\, \eta(x) & \text{falls } \beta(n) = L(x) \wedge n = \langle \overline{\mathbf{Pr}}, r, s \rangle \wedge \rho(x, L(x)) = 0, \\ \mathbf{J}_s^*\, \xi(\tau(x), \mathbf{J}_n^*\, \tau(x)) & \text{falls } \beta(n) = L(x) \wedge n = \langle \overline{\mathbf{Pr}}, r, s \rangle \wedge \rho(x, L(x)) < 0, \\ \infty & \text{sonst.} \end{cases}$$

Durch triviale Induktion folgt, daß $\mathbf{J}_n^* = \tilde{\mathbf{J}}_n$ für alle $n \in D(\beta)$, während $\mathbf{J}_n^*$ für $n \notin D(\beta)$ nirgends definiert ist. Z. B. entspricht der Fall $n = \langle \overline{\mathbf{Pr}}, r, s \rangle$ einem primitiven Rekursionsschema

$$h(y, o) = f(x), \qquad h(y, n + 1) = g(y, n, h(y, n)).$$

Dabei entspricht $\mathbf{J}_r^*$ der Funktion f, $\mathbf{J}_s^*$ entspricht g und $\mathbf{J}_n^*$ entspricht h, x entspricht dem Paar (y, n + 1) und $\tau(x)$ entspricht (y, n).

Um $\mathbf{PR}_1^1$ rekursiv aufzuzählen, müssen wir die Funktionen $\mathbf{J}_n^* = \tilde{\mathbf{J}}_n$ mit $\beta(n) = \gamma(n) = 1$ wieder zu $\mathbf{J}_n$ umtransformieren. Damit erhält man durch

$$f(n, x) = \begin{cases} \rho(J_n^* \langle x \rangle, 1) & \text{falls } \beta(n) = \gamma(n) = 1, \\ 0 & \text{sonst.} \end{cases}$$

eine rekursive Aufzählung $f \in \mathbf{R}_1^2$ von $\mathbf{PR}_1^1$. Damit haben wir folgenden Satz bewiesen:

Satz 5.4.4. Die Klasse $\mathbf{PR}_1^1$ der einstelligen primitiv rekursiven Funktionen ist rekursiv aufzählbar.

Mit derselben Technik beweist man, daß die Klasse $\mathbf{E}_1^1$ der *einstelligen elementaren Funktionen* rekursiv aufzählbar ist.

Aufgabe 5.4.5. Man konstruiere eine akzeptable rekursive Aufzählung von $\mathbf{PR}_1^1$ im Sinne von Definition 5.1.13.

6. Unentscheidbare Prädikate

6.1. Eindeutige und mehrdeutige Reduktion, die Vollständigkeit des Halteproblems

Inhaltsübersicht. Reduktionen, eindeutig-reduzierbar, mehrdeutig-reduzierbar, Beispiele von Reduktionen des Halteproblems, $\leq_1$-vollständig, das Halteproblem ist $\leq_1$-vollständig, Grade der Entscheidbarkeit, rekursiv trennbar, Beispiele rekursiv untrennbarer Mengen, rekursive Ergänzung partiell rekursiver Funktionen.

Durch Wahl einer geeigneten Kodierung repräsentieren wir *Entscheidungsprobleme* stets durch zahlentheoretische Mengen. Eine Standardmethode, Entscheidungsprobleme zu lösen, ist die *Methode der Reduktion*.

Wir sagen, das Entscheidungsproblem der Menge A ist auf das Entscheidungsproblem der Menge B reduzierbar, wenn jedes Entscheidungsverfahren zu B auch ein Entscheidungsverfahren zu A liefert. Wir betrachten zwei Typen solcher Reduktionen.

Definition 6.1.1. A heißt *eindeutig-reduzierbar* auf B, wenn es eine injektive, rekursive Funktion f gibt, so daß $x \in A \Leftrightarrow f(x) \in B$ für alle $x \in \mathbf{N}$, *Bezeichnung*: $A \leq_1 B$. A heißt *mehrdeutig-reduzierbar* auf B, wenn es eine rekursive Funktion f gibt, so daß $x \in A \Leftrightarrow f(x) \in B$ für alle $x \in \mathbf{N}$, *Bezeichnung*: $A \leq_m B$.

Offensichtlich impliziert im Fall $A \leq_m B$ jedes Entscheidungsverfahren zu B auch ein Entscheidungsverfahren zu A. Ist umgekehrt A nicht entscheidbar, so ist auch B nicht entscheidbar. Um die Unlösbarkeit des Entscheidungsproblems der Menge B nachzuweisen, genügt es daher, eine nicht entscheidbare Menge A auf B zu reduzieren. In den praktisch interessanten Fällen kann man für A das Halteproblem für Turingberechnungen wählen. Das *Halteproblem für Turingberechnungen* wird im folgenden durch die Menge

$$K = \{x \mid (x, x) \in D(\varphi)\}$$

repräsentiert. Wir geben einige Beispiele von Entscheidungsproblemen an, auf die man das Halteproblem reduzieren kann.

Satz 6.1.2. Das Halteproblem ist eindeutig reduzierbar auf die Entscheidungsprobleme folgender Mengen. Diese Mengen sind damit nicht entscheidbar.

1. $\{x \mid \varphi_x$ ist konstant$\}$,
2. $\{(x, y) \mid x \in D(\varphi_y)\}$,
3. $\{(x, y, z) \mid \varphi_x(y) = z\}$,
4. $\{(x, y) \mid \varphi_x = \varphi_y\}$,
5. $\{x \mid D(\varphi_x)$ ist unendlich$\}$,
6. $\{x \mid D(\varphi_x) \neq \emptyset\}$,
7. $\{x \mid \varphi_x(0)$ ist gerade$\}$.

B e w e i s . Wir geben die zugehörigen Reduktionen an. Aufgrund des injektiven Translationstheorems gibt es ein injektives $h \in \mathbf{R}_1^1$, so daß

$$\varphi_{h(y)}(x) = \begin{cases} 0 & \text{falls } y \in K, \\ \infty & \text{sonst.} \end{cases}$$

Die folgenden Äquivalenzen stellen eindeutige Reduktionen dar:

1. $y \in K \Leftrightarrow \varphi_{h(y)}$ ist konstant.
2. $y \in K \Leftrightarrow 1 \in D(\varphi_{h(y)})$.
3. $y \in K \Leftrightarrow \varphi_{h(y)}(0) = 0$.
4. Sei z eine Gödel-Nummer zu C_0^1, d. h. $\varphi_z = C_0^1$. Dann gilt $y \in K \Leftrightarrow \varphi_{h(y)} = \varphi_z$.
5. $y \in K \Leftrightarrow D(\varphi_{h(y)})$ unendlich.
6. $y \in K \Leftrightarrow D(\varphi_{h(y)})$ nicht leer.
7. $y \in K \Leftrightarrow \varphi_{h(y)}(0)$ ist gerade. ∎

Eine Menge A heißt $\leq_1$-v o l l s t ä n d i g (bzw. $\leq_m$-v o l l s t ä n d i g) im Mengensystem **L**, wenn A größtes Element bez. $\leq_1$ (bzw. $\leq_m$) in **L** ist, d. h. $\forall B \in \mathbf{L} : B \leq_1 A$ (bzw. $\forall B \in \mathbf{L} : B \leq_m A$). Man erkennt leicht, daß das Halteproblem $\leq_1$-vollständig in der Klasse der r. a. Mengen ist.

Satz 6.1.3. **K** ist $\leq_1$-vollständig in **A**.

B e w e i s . Zu $W_z \in \mathbf{A}_1$ gibt es aufgrund des injektiven Translationstheorems ein injektives $h \in \mathbf{R}_1^1$ so, daß

$$\varphi_{h(x)}(y) = \begin{cases} 1 & \text{falls } x \in W_z, \\ \infty & \text{sonst.} \end{cases}$$

Es folgt $x \in W_z \Leftrightarrow h(x) \in K$ für alle x. Damit gilt $W_z \leq_1 K$. ∎

$\leq_1$ und $\leq_m$ sind transitiv und reflexiv. Sie führen daher zu Äquivalenzrelationen $\equiv_1$ und $\equiv_m$ durch

$$A \equiv_1 B \Leftrightarrow A \leq_1 B \wedge B \leq_1 A,$$
$$A \equiv_m B \Leftrightarrow A \leq_m B \wedge B \leq_m A.$$

Die zugehörigen Äquivalenzklassen nennt man Grade der Entscheidbarkeit bezüglich der eindeutigen Reduktion und Grade der Entscheidbarkeit bezüglich der mehrdeutigen Reduktion. In jeder dieser Äquivalenzklassen sind entweder alle Mengen rekursiv (bzw. rekursiv aufzählbar) oder keine. Man spricht daher auch von rekursiven (bzw. rekursiv aufzählbaren) Graden der Entscheidbarkeit bezüglich jeder dieser Ordnungen. Mehr über die Theorie der Reduktionen findet der interessierte Leser in dem Buch von Rogers [1967]. Wir geben noch ein Beispiel für eine $\equiv_1$-Äquivalenz an.

Korollar 6.1.4. $K \equiv_1 W$.

Beweis. Offensichtlich ist die Gödel-Numerierung W von $\mathbf{A}_1$ $\leq_1$-vollständig in $\mathbf{A}$. Somit folgt wegen Satz 6.1.3, daß $\mathbf{K} \equiv_1 W$. ∎

Eng mit Entscheidungsproblemen hängt der Begriff der rekursiven Trennbarkeit zusammen. Er ist eine Art Verallgemeinerung des Entscheidbarkeitsbegriffes.

Definition 6.1.5. Zwei Mengen $A, B \subset \mathbf{N}$ heißen rekursiv trennbar, wenn es eine rekursive Menge C gibt, so daß $A \subset C$ und $B \subset C^c$.

Zum Beispiel haben wir im Beweis von Satz 5.3.11 im wesentlichen gezeigt, daß die Mengen

$$A = \{x \mid \varphi_x(0) \text{ gerade}\}, \quad B = \{x \mid \varphi_x(0) \text{ ungerade}\}$$

nicht rekursiv trennbar sind. Wir geben ein weiteres Beispiel.

Satz 6.1.6. Sei $\varphi_y \neq \varphi_z$, dann sind $A = \{x \mid \varphi_x = \varphi_y\}$ und $B = \{x \mid \varphi_x = \varphi_z\}$ nicht rekursiv trennbar.

Beweis. Angenommen, C ist eine rekursive Menge, die A und B trennt, und es sei $A \subset C$. Aufgrund des Rekursionstheorems gibt es ein m, so daß

$$\varphi_m(x) = \begin{cases} \varphi_y(x) & \text{falls } m \notin C, \\ \varphi_z(x) & \text{falls } m \in C. \end{cases}$$

Dann folgt

$$m \in C \Rightarrow m \notin B \text{ (wegen } B \cap C = \emptyset) \Rightarrow \varphi_m = \varphi_y \Rightarrow m \notin C,$$
$$m \notin C \Rightarrow m \notin A \text{ (wegen } A \subset C) \Rightarrow \varphi_m = \varphi_z \Rightarrow m \in C.$$

Damit führt diese Annahme zum Widerspruch. ∎

Aus Korollar 6.1.4 folgt unmittelbar

Satz 6.1.7 (Rice). Sei $\mathbf{F} \subset \mathbf{P}_1^1$; dann ist die Menge $C = \{x \mid \varphi_x \in \mathbf{F}\} \subset \mathbf{N}$ genau dann entscheidbar, wenn $\mathbf{F} = \emptyset$ oder $\mathbf{F} = \mathbf{P}_1^1$.

Beweis. Es genügt zu zeigen, daß C im Fall $\mathbf{F} \neq \emptyset, \mathbf{P}_1^1$ nicht entscheidbar ist. Sei $\varphi_y \in \mathbf{F}$ und $\varphi_z \notin \mathbf{F}$; dann gilt $\{x \mid \varphi_y = \varphi_x\} \subset C$, $\{x \mid \varphi_z = \varphi_x\} \subset C^c$. Aus der Annahme C entscheidbar folgt ein Widerspruch zu Satz 6.1.6. ∎

Schließlich geben wir eine p. r. Funktion an, die keine rekursive Ergänzung hat. $g \in \mathbf{R}_1^1$ heißt rekursive Ergänzung zu $h \in \mathbf{P}_1^1$, wenn $\forall x \in D(h) : g(x) = h(x)$.

Satz 6.1.8. Es gibt ein $h \in \mathbf{P}_1^1$, welches keine rekursive Ergänzung hat.

Beweis. Wir definieren $h \in \mathbf{P}_1^1$ durch

$$h(x) = \begin{cases} \varphi_x(x) + 1 & \text{falls } (x, x) \in D(\varphi), \\ \infty & \text{sonst.} \end{cases}$$

Angenommen, $\varphi_j \in \mathbf{R}_1^1$ ist rekursive Ergänzung zu h. Dann folgt $\varphi_j(j) = \varphi_j(j) + 1$ und somit ein Widerspruch. ∎

Aufgabe 6.1.9. Man zeige, daß die Äquivalenzrelation $\equiv_1$ auf der Potenzmenge $\mathcal{N} = 2^{\mathbf{N}}$ echt feiner ist als $\equiv_m$.

6.2. Das Wortproblem für Semi-Thue-Systeme; das Postsche Korrespondenzproblem

Sei G = (S, X, T, R) eine Chomsky-Grammatik (vgl. Definition 4.3.4). Man bezeichnet $R \subset X^* \times X^*$ auch als Semi-Thue-System über dem Alphabet X. Wir formulieren nun das

Allgemeine Wortproblem für Semi-Thue-Systeme über X. Gibt es einen Algorithmus, der zu jedem endlichen $R \subset X^* \times X^*$ und zu jedem $(w, v) \in X^* \times X^*$ entscheidet, ob $w \xrightarrow[R]{} v$?

Hält man dagegen das Semi-Thue-System R fest, so erhält man das

Spezielle Wortproblem des Semi-Thue-Systems R. Gibt es einen Algorithmus, der zu jedem $(w, v) \in X^* \times X^*$ entscheidet, ob $w \xrightarrow[R]{} v$?

In Satz 4.3.8 wurde gezeigt, daß jede effektiv aufzählbare Wortmenge Chomsky-Sprache ist. Insbesondere kann man das Halteproblem **K** als Chomsky-Sprache beschreiben: Es gibt eine Chomsky-Grammatik G = (S, X, T, R), so daß

$$L_G = \{1^i \mid i \in \mathbf{K}\}.$$

Damit ist das Halteproblem auf das spezielle Wortproblem des Semi-Thue-Systems R der Chomsky-Grammatik G reduziert. Somit gilt

Satz 6.2.1. Es gibt ein Semi-Thue-System, für welches das spezielle Wortproblem nicht algorithmisch lösbar ist.

Um zu zeigen, daß das allgemeine Wortproblem für Semi-Thue-Systeme über einem Alphabet X mit mindestens 2 Elementen algorithmisch unlösbar ist, genügt es zu zeigen, daß es ein Semi-Thue-System $\overline{R} \subset X^* \times X^*$ gibt, für das das spezielle Wortproblem algorithmisch unlösbar ist. Sei $R \subset Y^* \times Y^*$ ein Semi-Thue-System, für welches das spezielle Wortproblem unlösbar ist. O. B. d. A. sei

$Y = \{0, 1, \ldots, r-1\}$ und $X = \{0, 1\}$. Wir übertragen R auf das kleinere Alphabet X. Zunächst kodieren wir Y wie folgt in X^*. Wir definieren

$$h(i) = 1\,0^i\,1$$

und setzen h fort auf Wörter und Regeln:

$$h(y_1\,y_2 \ldots y_n) = h(y_1)\,h(y_2) \ldots h(y_n),$$

$$h(y_1\,y_2 \ldots y_n, x_1\,x_2 \ldots x_m) = (h(y_1)\,h(y_2) \ldots h(y_n), h(x_1)\,h(x_2) \ldots h(x_m)).$$

h ist injektiv und es gilt

$$w \xrightarrow[R]{} v \Leftrightarrow h(w) \xrightarrow[h(R)]{} h(v).$$

Damit ist das spezielle Wortproblem zum Semi-Thue-System h(R) unlösbar, und es folgt

Satz 6.2.2. Das allgemeine Wortproblem für Semi-Thue-Systeme über dem Alphabet X ist algorithmisch unlösbar, sofern X mindestens zwei Elemente enthält.

In diesem Zusammenhang erwähnen wir ein für die Gruppentheorie wichtiges Entscheidungsproblem, das Wortproblem für Gruppen. Gruppen mit einem endlichen Erzeugendensystem A erhält man durch Faktorisierung nach einem endlichen Relationen-System, den sogenannten definierenden Relationen der Gruppe. Seien A und $\bar{A} = \{\bar{a} \mid a \in A\}$ disjunkte endliche Mengen und R ein Semi-Thue-System über dem Alphabet $X = A \cup \bar{A}$. R erweitern wir wie folgt zu einem symmetrischen Semi-Thue-System $\bar{R}$:

$$\bar{R} = R \cup \{(v, w) \mid (w, v) \in R\} \cup \{(a\,\bar{a}, \Lambda), (\bar{a}\,a, \Lambda), (\Lambda, a\,\bar{a}), (\Lambda, \bar{a}\,a) \mid a \in A\}.$$

Weil $\bar{R}$ symmetrisch ist, d. h. $\bar{R} = \{(v, w) \mid (w, v) \in \bar{R}\}$, ist die Relation $\xrightarrow[\bar{R}]{}$ eine Äquivalenzrelation auf X^*. Diese ist mit der Multiplikation von Worten verträglich, d. h. es gilt

$$x \xrightarrow[\bar{R}]{} y \wedge u \xrightarrow[\bar{R}]{} v \Rightarrow xu \xrightarrow[\bar{R}]{} yv.$$

Somit ist $X^*/_{\xrightarrow[\bar{R}]{}}$ ein Monoid und man verifiziert leicht, daß $X^*/_{\xrightarrow[\bar{R}]{}}$ sogar eine Gruppe ist. A ist ein Erzeugendensystem und R ein System von definierenden Relationen dieser Gruppe. Nun formulieren wir für ein festes Erzeugendensystem A und ein festes Relationensystem R das

Spezielle Wortproblem der Gruppentheorie. Gibt es einen Algorithmus, der zu jedem $w, v \in (A \cup \bar{A})^*$ entscheidet, ob w und v dasselbe Gruppenelement darstellen, d. h. ob $w \xrightarrow[\bar{R}]{} v$?

Novikov [1955] hat als erster ein System von definierenden Relationen angegeben, für welches das spezielle Wortproblem algorithmisch nicht lösbar ist. Er konnte zeigen, daß man jedes spezielle Wortproblem von Semi-Thue-Systemen auf ein geeignetes spezielles Wortproblem für Gruppen zurückführen kann. Vergleiche hierzu auch Boone [1959].

Wir behandeln nun ein für die Theorie der formalen Sprachen grundlegendes Entscheidungsproblem, das *Postsche Korrespondenzproblem*. Sei X ein endliches Alphabet und $R \subset X^* \times X^*$ ein Regelsystem. Zu R definiert man den multiplikativen Abschluß

$$R^+ = \{(u_1\, u_2 \ldots u_n, v_1\, v_2 \ldots v_n) \in X^* \times X^* \mid (u_i, v_i) \in R, \quad i = 1, \ldots, n\}.$$

Mit dieser Bezeichnung lautet das

Postsche Korrespondenzproblem über dem Alphabet X. Gibt es einen Algorithmus, der zu jedem endlichen Regelsystem $R \subset X^* \times X^*$ entscheidet, ob es ein Wortpaar $(w, v) \in R^+$ gibt mit $w = v$?

Auch dieses Problem erweist sich als unlösbar, weil man das Halteproblem darauf zurückführen kann:

Satz 6.2.3. Das Postsche Korrespondenzproblem über dem Alphabet X ist algorithmisch unlösbar, sofern X mindestens zwei Elemente enthält.

Beweis. Sei $G = (S, Y, T, R)$ eine Chomsky-Grammatik, die das Halteproblem **K** wie folgt beschreibt (ein solches G konstruiert man nach Satz 4.3.8): $L_G = \{1^i \mid i \in \mathbf{K}\}$. Jedem $w \in \{1\}^*$ ordnen wir im folgenden ein endliches Regelsystem $R_w \subset B^* \times B^*$ über einem erweiterten Alphabet B zu. Zur Formulierung des Korrespondenzproblems bezeichnen wir:

$$\tilde{R}_w = \{(v, u) \in R_w^+ \mid v = u\}.$$

Die Konstruktion von R_w soll folgende Äquivalenz sichern:

$$\tilde{R}_w \neq \emptyset \Leftrightarrow S \xrightarrow[R]{} w$$

und soll somit eine Reduktion des Halteproblems auf das Korrespondenzproblem liefern. Wir setzen

$$\begin{aligned} A_- &= Y \cup \{\square\} && \text{mit} \quad \square \notin Y, \\ A_+ &= \{\bar{a} \mid a \in A_-\} && \text{mit} \quad A_- \cap A_+ = \emptyset, \\ B &= A_- \cup A_+. \end{aligned}$$

Die Bijektion $a \mapsto \bar{a}$ von A_- auf A_+ setzen wir wie folgt zu einer Permutation $a \to \tilde{a}$ auf B fort:

$$\tilde{a} = \bar{a} \text{ für } a \in A_-, \qquad \tilde{\bar{a}} = a \text{ für } \bar{a} \in A_+.$$

Diese Permutation setzen wir buchstabenweise auf B^* fort. Wir definieren

$$\begin{aligned} R_w = {} & \{(v, \tilde{u}), (\tilde{v}, u) \mid (v, u) \in R\} \cup \{(a, \tilde{a}) \mid a \in B\} \cup \{(\tilde{\square}, \tilde{\square}\, S\, \square), \\ & (\tilde{\square}\, w\, \square, \square)\}. \end{aligned}$$

Offensichtlich impliziert $u \xrightarrow[R]{*} v$ die Relationen $u \xrightarrow[R_w]{} \tilde{v}$ und $\tilde{u} \xrightarrow[R_w]{} v$.

Wir zeigen: $\tilde{R}_w \neq \emptyset \Leftrightarrow S \xrightarrow[R]{} w$.

Beweis. „$\Leftarrow$“; Sei $S = w_0 \xrightarrow[R]{*} w_1 \xrightarrow[R]{*} w_2 \ldots \xrightarrow[R]{*} w_{2n} = w$.

O. B. d. A. können wir annehmen, daß jedes Wort w eine solche Ableitung gerader Länge hat, dies gilt z. B., wenn $\{(s, s) \mid s \in X\} \subset R$. Den Ableitungsschritten entsprechend bilden wir schrittweise folgende Paare in R_w^+:

$$\begin{pmatrix}\tilde\square \\ \tilde\square\, S\, \square\end{pmatrix}\begin{pmatrix}\tilde\square\, S \\ \tilde\square\, S\, \square\, \tilde w_1\end{pmatrix}\begin{pmatrix}\tilde\square\, S\, \square \\ \tilde\square\, S\, \square\, \tilde w_1\, \tilde\square\end{pmatrix}\begin{pmatrix}\tilde\square\, S\, \square\, \tilde w_1\, \tilde\square \\ \tilde\square\, S\, \square\, \tilde w_1\, \tilde\square\, w_2\, \square\end{pmatrix}\cdots$$

$$\begin{pmatrix}\tilde\square\, S\, \square\, \tilde w_1\, \tilde\square\, w_2\, \square \cdots \square\, \tilde w_{2n-1} \\ \tilde\square\, S\, \square\, \tilde w_1\, \tilde\square\, w_2\, \square \cdots \square\, \tilde w_{2n-1}\, \tilde\square\, w_{2n}\end{pmatrix}\begin{pmatrix}\tilde\square\, S\, \square\, \tilde w_1\, \tilde\square \cdots \square\, \tilde w_{2n-1}\, \tilde\square\, w\, \square \\ \tilde\square\, S\, \square\, \tilde w_1\, \tilde\square \cdots \square\, \tilde w_{2n-1}\, \tilde\square\, w\, \square\end{pmatrix}.$$

Damit ist „$\Leftarrow$" gezeigt.

„$\Rightarrow$": Wir zeigen, wie man aus jedem Paar in $\tilde R_w$ eine Ableitung $S \xrightarrow[R]{*} w$ rekonstruiert. Als geeignete Schreibweise benutzen wir die Multiplikation auf $B^* \times B^*$:

$$(u, v) \cdot (p, q) = (up, vq).$$

Aus $(u, v) \in \tilde R_w$ folgt $(u, v) \in (\tilde\square, \tilde\square\, S\, \square) \cdot R_w^+$, denn $(\tilde\square, \tilde\square\, S\, \square)$ ist das einzige Paar in R_w, das im ersten Symbol übereinstimmt. Notwendigerweise liegt (u, v) damit sogar in $(\tilde\square, \tilde\square\, S\, \square) \cdot (S, \tilde w_1) \cdot R_w^+$ mit $(S, w_1) \in R$. Auf diese Weise kann man

$$(u, v) \in (\tilde\square\, S\, \square\, \tilde w_1\, \tilde\square \cdots \tilde\square\, w_{2m}, \tilde\square\, S\, \square\, \tilde w_1\, \tilde\square \cdots \tilde\square\, w_{2m}\, \square\, \tilde w_{2m+1}) \cdot R_w^+$$

weiter aufspalten, so daß stets $w_i \xrightarrow[R]{} w_{i+1}$ gilt. Der letzte Faktor der Zerlegung von (u, v) ist notwendigerweise $(\tilde\square\, w\, \square, \square)$, weil dies das einzige Paar in R_w ist, das in den beiden letzten Symbolen übereinstimmt. Also folgt $S \xrightarrow[R]{*} w$.

Damit ist das Postsche Korrespondenzproblem über dem Alphabet B unlösbar. Indem man B, wie im Beweis von Satz 6.2.2 ausgeführt wurde, in die Wortmenge X* eines zweielementigen Alphabets X kodiert und diese Kodierung auf Worte und Wortpaare fortsetzt, reduziert man das Korrespondenzproblem über dem Alphabet B auf das Korrespondenzproblem über dem Alphabet X. ∎

Aus der Unlösbarkeit des Korrespondenzproblems folgt eine Reihe von unlösbaren Entscheidungsproblemen in der Theorie der formalen Sprachen. Wir verweisen auf das Buch von Hopcroft / Ullman [1959] sowie Hotz / Claus [1971].

6.3. Relative Algorithmen, partiell rekursive Mengenfunktionen, Turingreduzierbarkeit

Inhaltsübersicht. Relative Maschinen, Orakel, relativ-B partiell rekursive Funktion, relativ-B rekursive Funktion, relativ-B rekursiv aufzählbar, partiell rekursive und rekursive Funktionen mit einer Mengenvariablen, Kleene-Darstellung der partiell rekursiven Funktionen mit einer Mengenvariablen, Stetigkeitssatz für die rekursiven Funktionen mit einer Mengenvariablen, turingreduzierbar, Grade der Entscheidbarkeit zur Turingreduktion.

Bisher haben wir nur solche Berechnungsalgorithmen behandelt, die abgeschlossen in dem Sinne sind, daß sie während der Rechnung nur auf solche Informationen zugreifen, die sie sich selbst in Zwischenrechnungen beschafft haben. Solche Algorithmen heißen *absolute Algorithmen*.

Nun betrachten wir Berechnungsalgorithmen, deren Rechenablauf noch von einem zusätzlichen Prädikat abhängt, das als vorgegeben angenommen wird und nicht effektiv berechenbar zu sein braucht. Ein solches zusätzliches Prädikat nennt man ein Orakel. Z. B. kann man sich vorstellen, daß die Werte des Orakels von einem physikalischen Zufallsgenerator, etwa durch Würfeln, erzeugt werden. Wir wollen Maschinen im Sinne von Definition 2.1.1 durch ein Orakel erweitern.

Die Ein- und Ausgabemenge der in diesem Kapitel benutzten Maschinen soll stets die Menge **N** der natürlichen Zahlen sein. Zu einer solchen Maschine $M = (S, \mathbf{O}, \mathbf{T}, \delta, \beta)$ und einer Menge $B \subset \mathbf{N}$ erhält man die relativ-B Maschine ${}^{B}M$, indem man zur Prädikatenmenge T von M das Prädikat $\lambda s[\beta(s) \in B]$ adjungiert. Dieses zusätzliche Prädikat nennen wir Orakel. Mit dem Orakel kann man testen, ob die im augenblicklichen Zustand gespeicherte Ausgabe in B liegt.

Beispiele. 1. Auf der relativen Registermaschine ${}^{B}\mathbf{URM}_1^1$ testet das Orakel $\lambda s[\beta(s) \in B]$, ob der Inhalt des ersten Registers in B liegt.

2. Auf der relativen Turingmaschine ${}^{B}\mathbf{RTM}_1^1$ kann man mit dem Orakel $\lambda s[\beta(s) \in B]$ testen, ob die Länge des ersten Einserblocks rechts vom ausgezeichneten Feld in B liegt.

Definition 6.3.1. Sei $B \subset \mathbf{N}$, dann heißt eine partielle Funktion $f: \mathbf{N} \to \mathbf{N}$ relativ-B partiell rekursiv, wenn es eine rekursive Maschine M gibt, so daß f von einem geeigneten Programm auf der relativen Maschine ${}^{B}M$ berechnet wird. f heißt relativ-B (total) rekursiv, wenn f zusätzlich total ist.

Relative Maschinen wurden gerade so erklärt, daß man Homomorphismen und Simulationen in natürlicher Weise von Maschinen auf relative Maschinen fortsetzen kann:

Lemma 6.3.2. Sei $\psi: M \to \overline{M}$ eine Simulation, dann kann man ψ zu einer Simulation $\overline{\psi}: {}^{B}M \to {}^{B}\overline{M}$ fortsetzen, indem man das Orakel von ${}^{B}M$ auf das Orakel von ${}^{B}\overline{M}$ abbildet.

Beweis. Sei $t = \lambda s[\beta(s) \in B]$ das Orakel von ${}^{B}M$ und $\overline{t} = \lambda s[\overline{\beta}(s) \in B]$ das Orakel von ${}^{B}\overline{M}$. Dann wird die Verträglichkeitsbedingung (H4) in Definition 2.3.1 $\overline{t}\ \psi_S \subset t$ durch die Verträglichkeit der Ausgabefunktionen $\overline{\beta}\ \psi_S \subset \beta$ gesichert. ∎

Damit können wir zeigen, daß man alle relativ-B partiell rekursiven Funktionen auf einer festen Maschine berechnen kann.

Satz 6.3.3. Sei $B \subset \mathbf{N}$ und $f: \mathbf{N} \to \mathbf{N}$ eine partielle Funktion, dann sind folgende Aussagen äquivalent:

1. f ist relativ-B partiell rekursiv.
2. Es gibt ein Programm auf der relativen Registermaschine ${}^{B}\mathbf{URM}_1^1$ mit $\mathrm{Res}_P = f$.
3. Es gibt ein Programm auf der relativen Turingmaschine ${}^{B}\mathbf{RTM}_1^1$ mit $\mathrm{Res}_P = f$.

Beweis. „1 ⇒ 2“: Jede rekursive Maschine M kann man auf $\mathbf{URM}_1^1$ simulieren, denn auf $\mathbf{URM}_1^1$ kann man jede rekursive Funktion berechnen. Wegen Lemma 6.3.2 gibt es eine Simulation $\psi : {}^B M \to {}^B\mathbf{URM}_1^1$, und zu jedem P zu ${}^B M$ gibt es ein $\overline{P}$ zu ${}^B\mathbf{URM}_1^1$ mit $\mathrm{Res}_P = \mathrm{Res}_{\overline{P}}$.

„2 ⇒ 3“: Dies folgt ebenso wie „1 ⇒ 2“, denn die Registermaschine $\mathbf{URM}_1^1$ kann man nach Satz 2.4.5 auf der Turingmaschine $\mathbf{RTM}_1^1$ simulieren.

„3 ⇒ 1“: Dies folgt ebenso wie „1 ⇒ 2“, denn die Turingmaschine $\mathbf{RTM}_1^1$ hat ein homomorphes Bild, das rekursiv ist. ∎

Zur Übung beweise der Leser, daß jede der Aussagen in Satz 6.3.3 äquivalent ist mit $f \in A[\mathbf{S}, \chi_B; \mathbf{Pr}, \mu]$. In Analogie hierzu nennt man die Funktionen in $A[\mathbf{S}, \chi_B; \mathbf{Pr}]$ *relativ-B primitiv rekursiv* und die Funktionen in $A[\mathbf{S}, \chi_B; \Sigma, \Pi]$ heißen *relativ-B elementar*. $A \subset \mathbf{N}$ heißt *relativ-B rekursiv aufzählbar*, wenn es eine relativ-B partiell rekursive Funktion f gibt mit $A = f(\mathbf{N})$. A heißt *relativ-B entscheidbar*, wenn χ_A relativ-B rekursiv ist. Der Leser übertrage zur Übung die Darstellungssätze für rekursiv aufzählbare Mengen in 4.2 auf den relativen Fall. Insbesondere ist A genau dann relativ-B entscheidbar, wenn A und A^c relativ-B rekursiv aufzählbar sind.

Als nächstes lassen wir bei einem relativ-B Algorithmus die Menge B variieren. Auf diese Weise erhält man Funktionen, die außer Zahlvariablen auch Mengenvariablen haben. Dabei sollen Mengenvariablen stets Werte in $\mathcal{N} = 2^{\mathbf{N}}$ und Zahlenvariablen stets Werte in N annehmen. Sei z. B. P ein Programm auf einer relativen Maschine ${}^X M$. Dieses berechnet bei festem $X \subset \mathbf{N}$ eine partielle Funktion $\mathrm{Res}_P : \mathbf{N} \to \mathbf{N}$. Betrachtet man nun das Orakel zu M und damit das Programm P als Funktion in X, d. h. $P = P(X)$, dann ist $P(X)$ für jedes $X \subset \mathbf{N}$ ein Programm auf der relativen Maschine ${}^X M$. P definiert somit eine partielle Funktion $\lambda X, x[\mathrm{Res}_{P(X)}(x)]$.

Definition 6.3.4. Eine partielle Funktion $f : \mathcal{N} \times \mathbf{N} \to \mathbf{N}$ heißt *partiell rekursiv*, wenn es eine rekursive Maschine M gibt und ein Programm P zur zugehörigen relativen Maschine, so daß $f = \lambda X, x[\mathrm{Res}_{P(X)}(x)]$. f heißt (total) *rekursiv*, wenn f zusätzlich total ist.

Satz 6.3.3 läßt sich nun unmittelbar übertragen, denn jede Simulation $\psi : M \to \overline{M}$ kann man für jedes $X \subset \mathbf{N}$ in natürlicher Weise fortsetzen zu $\psi^X : {}^X M \to {}^X\overline{M}$. Sei nun $P = P(X)$ ein Programm zur relativen Maschine ${}^X M$. Für jedes $X \subset \mathbf{N}$ definiert P ein Programm $P(X)$ zur Maschine ${}^X M$ und es gibt ein Programm $\overline{P} = \overline{P}(X)$ zur relativen Maschine ${}^X\overline{M}$, das P simuliert. Dann gilt $\mathrm{Res}_{P(X)} = \mathrm{Res}_{\overline{P}(X)}$ für alle $X \subset \mathbf{N}$.

Satz 6.3.5. Sei $f : \mathcal{N} \times \mathbf{N} \to \mathbf{N}$ eine partielle Funktion, dann sind folgende Aussagen äquivalent:

1. f ist partiell rekursiv.
2. Es gibt ein Programm P zur relativen Registermaschine ${}^X\mathbf{URM}_1^1$, so daß $f = \lambda X, x[\mathrm{Res}_{P(X)}(x)]$.
3. Es gibt ein Programm P zur relativen Turingmaschine ${}^X\mathbf{RTM}_1^1$, so daß $f = \lambda X, x[\mathrm{Res}_{P(X)}(x)]$.

Das folgende Lemma zeigt, daß für jede partiell rekursive Funktion $f : \mathcal{N} \times \mathbf{N} \to \mathbf{N}$ die Funktionswerte $f(X, x)$ nur von endlich vielen Stellen des Prädikats $\lambda s[s \in X]$ abhängen. $(D_n \mid n \in \mathbf{N})$ sei eine effektive und eineindeutige Aufzählung aller endlichen Teilmengen von $\mathbf{N}$.

Lemma 6.3.6 (Stetigkeit). Sei $f : \mathcal{N} \times \mathbf{N} \to \mathbf{N}$ eine partiell rekursive Funktion, dann gilt

$$\forall (X, x) \in D(f) : \exists D_a : \forall Y (D_a \cap Y = D_a \cap X) : f(Y, x) = f(X, x).$$

Beweis. Sei M eine rekursive Maschine und P ein Programm zur zugehörigen relativen Maschine, so daß für alle $Y \subset \mathbf{N}$ und $y \in \mathbf{N}$ $f(Y, y) = Res_{P(Y)}(y)$. Angenommen, $P(X)$ hält, angesetzt auf die Eingabe x, nach endlich vielen Schritten. Sei $\overline{S} \subset S$ die Menge derjenigen Speicherzustände, die in diesen endlich vielen Schritten auftreten und an denen das Orakel $\lambda s[\beta(s) \in X]$ gefragt wird. Wir setzen $D_a := \beta(\overline{S})$. Gilt nun $D_a \cap Y = D_a \cap X$, dann wird bei der Rechnung des Programms $P(Y)$, angesetzt auf x, dieselbe Konfigurationenfolge erzeugt wie bei der Rechnung des Programms $P(X)$, angesetzt auf x. ∎

Lemma 6.3.6 führt auf eine Darstellung einer partiell rekursiven Funktion $f : \mathcal{N} \times \mathbf{N} \to \mathbf{N}$, die auf Kleene zurückgeht. Sei $W \in \mathbf{A}_2$ eine Gödel-Numerierung der einstelligen r. a. Mengen und $\langle\ \rangle \in \mathbf{R}_1^4$ eine bijektive Funktion. Dann definiert W_z wie folgt eine Relation $f_z \subset (\mathcal{N} \times \mathbf{N}) \times \mathbf{N}$:

$$f_z(X, x) := \{y \mid \exists \langle x, y, u, v \rangle \in W_z : D_u \subset X \wedge D_v \subset X^c\} \text{ für alle } (X, x) \in \mathcal{N} \times \mathbf{N}.$$

Wir nennen W_z regulär, wenn

$$\forall \langle x, y, u, v \rangle, \langle \overline{x}, \overline{y}, \overline{u}, \overline{v} \rangle \in W_z : x \neq \overline{x} \vee y = \overline{y} \vee D_u \cap D_{\overline{v}} \neq \emptyset \vee D_v \cap D_{\overline{u}} \neq \emptyset.$$

Man erkennt unmittelbar, daß die Relation f_z genau dann eindeutig ist, wenn W_z regulär ist.

Satz 6.3.7 (Kleene). Die Funktion $g : \mathcal{N} \times \mathbf{N} \to \mathbf{N}$ ist genau dann partiell rekursiv, wenn es ein reguläres W_z gibt, so daß $\forall (X, x) \in \mathcal{N} \times \mathbf{N}$:

$$g(X, x) = f_z(X, x) = \{y \mid \exists \langle x, y, u, v \rangle \in W_z : D_u \subset X \wedge D_v \subset X^c\}.$$

Beweis. „⇒“: Sei M eine rekursive Maschine und P ein Programm zur zugehörigen relativen Maschine, so daß $g = \lambda Y, y[Res_{P(Y)}(y)]$. Wir definieren die rekursiv aufzählbare, reguläre Menge W_z wie folgt:

$$W_z := \left\{ \langle x, y, u, v \rangle \;\middle|\; \begin{array}{l} D_u \cap D_v = \emptyset \wedge Res_{P(D_u)}(x) = y \wedge \text{für die Menge } \overline{S}_{u,x} \\ \text{derjenigen Zustände, bei denen das Orakel bei der Rech-} \\ \text{nung von } P(D_u) \text{ auf x gefragt wird, gilt } \beta(\overline{S}_{u,x}) \\ = D_u \cup D_v. \end{array} \right\}$$

W_z kann man rekursiv aufzählen, indem man die Rechnung von $P(D_u)$, angesetzt auf x für alle u, x, im Diagonalverfahren durchführt. Wir zeigen $g = f_z$, indem wir für diese Relationen beide Mengeninklusionen zeigen.

„$g \subset f_z$": Zu $\mathrm{Res}_{P(X)}(x) = y$ betrachte man die im Beweis zu Lemma 6.3.6 konstruierte Menge D_a, so daß $\forall Y(D_a \cap Y = D_a \cap X) : f(X, x) = f(Y, x)$. Setze $D_u = D_a \cap X$, $D_v = D_a \cap X^c$, dann folgt $\langle x, y, u, v \rangle \in W_z$ und somit $f_z(X, x) = y$.
„$f_z \subset g$" : Sei $f_z(X, x) = y$. Dann gibt es ein $\langle x, y, u, v \rangle \in W_z$ mit $D_u \subset X \wedge D_v \subset X^c$. Nach Konstruktion von W_z gilt $\mathrm{Res}_{P(D_u)}(x) = y$. Ferner erzeugt das Programm $P(D_u)$, angesetzt auf x, dieselbe Konfigurationsfolge wie das Programm P(X), angesetzt auf x. Somit gilt $f(X, x) = y$.
„$\Leftarrow$": Falls W_z regulär ist, definiert W_z eine partielle Funktion $f_z : \mathcal{N} \times \mathbf{N} \to \mathbf{N}$. f_z kann man auf einer rekursiven Maschine mit Orakel berechnen, indem man W_z im Diagonalverfahren aufzählt und für jedes gefundene $\langle x, y, u, v \rangle \in W_z$ mit dem Orakel nachprüft, ob $D_u \subset X \wedge D_v \subset X^c$. ∎

Für eine rekursive Funktion $f : \mathcal{N} \times \mathbf{N} \to \mathbf{N}$ kann man Lemma 6.3.6 in bemerkenswerter Weise verschärfen.

Satz 6.3.8 (Stetigkeitssatz). Sei $f : \mathcal{N} \times \mathbf{N} \to \mathbf{N}$ eine rekursive Funktion. Dann gibt es ein $h \in \mathbf{R}_1^1$, so daß $\forall X \subset \mathbf{N} : \forall x \in \mathbf{N} : f(X, x) = f(X \cap D_{h(x)}, x)$.

Beweis. Sei $M = (S, \mathbf{O}, \mathbf{T}, \delta, \beta)$ eine rekursive Maschine und P ein Programm zur zugehörigen relativen Maschine mit Startmarke 0, so daß $f = \lambda X, x[\mathrm{Res}_{P(X)}(x)]$. $K(X, x) := (\widetilde{RS}_{P(X)}(0, \delta(x), n) \mid n \leq RZ_{P(X)}(x))$ sei die vom Programm P(X) bei Eingabe von x erzeugte Konfigurationsfolge. Bei festem x kann man alle Konfigurationsfolgen K(X, x) in natürlicher Weise als Kantenzüge in einem Graphen G_x auffassen, dessen Knoten diejenigen Konfigurationen sind, die von der Startkonfiguration $(0, \delta(x))$ durch die Programme P(X) erreichbar sind. Die Kanten von G_x sind diejenigen Paare $(k, \bar{k})$ von Konfigurationen, für die es ein $X \subset \mathbf{N}$ gibt mit $RS_{P(X)}(k) = \bar{k}$. Zwei Kantenzüge K(X, x) und K(Y, x) stimmen stets in den ersten m + 1 Gliedern überein, wenn in den ersten m Rechenschritten des Programms P(X) das Orakel nur bei solchen Zuständen $s \in S$ gefragt wird, die $\beta(s) \in X \Leftrightarrow \beta(s) \in Y$ erfüllen. Im Falle $\mathcal{N} \times \{x\} \subset D(f)$ ist G_x endlich, weil alle Kantenzüge K(X, x) endlich sind. Sei $\bar{S}_x \subset S$ die Menge der Zustände, die in den Knoten von G_x angenommen werden. Im Falle $\mathcal{N} \times \{x\} \subset D(f)$ ist somit $\beta(\bar{S}_x)$ eine endliche Menge $D_a = \beta(\bar{S}_x)$, und es gilt:

1. $\forall X \subset \mathbf{N} : K(X, x) = K(X \cap D_a, x) \in (\mathbf{N} \times S)^*$.

Man erkennt leicht, daß 1 äquivalent ist mit

2. $\forall D_u \subset D_a : K(D_u, x) = K(D_u \cup D_a^c, x) \in (\mathbf{N} \times S)^*$.

Um „$2 \Rightarrow 1$" zu zeigen, nehmen wir an, daß $K(X, x)_i$ das erste Glied der Folge K(X, x) ist mit $K(X, x)_i \neq K(X \cap D_a, x)_i$. Dann wird bei der vorangegangenen Konfiguration (n, s) das Orakel gefragt. Es folgt

$$\beta(s) \in D_a \quad \Rightarrow \quad K(X, x)_i = K(X \cap D_a, x)_i,$$

$$\beta(s) \in D_a^c \quad \Rightarrow \quad K(X, x)_i = K((X \cap D_a) \cup D_a^c, x)_i = K(X \cap D_a, x)_i.$$

Somit sichert 2 in jedem Fall $K(X, x)_i = K(X \cap D_a, x)_i$ im Widerspruch zur Annahme.

Für jedes Programm P zu einer relativen Maschine kann man die Paare (D_a, x), für die 2 erfüllt ist, rekursiv aufzählen. Ist f rekursiv, dann gibt es somit ein $h \in \mathbf{R}_1^1$, so daß $D_{h(x)}$ für alle x die Eigenschaft 2 und somit 1 erfüllt. Damit ist Satz 6.3.8 bewiesen. ∎

Das Interesse an der *relativen Rekursionstheorie* beruht u. a. auf dem folgenden Begriff der Turingreduktion, der wesentlich allgemeiner ist als eindeutige und mehrdeutige Reduktion. Ein möglichst *allgemeiner Reduktionsbegriff* ist u. a. deshalb von Bedeutung, weil Nichtentscheidbarkeits-Resultate konkreter Probleme bisher ausschließlich mit der Reduktionsmethode erzielt wurden. Um die Nichtentscheidbarkeit eines Prädikats P zu beweisen, versucht man i. a., eine Reduktion des Halteproblems auf P zu finden. Hierzu sind möglichst allgemeine Reduktionsmechanismen wünschenswert. Von jeder Reduktion einer Menge A auf eine Menge B benötigt man im Hinblick auf Anwendungen, daß man die Menge A entscheiden kann, sofern die Werte der charakteristischen Funktion von B vorliegen. Gerade diese Eigenschaft wird durch den Begriff der Turingreduktion formalisiert.

Definition 6.3.9. A heißt *turingreduzierbar* auf B, wenn χ_A eine relativ-B rekursive Funktion ist, *Bezeichnung* $A \leq_T B$.

Lemma 6.3.10. Die Relation $\leq_T$ ist reflexiv und transitiv.

Beweis. $A \leq_T B$ und $B \leq_T C$ bedeuten $\chi_A \in A[S, \chi_B; \mathbf{Pr}, \mu]$ und $\chi_B \in A[S, \chi_C; \mathbf{Pr}, \mu]$. Daraus folgt unmittelbar $\chi_A \in A[S, \chi_C; \mathbf{Pr}, \mu]$ und somit $A \leq_T C$. ∎

Offensichtlich kann man Turingreduktionen zur Herleitung von Nichtentscheidbarkeitsresultaten benutzen, denn es gilt

Satz 6.3.11. „$A \leq_T B \wedge B$ entscheidbar" impliziert „A entscheidbar"; „$A \leq_T B \wedge A$ nicht entscheidbar" impliziert „B nicht entscheidbar".

Die Relation $\leq_T$ ist mindestens so allgemein wie die Relation $\leq_m$ in dem Sinne, daß $A \leq_m B$ stets $A \leq_T B$ impliziert. Daraus folgt insbesondere, daß das Halteproblem $\leq_T$-vollständig in der Klasse A der r. a. Mengen ist (vgl. Satz 6.1.3). Andererseits ist $\leq_T$ echt allgemeiner als $\leq_m$, denn für das Halteproblem K gilt

Satz 6.3.12. $\mathbf{K}^c \leq_T \mathbf{K}$, aber es gilt nicht $\mathbf{K}^c \leq_m \mathbf{K}$.

Beweis. Wegen $\chi_{\mathbf{K}} = 1 \dot{-} \chi_{\mathbf{K}^c}$ gilt $\mathbf{K}^c \leq_T \mathbf{K}$. Aber angenommen, es gibt ein rekursives h, so daß $x \in \mathbf{K}^c \Leftrightarrow h(x) \in \mathbf{K}$ für alle x. Dann gilt $\mathbf{K}^c = h^{-1}(\mathbf{K})$, und es folgt „$\mathbf{K}^c$ rekursiv aufzählbar" und „**K** entscheidbar". Somit ergibt sich ein Widerspruch zur Nichtentscheidbarkeit des Halteproblems. ∎

Die Turingreduzierbarkeit erzeugt wie folgt eine Äquivalenzrelation $\equiv_T$:

$$A \equiv_T B \Leftrightarrow A \leq_T B \wedge B \leq_T A.$$

Die Äquivalenzklassen zu $\equiv_T$ heißen Grade der Entscheidbarkeit zur Turingreduktion oder kurz $\leq_T$-Grade. $[A]_T$ sei der $\leq_T$-Grad der Menge A. Die Relation

$\leq_T$ überträgt sich wie folgt auf $\leq_T$-Grade. Wir definieren:

$$[A]_T \leq_T [B]_T \Leftrightarrow A \leq_T B.$$

Die entscheidbaren Mengen haben den kleinsten $\leq_T$-Grad, Bezeichnung $[\emptyset]_T$. Weil das Halteproblem $\leq_T$-vollständig unter den r. a. Mengen ist, hat **K** unter den r. a. Mengen den maximalen $\leq_T$-Grad. Das Halteproblem ist unter den r. a. Mengen das schwierigste Entscheidungsproblem. Friedberg und Muchnik haben als erste eine r. a. Menge angegeben, deren $\leq_T$-Grad echt zwischen $[\emptyset]_T$ und $[K]_T$ liegt. Wir schreiben $[A] <_T [B]$, wenn $[A] \leq_T [B]$ und $[A] \neq [B]$.

Satz 6.3.13 (Friedberg, Muchnik). Es gibt eine r. a. Menge A mit $[\emptyset]_T <_T [A]_T <_T [K]_T$.

Die Nichtentscheidbarkeit einer solchen Menge A kann nicht mehr dadurch bewiesen werden, daß man das Halteproblem K auf A reduziert, vielmehr kann dies nur durch einen besonderen Diagonalschluß bewiesen werden. Ein Analogon des obigen Satzes werden wir in 9.4 in der relativen Komplexitätstheorie beweisen. Es sei noch darauf hingewiesen, daß es abzählbar unendlich viele verschiedene $\leq_T$-Grade von r. a. Mengen gibt. Ferner kann man jede abzählbare partielle Ordnung isomorph in die $\leq_T$-Grade von zahlentheoretischen Mengen einbetten. Zur weiteren Theorie der Grade der Nichtentscheidbarkeit verweisen wir den Leser auf die Bücher von Rogers [1967] und Shoenfield [1971].

6.4. Effektive Operatoren

Inhaltsübersicht. Aufzählungsreduzierbar, Aufzählungsoperator, partielle Entscheidbarkeitsgrade, die Verbindung $E \oplus F$ von Mengen E und F, A ist genau dann relativ-B rekursiv aufzählbar, wenn $A \leq_a B \oplus B^c$; effektive Operatoren, die effektiven Operatoren auf $\mathbf{P}_1^1$ sind rekursiv aufzählbar, der Darstellungssatz von Myhill, Shepherdson über effektive Operatoren.

Sei $W \in \mathbf{A}_2$ eine Gödel-Numerierung aller rekursiv aufzählbaren Teilmengen von **N**. $(D_u \mid u \in \mathbf{N})$ sei eine effektive und eineindeutige Aufzählung aller endlichen Teilmengen von **N**. Insbesondere sind $\lambda u, v[D_u \subset D_v]$ und $\lambda u, v[u \in D_v]$ rekursive Prädikate. $\langle\ \rangle \in \mathbf{R}_1^2$ sei eine Paarungsfunktion.

Definition 6.4.1. Seien $A, B \subset \mathbf{N}$. A heißt aufzählungsreduzierbar auf B, wenn es ein z gibt mit $A = \{x \mid \exists u : \langle x, u\rangle \in W_z \wedge D_u \subset B\}$. Bezeichnung: $A \leq_a B$.

Gilt $A \leq_a B$, dann kann man jeden Aufzählungsprozeß zu B in einen Aufzählungsprozeß zu A überführen. Hierzu zähle man die Menge W_z und B gleichzeitig auf, und für jedes gefundene $\langle x, u\rangle \in W_z$ teste man mit einem Diagonalverfahren unendlich oft, ob D_u in der bereits aufgezählten Teilmenge von B liegt.

Auf diese Weise liefert jedes z eine Funktion $\Phi_z : \mathcal{N} \to \mathcal{N}$ mit $\Phi_z(B) := \{x \mid \exists u : \langle x, u\rangle \in W_z \wedge D_u \subset B\}$.

Definition 6.4.2. Eine Funktion $\Phi : \mathcal{N} \to \mathcal{N}$ heißt Aufzählungsoperator, wenn es ein z gibt, so daß $\Phi = \Phi_z$; z heißt Gödel-Nummer zu Φ.

Seien $\Phi; \psi : \mathcal{N} \to \mathcal{N}$ Funktionen, dann definieren wir

$$\Phi \circ \psi \quad \text{durch} \quad (\Phi \circ \psi)(A) = \Phi(\psi(A)),$$

$$\Phi + \psi \quad \text{durch} \quad (\Phi + \psi)(A) = \Phi(A) \cup \psi(A).$$

Für $n > 0$ definieren wir rekursiv:

$$\Phi^{(1)} = \Phi, \quad \Phi^{(n+1)} = \Phi \circ \Phi^{(n)}.$$

Ferner sei $\Phi^+ := \bigcup_{n \in \mathbf{N}_+} \Phi^{(n)}$.

Satz 6.4.3. Mit Φ und ψ sind auch 1. $\Phi \circ \psi$, 2. $\Phi + \psi$, 3. Φ^+ Aufzählungsoperatoren.

Beweis. 1. Sei $\Phi = \Phi_z$ und $\psi = \Phi_y$. Man erkennt leicht, daß es eine rekursiv aufzählbare Menge W_v gibt, so daß

$$W_v = \left\{ \langle x, u \rangle \,\middle|\, \begin{array}{l} \exists \langle x, w \rangle \in W_z : \forall a \in D_w : \\ \exists \langle a, b_a \rangle \in W_y : D_u = \bigcup_{a \in D_w} D_{b_a} \end{array} \right\}.$$

Dann gilt für alle $B \subset N$

$$\Phi_z \Phi_y(B) = \{ x \mid \exists \langle x, w \rangle \in W_z : D_w \subset \Phi_y(B) \}$$

$$= \left\{ x \,\middle|\, \begin{array}{l} \exists \langle x; w \rangle \in W_z : \forall a \in D_w : \\ \exists \langle a, b_a \rangle \in W_y : D_{b_a} \subset B \end{array} \right\}$$

$$= \Phi_v(B).$$

Ferner erkennt man, daß es ein rekursives $h \in \mathbf{R}_1^2$ gibt, so daß für alle y, z : $\Phi_{h(z,y)} = \Phi_z \circ \Phi_y$.
2. Sei $W_v = W_y \cup W_z$, dann gilt $\Phi_v = \Phi_y + \Phi_z$.
3. $h \in \mathbf{R}_1^2$ erfülle $\Phi_{h(a,b)} = \Phi_a \circ \Phi_b$. $g \in \mathbf{R}_1^1$ definieren wir durch $g(0) = z$, $g(n + 1) = h(g(n), z)$. Dann ist $(W_{g(i)} \mid i \in N)$ eine rekursive Folge von r. a. Mengen. Somit gibt es ein v mit $W_v = \bigcup_{i \in N} W_{g(i)}$, und nach Konstruktion gilt $\Phi_v = \Phi_z^+ = \bigcup_{n \in \mathbf{N}_+} \Phi_z^{(n)}$. ∎

Damit ist die Relation $\leq_a$ transitiv und offensichtlich ist sie auch reflexiv. Man erhält eine Äquivalenzrelation $\equiv_a$ durch:

$$A \equiv_a B \Leftrightarrow A \leq_a B \wedge B \leq_a A.$$

Die Äquivalenzklassen zu $\equiv_a$ nennt man partielle Entscheidbarkeitsgrade. Seien f und g partielle Funktionen, dann sagt man, f ist partiell rekursiv in g, wenn Graph f $\leq_a$ Graph g.

Offensichtlich impliziert $A \leq_a B$, daß A relativ B rekursiv aufzählbar ist. Dagegen gilt die Umkehrung nicht allgemein. Eine stärkere Beziehung erhält man über die

Verbindung $E \oplus F$ zweier Mengen E und F; wir definieren:

$$E \oplus F := \{x \mid [\exists y \in E : x = 2y] \vee [\exists y \in F : x = 2y + 1]\}.$$

Man erkennt unmittelbar, daß $E \oplus F \leq_a C \Leftrightarrow E \leq_a C \wedge F \leq_a C$.

Satz 6.4.4. A ist relativ B rekursiv aufzählbar $\Leftrightarrow A \leq_a B \oplus B^c$.

Beweis. „$\Rightarrow$" : A ist genau dann relativ B rekursiv aufzählbar, wenn es eine partiell rekursive Funktion $f : \mathcal{N} \times \mathbf{N} \to \mathbf{N}$ gibt, so daß $f(B, \mathbf{N}) = A$. Wir betrachten zu f eine Darstellung nach Satz 6.3.7. Zu f gibt es ein reguläres W_z, so daß für alle X, x:

$$f(X, x) = g_z(X, x) = \{y \mid \exists \langle x, y, u, v \rangle \in W_z : D_u \subset X \wedge D_v \subset X^c\}.$$

Es folgt $A = \{y \mid \exists \langle x, y, u, v \rangle \in W_z : D_u \subset B \wedge D_v \subset B^c\}$.
Daraus ersieht man unmittelbar, daß $A \leq_a B \oplus B^c$. Denn es gibt ein $h \in \mathbf{R}_1^2$, so daß $\forall u, v : D_{h(u,v)} = D_u \oplus D_v$. Damit gilt $A = \Phi_z(B \oplus B^c)$ $= \{y \mid \exists \langle y, w \rangle \in W_{\bar{z}} : D_w \subset B \oplus B^c\}$, wobei $\bar{z}$ so gewählt ist, daß $W_{\bar{z}} = \{\langle y, h(u, v) \rangle \mid \exists \langle x, y, u, v \rangle \in W_z\}$.
„$\Leftarrow$" : Sei $A \leq_a B \oplus B^c$, und es gelte

$$A = \Phi_{\bar{z}}(B \oplus B^c) = \{y \mid \exists \langle y, w \rangle \in W_{\bar{z}} : D_w \subset B \oplus B^c\}.$$

Daraus ersieht man unmittelbar, daß A relativ B rekursiv aufzählbar ist. Denn es gibt Funktionen $h_1, h_2 \in \mathbf{R}_1^1$, so daß $\forall u : D_u = D_{h_1(u)} \oplus D_{h_2(u)}$. Daher gilt

$$A = g_z(B, \mathbf{N}) = \{y \mid \exists \langle x, y, u, v \rangle \in W_z : D_u \subset B \wedge D_v \subset B^c\},$$

wobei z so gewählt ist, daß $W_z = \{\langle y, y, h_1(u), h_2(u) \rangle \mid \langle y, u \rangle \in W_{\bar{z}}\}$.
Da W_z regulär ist, definiert W_z eine partiell rekursive Funktion $f_z : \mathcal{N} \times \mathbf{N} \to \mathbf{N}$. ∎

Aus Satz 6.4.4 folgt

Korollar 6.4.5. A ist relativ B entscheidbar $\Leftrightarrow A \oplus A^c \leq_a B \oplus B^c$.

Beweis. Es gilt

$$\begin{aligned} A \oplus A^c \leq_a B \oplus B^c &\Leftrightarrow A \leq B \oplus B^c \wedge A^c \leq B \oplus B^c, \\ &\Leftrightarrow A, A^c \text{ sind relativ B rekursiv aufzählbar}, \\ &\Leftrightarrow A \text{ ist relativ B entscheidbar.} \end{aligned}$$ ∎

Wir definieren nun ausgehend von Aufzählungsoperatoren effektive Operatoren auf partiell rekursiven Funktionen. Sei $\langle\ \rangle \in \mathbf{R}_1^2$ eine feste Paarungsfunktion. Eine Menge $A \subset \mathbf{N}$ heißt eindeutig, wenn die Relation $\langle A \rangle^{-1} \subset \mathbf{N}^2$ eindeutig ist, d. h. wenn $\forall \langle x, y \rangle, \langle u, v \rangle \in A : x \neq u \vee y = v$. Eine partielle Funktion $f : \mathbf{N} \to \mathbf{N}$ ist als Relation aufgefaßt eine Teilmenge $f \subset \mathbf{N} \times \mathbf{N}$. Statt Graph f schreiben wir kurz f und können damit Mengenoperationen auf Funktionen anwenden. $\langle f \rangle \subset \mathbf{N}$ ist dann das $\langle\ \rangle$-Bild der Relation f. Die eindeutigen Mengen $A \subset \mathbf{N}$ sind genau die $\langle\ \rangle$-Bilder der partiellen Funktionen $f : \mathbf{N} \to \mathbf{N}$.

Definition 6.4.6. Eine Funktion $F : \mathbf{P}_1^1 \to \mathbf{P}_1^1$ heißt effektiver Operator, wenn es einen Aufzählungsoperator $\psi : \mathcal{N} \to \mathcal{N}$ gibt, so daß $\forall f \in \mathbf{P}_1^1 : \psi\langle f \rangle = \langle F(f) \rangle$. Wir sagen dann, ψ definiert F.

Diejenigen Aufzählungsoperatoren, die effektive Operatoren definieren, kann man einfach charakterisieren (Φ_z wird in Definition 6.4.2 erklärt):

Lemma 6.4.7. Φ_z definiert genau dann einen effektiven Operator, wenn für W_z folgendes gilt: $\forall \langle\langle a, b\rangle, c\rangle, \langle\langle u, v\rangle, w\rangle \in W_z$: [$a \neq u \vee b = v \vee D_c \cup D_w$ ist nicht eindeutig].

Beweis. „⇒": Angenommen, es gibt $\langle\langle a, b\rangle, c\rangle, \langle\langle u, v\rangle, w\rangle \in W_z$, so daß $a = u \wedge b \neq v \wedge D_c \cup D_w$ eindeutig ist. Dann folgt, daß $\langle a, b\rangle, \langle a, v\rangle \in \Phi_z(D_c \cup D_w)$, und somit ist das Φ_z-Bild der eindeutigen Menge $D_c \cup D_w$ nicht eindeutig.
„⇐": Offensichtlich sichert die Bedingung an W_z, daß für jede eindeutige Menge B auch $\Phi_z(B)$ eindeutig ist. ∎

Aus der „⇐"-Richtung des Beweises zu Lemma 6.4.7 folgt, daß man jeden effektiven Operator F auf $\mathbf{P}^1_1$ zu einem effektiven Operator auf der Menge aller partiellen Funktionen fortsetzen kann. Ferner folgt aus Lemma 6.4.7, daß man die effektiven Operatoren auf $\mathbf{P}^1_1$ rekursiv aufzählen kann; denn es gilt

Satz 6.4.8. Es gibt ein $h \in \mathbf{R}^1_1$, so daß
1. $\forall z : \Phi_{h(z)}$ definiert einen effektiven Operator.
2. $\forall z\, (\Phi_z$ definiert einen effektiven Operator): $\Phi_z = \Phi_{h(z)}$.

Beweis. Wir schränken W_z so ein, daß W_z die Eigenschaft in Lemma 6.4.7 erfüllt. Sei $f \in \mathbf{R}^1_2$ eine rekursive Funktion, so daß $f(\mathbf{N}) = W$. Wir definieren $\bar{f} \in \mathbf{R}^1_2$ rekursiv wie folgt:

$$\bar{f}(0) := f(0)$$

$$\bar{f}(i+1) := \bar{f}(i) \qquad \text{falls } \exists j \leq i : \bar{f}(j) = (z, \langle\langle a, b\rangle, c\rangle) \wedge f(i+1) = (y, \langle\langle u, v\rangle, w\rangle) \wedge y = z \wedge a = u \wedge b \neq v \wedge D_c \cup D_w \text{ eindeutig}$$

$$\bar{f}(i+1) := f(i+1) \qquad \text{sonst.}$$

Die Menge $\bar{W} := \bar{f}(\mathbf{N})$ erfüllt offensichtlich für alle i:
1. $\bar{W}_i$ erfüllt die Bedingung in Lemma 6.4.7.
2. Falls W_i die Bedingung in Lemma 6.4.7 erfüllt, gilt $\bar{W}_i = W_i$.
Damit genügt es nach dem Iterationstheorem ein $h \in \mathbf{R}^1_1$ zu wählen, so daß $\bar{W}_i = W_{h(i)}$ für alle i. ∎

Als nächstes zeigen wir, daß die in Definition 5.1.4 und Definition 6.4.6 eingeführten Begriffe des effektiven Operators äquivalent sind. Dazu müssen wir zeigen, daß $F : \mathbf{P}^1_1 \to \mathbf{P}^1_1$ genau dann durch einen Aufzählungsoperator definiert wird, wenn es ein $g \in \mathbf{R}^1_1$ gibt, so daß $F(\varphi_i) = \varphi_{g(i)}$ für alle i. Es sei φ eine Gödel-Numerierung von $\mathbf{P}^1_1$. φ_u heißt endlich, wenn $\langle \varphi_u \rangle$ eine endliche Menge ist. Man beachte, daß die Mengeninklusion eine Inklusion für Relationen und Funktionen induziert. Als Vorbereitung beweisen wir

Lemma 6.4.9. Angenommen, es gibt zu $F : \mathbf{P}_1^1 \to \mathbf{P}_1^1$ ein $g \in \mathbf{R}_1^1$ so, daß $F(\varphi_i) = \varphi_{g(i)}$ für alle i. Dann folgt:

1. $\forall i, j : \varphi_i \subset \varphi_j \Rightarrow F(\varphi_i) \subset F(\varphi_j)$.
2. $\forall i, x : \exists \varphi_u : \varphi_u \subset \varphi_i \wedge \varphi_u$ endlich $\wedge\ F(\varphi_i)(x) = F(\varphi_u)(x)$.

Beweis. Zu $\varphi \in \mathbf{P}_1^2$ messe $\Phi \in \mathbf{P}_1^2$ die Anzahl der Rechenschritte bei der Berechnung von φ auf einer Maschine. $\Phi_i(x)$ ist die Anzahl der Rechenschritte bei der Berechnung von $\varphi_i(x)$. Es gilt dann $D(\varphi) = D(\Phi)$, und $\lambda\, i, x, m[\Phi_i(x) \leq m]$ ist entscheidbar. Siehe hierzu auch die Ausführungen in 9.1.

1. Angenommen, es gilt $\varphi_i \subset \varphi_j \wedge (a, b) \in F(\varphi_i) - F(\varphi_j)$. D. h. $\varphi_{g(i)}(a) = b \neq \varphi_{g(j)}(a)$. Wir wenden das Iterationstheorem und das Rekursionstheorem auf $h \in \mathbf{P}_1^2$ mit

$$h(k, x) = [\text{if } \Phi_{g(k)}(a) < \Phi_i(x) \wedge \varphi_{g(k)}(a) = b \text{ then } \varphi_j(x) \text{ else } \varphi_i(x)]$$

an. Es gilt $D(h) = \{(k, x) : a \in D(\Phi_{g(k)}) \vee x \in D(\varphi_i)\}$. Man erhält ein φ_k mit

$$\varphi_k(x) = [\text{if } \Phi_{g(k)}(a) < \Phi_i(x) \wedge \varphi_{g(k)}(a) = b \text{ then } \varphi_j(x) \text{ else } \varphi_i(x)]$$

Wir führen die Annahme zum Widerspruch. Wegen $\varphi_i \subset \varphi_j$ folgt:

$$\varphi_{g(k)}(a) = b \Rightarrow \varphi_k = \varphi_j \Rightarrow \varphi_{g(k)}(a) = \varphi_{g(j)}(a) \neq b, \text{ Widerspruch}$$

$$\varphi_{g(k)}(a) \neq b \Rightarrow \varphi_k = \varphi_i \Rightarrow \varphi_{g(k)}(a) = \varphi_{g(i)}(a) = b, \text{ Widerspruch}$$

2. Angenommen, $\exists i : \exists a : \forall \varphi_u(\varphi_u \subset \varphi_i \wedge \varphi_u$ endlich$) : \varphi_{g(i)}(a) \neq \varphi_{g(u)}(a)$. Zunächst nehmen wir an, daß $\varphi_{g(i)}(a) = b < \infty$. Durch Anwendung des Iterations- und des Rekursionstheorems erhält man ein φ_k mit

$$\varphi_k(x) = \begin{cases} \text{undefiniert} & \text{falls } \Phi_{g(k)}(a) < \Phi_i(x) + x \wedge \varphi_{g(k)}(a) = b, \\ \varphi_i(x) & \text{sonst.} \end{cases}$$

Wir führen die Annahme zum Widerspruch:

$$\varphi_{g(k)}(a) = b \Rightarrow \varphi_k \text{ endlich } \wedge \varphi_k \subset \varphi_i \Rightarrow \varphi_{g(k)}(a) \neq b, \quad \text{Widerspruch}$$

$$\varphi_{g(k)}(a) \neq b \Rightarrow \varphi_k = \varphi_i \Rightarrow \varphi_{g(k)}(a) = \varphi_{g(i)}(a) = b, \text{ Widerspruch}$$

Falls $\varphi_{g(i)}(a) = \infty$ (undefiniert), folgt aufgrund von Teil 1 $\forall \varphi_u \subset \varphi_i : \varphi_{g(u)}(a) = \infty$. ∎

Satz 6.4.10 (Myhill, Shepherdson). Für jede Funktion $F : \mathbf{P}_1^1 \to \mathbf{P}_1^1$ sind folgende Aussagen äquivalent:

1 Es gibt einen Aufzählungsoperator ψ, so daß $\forall f \in \mathbf{P}_1^1 : \psi\langle f \rangle = \langle F(f) \rangle$,

2 es gibt ein $g \in \mathbf{R}_1^1 : \forall i : F(\varphi_i) = \varphi_{g(i)}$.

Beweis. „1 ⇒ 2“: Sei $\psi = \Phi_z$ gegeben. Dann ist

$$\Phi_z \langle \varphi_i \rangle = \{x \mid \exists \langle x, u \rangle \in W_z : D_u \subset \langle \varphi_i \rangle\}$$

für alle i rekursiv aufzählbar, und eine Gödel-Nummer j mit $W_j = \Phi_z \langle \varphi_i \rangle$ kann man effektiv finden. Da W_j eindeutig ist, kann man ein k effektiv finden, so daß $\langle \varphi_k \rangle = W_j$.

Die Funktion $g : i \mapsto k$ ist rekursiv, und es gilt $F(\varphi_i) = \varphi_{g(i)}$ für alle i.

„2 ⇒ 1“: Sei $g \in \mathbf{R}_1^1$ gegeben. Man erkennt leicht, daß es ein $h \in \mathbf{R}_1^2$ gibt, so daß:

a) $\forall\, n, m : \varphi_{h(n,m)} \subset \varphi_n \wedge \varphi_{h(n,m)}$ endlich,

b) $\varphi_j \subset \varphi_n \wedge \varphi_j$ endlich $\Rightarrow \exists\, m : \varphi_{h(n,m)} = \varphi_j$.

Damit zählt die Folge $(\varphi_{h(n,m)} \mid m \in \mathbf{N})$ genau alle endlichen Teilrelationen von φ_n auf. Lemma 6.4.9 sichert, daß

$$F(\varphi_i) = \varphi_{g(i)} = \bigcup_m \varphi_{gh(i,m)} \qquad \text{für alle i.}$$

Für den folgenden Aufzählungsoperator Φ

$$\Phi(A) := \{\langle x, \varphi_{gh(n,m)}(y)\rangle : \langle \varphi_{h(n,m)}\rangle \subset A\}$$

gilt dann

$$\langle F(\varphi_i)\rangle = \Phi\langle \varphi_i\rangle \qquad \text{für alle i.} \quad \blacksquare$$

6.5. Die Hierarchie der arithmetischen Prädikate. Die Unvollständigkeit der Arithmetik

Inhaltsübersicht. Repräsentierung arithmetischer Prädikate durch Quantifizieren von Polynomen, Abschlußeigenschaften der Klasse der arithmetischen Prädikate, das Gödelsche Prädikat, der Chinesische Restsatz, jede rekursiv aufzählbare Relation ist arithmetisch, Präfixformen, Präfixklassen Π_n und Σ_n der arithmetischen Prädikate, Abschlußeigenschaften der Klassen Π_n und Σ_n, Normalformsatz für arithmetische Prädikate, Hierarchiesatz, das Entscheidungsproblem für die wahren arithmetischen Aussagen, existentiell definierbare Prädikate, das zehnte Hilbertsche Problem.

Arithmetische Prädikate sind solche zahlentheoretische Prädikate, die man ausgehend von Polynomen durch die logischen Verknüpfungen $\wedge$, $\vee$, $\neg$ sowie durch die Quantoren $\exists$, $\forall$ ausdrücken kann. Sei z. B. $Q(x_1, x_2, \ldots, x_n)$ ein Polynom in den Variablen $x_1, x_2, \ldots, x_n$ mit ganzen Zahlen als Koeffizienten, dann ist

$$\lambda x_1, x_2, \ldots, x_n [Q(x_1, x_2, \ldots, x_n) = 0]$$

ein arithmetisches Prädikat. Dabei sollen die Variablen $x_1, x_2, \ldots, x_n$ stets nur natürliche Zahlen als Werte annehmen. Durch Quantifizieren aller Variablen eines arithmetischen Prädikats erhält man *arithmetische Aussagen*, z. B.

$$\exists\, x_1 : \exists\, x_2 : \ldots \exists\, x_n : [Q(x_1, x_2, \ldots, x_n) = 0].$$

Wir behandeln u. a. die Frage der *Vollständigkeit der Arithmetik*, d. h. ob es ein Aufzählungsverfahren für die wahren arithmetischen Aussagen gibt (Satz 6.4.10).

Wir gehen von Darstellungen arithmetischer Prädikate aus, die sehr speziell zu sein scheinen, und zeigen anschließend, daß sie eine hinreichend große Klasse von Prädikaten erfassen.

Definition 6.5.1. Ein zahlentheoretisches Prädikat R ist arithmetisch, wenn es ein Polynom P mit ganzzahligen Koeffizienten sowie Quantoren $Q_i \in \{\forall, \exists\}$ gibt, so daß

$R = \lambda y_1, \ldots, y_m [Q_1 x_1 : Q_2 x_2 : \ldots Q_n x_n : P(x_1, x_2, \ldots, x_n, y_1, y_2, \ldots, y_m) = 0]$.

AP sei die Klasse der arithmetischen Prädikate.

Wir zeigen, daß die Klasse der arithmetischen Prädikate abgeschlossen gegen aussagenlogische Verknüpfungen ist.

Lemma 6.5.2. **AP** ist abgeschlossen gegen $\vee$, $\wedge$, $\neg$.

Beweis. Es genügt zu zeigen, daß **AP** abgeschlossen gegen $\vee$ und $\neg$ ist. Wir kürzen eine Folge $x_1, \ldots, x_n$ von Variablen ab durch eine mehrstellige Variable x. Eine Folge von Quantoren $Q_1 x_1 : Q_2 x_2 : \ldots Q_n x_n :$ kürzen wir ab durch $\mathbf{Q}$x: Seien

$$R_1 = \lambda y[\mathbf{Q}^1 x : P_1(x, y) = 0], \qquad R_2 = \lambda y[\mathbf{Q}^2 z : P_2(z, y) = 0]$$

arithmetische Prädikate, so daß die Variablenkomponenten von x und z paarweise verschieden sind. Dann gilt

$$R_1 \vee R_2 = \lambda y[\mathbf{Q}^1 x : \mathbf{Q}^2 z : P_1(x, y) \cdot P_2(z, y) = 0].$$

Um den Abschluß gegen $\neg$ zu zeigen, benutzt man, daß in einer Darstellung eines Prädikats „$\neg \exists x :$" gleichbedeutend ist mit „$\forall x : \neg$". Ferner ist „$\neg \forall x :$" gleichbedeutend mit „$\exists x : \neg$". Wir setzen $\overline{\exists} = \forall$ und $\overline{\forall} = \exists$. Zu einer Folge $\mathbf{Q}x := Q_1 x_1 : Q_2 x_2 : \ldots Q_n x_n :$ setzen wir $\overline{\mathbf{Q}}x := \overline{Q}_1 x_1 : \overline{Q}_2 x_2 : \ldots \overline{Q}_n x_n :$. Offensichtlich gilt nun für jedes Prädikat $\lambda x, y[R(x, y)]$:

$$\neg[\mathbf{Q}x : R(x, y)] = [\overline{\mathbf{Q}}x : \neg R(x, y)].$$

Wegen

$$\neg[P_1(x, y) = 0] = [\exists z : \exists u : (z - u - 1)^2 + (P_1(x, y) - z)^2 = 0]$$

folgt somit

$$\neg R_1 = \lambda y[\overline{\mathbf{Q}}_1 x : \exists z : \exists u : (z - u - 1)^2 + (P_1(x, y) - z)^2 = 0]. \quad \blacksquare$$

Wir weisen noch auf einige Abschlußeigenschaften von **AP** hin, die wir im folgenden ohne expliziten Hinweis benutzen.

1. **AP** ist abgeschlossen gegen Variablenvertauschung. Sei $y_{\sigma(1)}, \ldots, y_{\sigma(n)}$ eine Permutation der Variablen $y_1, \ldots, y_n$, dann entsteht das Prädikat

$$\lambda y_{\sigma(1)}, \ldots, y_{\sigma(n)}[\mathbf{Q}x : P(x, y_1, \ldots, y_n) = 0]$$

aus dem Prädikat

$$\lambda y_1, \ldots, y_n[\mathbf{Q}x : P(x, y_1, \ldots, y_n) = 0]$$

durch Permutation der Variablen y_i in dem Polynom P.

2. **AP** ist abgeschlossen gegen Einsetzung von Konstanten. Sei $c \in \mathbf{N}$, dann entsteht

$$\lambda y_2, \ldots, y_n [\mathbf{Q}x : P(x, c, y_2, \ldots, y_n) = 0]$$

aus $\lambda y_1, y_2, \ldots, y_n [\mathbf{Q}x : P(x, y_1, y_2, \ldots, y_n) = 0]$
durch Einsetzen von c für die Variable y_1 des Polynoms P.

Zu arithmetischen Prädikaten kann man leere Variablen adjungieren.

$$R = \lambda y_1, \ldots, y_n, z[Qx : P(x, y_1, \ldots, y_n) = 0]$$

entsteht aus

$$\lambda y_1, \ldots, y_n[Qx : P(x, y_1, \ldots, y_n) = 0]$$

durch Adjunktion der „leeren" Variablen z. z ist leere Variable zu R, weil P nicht von dieser Variablen abhängt. Die Stellenzahl eines Prädikats wird durch Adjunktion „leerer" Variablen erhöht.

Weil man zu einem arithmetischen Prädikat leere Variablen adjungieren kann, dürfen wir auch solche Prädikate mit logischen Junktoren verknüpfen, die nicht von denselben Variablen abhängen. Seien z. B. R und P 2-stellige arithmetische Prädikate. Dann erhält man das Prädikat

$$\lambda x, z, y[P(y, z) \wedge R(x, y)]$$

folgendermaßen. Man adjungiert zu P die leere Variable x und zu R die leere Variable z. Dann ordnet man die Variablen von P und R in der Reihenfolge x, z, y und verknüpft die so entstandenen Prädikate mit $\wedge$.

Beispiele arithmetischer Prädikate. 1. Das Prädikat $\lambda x, y[x \leq y] = \lambda x, y[\exists z : z + x - y = 0]$ ist arithmetisch.

2. Das Prädikat $\lambda x y[x = y]$ ist arithmetisch wegen

$$[x = y] = [x \leq y] \wedge [y \leq x].$$

3. Das Prädikat $\lambda x y[x < y]$ ist arithmetisch wegen

$$[x < y] = [x \leq y] \wedge \neg[x = y].$$

4. Der Quantor „$\exists^\infty x$" (es gibt unendlich viele x) führt nicht aus **AP** hinaus, denn es gilt

$$[\exists^\infty x : P(x, y)] = [\forall n : \exists x : x \geq n \wedge P(x, y)].$$

Ebenso führt der Quantor „$\exists^1 x$" (es gibt genau ein x) nicht aus **AP** hinaus, denn es gilt

$$[\exists^1 x : P(x, y)] = [\exists x : P(x, y)] \wedge \neg[\exists r : \exists s : P(r, y) \wedge P(s, y) \wedge r \neq s].$$

Als nächstes wollen wir zeigen, daß jedes rekursiv-aufzählbare Prädikat (d. h. jede r. a. Relation) arithmetisch ist. Ein wesentlicher Schritt hierzu ist die Beschreibung endlicher Folgen natürlicher Zahlen durch arithmetische Prädikate. Wir betrachten das folgende Gödel-Prädikat G:

$$G(a, b, i, k) = [k \text{ Rest } a \bmod (1 + ib)].$$

Dabei steht „u Rest v mod w" für „u ist Rest bei der Division von v durch w". G ist arithmetisch, denn es gilt

$$G(a, b, i, k) = [k < 1 + ib \wedge \exists x : [x(1 + ib) + k = a]].$$

Mit dem Gödel-Prädikat kann man Eigenschaften von endlichen Zahlenfolgen $m = m_1 m_2 \ldots m_r \in \mathbf{N}^*$ formulieren. G hat nämlich die folgenden wichtigen Eigenschaften:

Lemma 6.5.3. 1. $\forall a, b, i : \exists^1 n : G(a, b, i, n)$,
2. $\forall m_1 m_2 \ldots m_r \in \mathbf{N}^* : \exists a, b : \forall i (1 \leq i \leq r) : G(a, b, i, m_i)$.

Dies bedeutet, daß es zu jeder endlichen Zahlenfolge $m \in \mathbf{N}^*$ natürliche Zahlen a und b gibt, so daß das Gödel-Prädikat an der Stelle a, b genau die Komponenten von m beschreibt. Der Beweis beruht auf dem Chinesischen Restsatz.

Beweis. 1. Ist trivial. Um 2 zu zeigen, gehen wir von einer Zahlenfolge $m = m_1 m_2 \ldots m_r$ aus und setzen $s = \max \{r, m_1 m_2 \ldots m_r\}$. Ferner sei $b = s!$ Als erstes zeigen wir, daß die Zahlen $b_i := 1 + ib$ für $1 \leq i \leq r$ paarweise teilerfremd sind. Denn angenommen, es gibt eine Primzahl p mit p/b_i und p/b_j (/ steht für „teilt"). Dann folgt $p/(i-j)\,b$. Wegen $|i-j| \leq s$ gilt $|i-j|/b$. Also folgt p/b. Aus p/b und p/b_i folgt $p/1$ und somit ein Widerspruch.
Als nächstes zeigen wir, daß zu zwei verschiedenen Zahlen $\bar{a}, \bar{\bar{a}}$ mit $0 \leq \bar{a}, \bar{\bar{a}} < b_1 b_2 \ldots b_r$ auch die Lösungen $\bar{m}$ und $\bar{\bar{m}}$ der Restsysteme

$$\bar{m}_i = \text{Rest von } \bar{a} \bmod b_i, \qquad i = 1, \ldots, r,$$

$$\bar{\bar{m}}_i = \text{Rest von } \bar{\bar{a}} \bmod b_i, \qquad i = 1, \ldots, r$$

verschieden sind.
Angenommen $\bar{m} = \bar{\bar{m}}$, dann folgt $b_i/(\bar{a} - \bar{\bar{a}})$ für $i = 1, \ldots, r$. Wegen der Teilerfremdheit der b_i folgt hieraus $b_1 b_2 \ldots b_r/(\bar{a} - \bar{\bar{a}})$. Wegen $|\bar{a} - \bar{\bar{a}}| < b_1 b_2 \ldots b_r$ führt dies zum Widerspruch.
Die Zahlen a mit $0 \leq a < b_1 b_2 \ldots b_r$ liefern insgesamt $b_1 b_2 \ldots b_r$ verschiedene Restsysteme und somit $b_1 b_2 \ldots b_r$ verschiedene Lösungsfolgen $m_1 m_2 \ldots m_r$ mit der Eigenschaft $m_i < b_i$ für $i = 1, \ldots, r$. Andererseits gibt es insgesamt $b_1 b_2 \ldots b_r$ Zahlenfolgen $m = m_1 m_2 \ldots m_r$ mit der Eigenschaft $m_i < b_1$ für $i = 1, \ldots, r$. Also tritt jede dieser Zahlenfolgen als Lösung eines Restsystems auf. Zu einer vorgelegten Folge $m = m_1 m_2 \ldots m_r$ wähle man daher b wie oben angegeben und a so, daß m Lösung des zu a gehörigen Restsystems ist, dann ist die Eigenschaft 2 im Lemma nach Konstruktion gerade erfüllt. ∎

Satz 6.5.4. Der Graph jeder partiell rekursiven Funktion ist arithmetisch.

Beweis. Einer Funktion f ordnen wir als Prädikat P_f ihren Graphen zu $P_f := \lambda y, x[f(y) = x]$. Den Beweis führen wir durch Induktion über den Erzeugungsprozeß von $\mathbf{P} = A[+; \mathrm{Pr}, \mu^0]$. Zunächst betrachten wir die Grundfunktionen, Konstanten, Projektionen und Diagonalisierungen.

$$P_{C_r^n} = \lambda y_1, \ldots, y_n, x[x - r = 0],$$

$$P_{I_i^n} = \lambda y_1, \ldots, y_n, x[y_i - x = 0],$$

$$P_{\Delta_2^n} = \lambda y_1, \ldots, y_n, z_1, \ldots, z_n, x_1, \ldots, x_n \left[\sum_{i=1}^{n} (y_i - z_i)^2 + (y_i - x_i)^2 = 0 \right].$$

Als nächstes zeigen wir, daß mit P_f und P_g auf $P_{f\times g}$, P_{fg} und $P_{\mu o f}$ arithmetisch sind. Es gilt nämlich

$$P_{f\times g}(x, y, u, v) = P_f(x, u) \wedge P_g(y, v),$$
$$P_{fg}(x, y) = [\exists z : P_g(x, z) \wedge P_f(z, y)].$$

Ferner gilt für jede totale Funktion $f : \mathbf{N}^{n+1} \to \mathbf{N}$ und für alle $x \in \mathbf{N}^n$ und $y \in \mathbf{N}$:

$$P_{\mu o f}(x, y) = P_f(x, y, 0) \wedge [\forall s : \neg(s < y \wedge P_f(x, s, 0))].$$

Es bleibt zu zeigen, daß mit P_f und P_g auch $P_{\mathbf{Pr}(f,g)}$ arithmetisch ist. Wir erinnern daran, daß für $h = \mathbf{Pr}(f, g)$ folgendes gilt:

$$h(x, 0) = f(x), \qquad h(x, n + 1) = g(x, n, h(x, n)).$$

Daraus folgt

$$P_h(x, n, z) = \exists y \in \mathbf{N}^{n+1} : (f(x) = y_1 \wedge y_{n+1} = z \wedge \forall i(1 \leq i \leq n + 1) : g(x, i - 1, y_i) = y_{i+1}).$$

Dabei entspricht y_{i+1} dem Wert $h(x, i)$. Da die Anzahl der Variablen $y_1, y_2, \ldots, y_{n+1}$ in obigem Prädikat nicht fest ist, erkennt man nicht sofort, daß dieses Prädikat arithmetisch ist. Zunächst formen wir dieses Prädikat wie folgt um:

$$P_h(x, n, z) = [\exists y \in \mathbf{N}^{n+1} : \forall i(1 \leq i \leq n + 1) : P_g(x, i - 1, y_i, y_{i+1}) \wedge (i \neq 1 \vee P_f(x, y_i)) \wedge (i \neq n + 1 \vee y_i = z)].$$

Dieses Prädikat hat die schematische Form

$$P_h(x, n, z) = [\exists y \in \mathbf{N}^{n+1} : \forall i(1 \leq i \leq n + 1) : Q(x, z, n, i, y_i, y_{i+1})].$$

Dabei ist das Prädikat $\lambda\, x, z, n, i, u, v[Q(x, z, n, i, u, v)]$ arithmetisch, sofern P_g und P_f arithmetisch sind. Mit Hilfe des Gödelschen Prädikats G formen wir P_h weiter um zu:

$$P_h(x, n, z) = [\exists a : \exists b : \forall i(1 \leq i \leq n + 1) : \forall u, v : (G(a, b, i, u) \wedge G(a, b, i + 1, v) \Rightarrow Q(x, z, n, i, u, v))].$$

Beachtet man, daß der beschränkte Quantor „$\forall i(1 \leq i \leq n + 1)$" nicht aus **AP** hinausführt und daß man die logische Implikation „$\Rightarrow$" durch die logischen Verknüpfungen $\vee$, $\neg$ ausdrücken kann, so folgt aus der Voraussetzung P_g und P_f arithmetisch, daß auch P_h ein arithmetisches Prädikat ist. ∎

Korollar 6.5.5. Jede rekursiv aufzählbare Relation ist arithmetisch.

B e w e i s . Zu $A \in \mathbf{A}_n$ gibt es ein $f \in \mathbf{P}_1^n$ mit $A = D(f)$. P_f ist arithmetisch, und es gilt

$$[x \in A] = [\exists y : P_f(x, y)].$$

Somit ist das Prädikat $\lambda\, x[x \in A]$ arithmetisch. ∎

Aus Korollar 6.5.5 folgt die Existenz arithmetischer Prädikate, die nicht rekursiv aufzählbar sind. Sei z. B. $\mathbf{K} \subset \mathbf{N}$ die Menge, die das Halteproblem repräsentiert.

Dann ist das Prädikat $\lambda x[x \notin \mathbf{K}]$ zwar arithmetisch, aber nicht rekursiv aufzählbar. Denn die Komplementmenge zu **K** ist nicht rekursiv aufzählbar. Wir wollen die Klasse der arithmetischen Prädikate in eine Hierarchie von aufsteigenden Klassen ordnen, wobei die rekursiven Prädikate die unterste Klasse darstellen.

Wir betrachten Präfixformen. Sei P ein rekursives Prädikat, $x_1, x_2, \ldots, x_n, y$ seien mehrstellige Variablen und $Q_1, Q_2, \ldots, Q_n$ seien Quantoren vom Typ $\forall$, $\exists$. Dann ist

$$R = \lambda y[Q_1 x_1 : Q_2 x_2 : \ldots Q_n x_n : P(x_1, x_2, \ldots, x_n, y)]$$

eine Darstellung des Prädikats R in Präfixform. Die Darstellung ist in Π_n-Präfixform (bzw. Σ_n-Präfixform), wenn die ungeraden Quantoren Q_{2i+1} vom Typ $\forall$ (bzw. vom Typ $\exists$) und die geraden Quantoren Q_{2i} vom Typ $\exists$ (bzw. vom Typ $\forall$) sind.

Definition 6.5.6. Σ_n (bzw. Π_n) ist die Klasse derjenigen arithmetischen Prädikate, die man in Σ_n-Präfixform (bzw. Π_n-Präfixform) darstellen kann. Dabei ist $\Sigma_0 = \Pi_0$ die Klasse Rel **R** der rekursiven Prädikate.

Offensichtlich sind die Prädikate der Klassen Σ_n und Π_n arithmetisch und diese Klassen schöpfen die Gesamtheit aller arithmetischen Prädikate aus. Aus der Darstellung der rekursiv aufzählbaren Mengen Satz 4.2.4 ersieht man, daß Σ_1 die Klasse der rekursiv aufzählbaren Prädikate ist. Wir leiten einige Struktureigenschaften dieser Klassen her.

Satz 6.5.7. 1. $\Sigma_n \cup \Pi_n \subset \Sigma_{n+1} \cap \Pi_{n+1}$.

2. $R \in \Sigma_n$ (bzw. Π_n) $\wedge \bar{R} \leq_m R \Rightarrow \bar{R} \in \Sigma_n$ (bzw. Π_n).

3. $R \in \Sigma_n \Leftrightarrow \neg R \in \Pi_n$.

4. $R_1, R_2 \in \Sigma_n$ (bzw. Π_n) $\Rightarrow R_1 \vee R_2, R_1 \wedge R_2 \in \Sigma_n$ (bzw. Π_n).

Beweis. 1. Sei R ein Prädikat in Σ_n oder Π_n-Präfixform:

$$R(y) = [\mathbf{Q}x : P(x, y)].$$

$\bar{P} \in \Pi_0 = \Sigma_0$ definieren wir, indem wir zu P eine leere Variable z adjungieren.

$$\bar{P}(z, x, y) = P(x, y).$$

Dann gilt für $Q_0, Q_{n+1} \in \{\forall, \exists\}$.

$$R(y) = [Q_0 z : \mathbf{Q}x : P(z, x, y)] = [\mathbf{Q}x : Q_{n+1} z : P(z, x, y)].$$

Damit ist R auch in Σ_{n+1}- sowie in Π_{n+1}-Präfixform darstellbar.

2. Sei $R = \lambda y[\mathbf{Q}x : P(x, y)]$ und h eine rekursive Funktion, so daß $\bar{R}(y) \Leftrightarrow Rh(y)$ für alle y. Dann gilt $\bar{R} = \lambda y[\mathbf{Q}x : P(x, h(y))]$. $\bar{R}$ ist somit in derselben Präfixform darstellbar wie R.

3. Es gilt

$$\neg[Q_1 x_1 : Q_2 x_2 : \ldots Q_n x_n : P(x_1, x_2, \ldots, x_n, y)]$$
$$= [\bar{Q}_1 x_1 : \bar{Q}_2 x_2 : \ldots \bar{Q}_n x_n : \neg P(x_1, x_2, \ldots, x_n, y)],$$

dabei sei $\bar{\exists} = \forall$ und $\bar{\forall} = \exists$.

4. Es gelte

$$R_1(y) = [Q_1\, x_1 : Q_2\, x_2 : \ldots Q_n\, x_n : P_1(x_1, x_2, \ldots, x_n, y)],$$

$$R_2(y) = [Q_1\, z_1 : Q_2\, z_2 : \ldots Q_n\, z_n : P_2(z_1, z_2, \ldots, z_n, y)].$$

Dann gilt

$$(R_1 \underset{(\wedge)}{\vee} R_2)(y) = [Q_1(x_1, z_1) : Q_2(x_2, z_2) : \ldots Q_n(x_n, z_n) :$$
$$P_1(x_1, x_2, \ldots, x_n, y) \underset{(\wedge)}{\vee} P_2(x_1, x_2, \ldots, x_n, y)].$$

Diese Präfixform ist vom gleichen Typ wie die von R_1 und R_2 ∎

Wir wollen die Präfixformen noch weiter standardisieren und daraus Normalformen für arithmetische Prädikate herleiten. In einer Darstellung

$$R = \lambda\, y[Q_1\, x_1 : Q_2\, x_2 : \ldots Q_n\, x_n : P(x_1, x_2, \ldots, x_n, y)]$$

können wir gleichartige, benachbarte Quantoren stets zu einem Quantor zusammenfassen. Denn in einer solchen Darstellung ist

„$\exists\, x_i : \exists\, x_{i+1} :$" gleichbedeutend mit „$\exists(x_i, x_{i+1}) :$",

„$\forall\, x_i : \forall\, x_{i+1} :$" gleichbedeutend mit „$\forall(x_1, x_{i+1}) :$".

Ferner können wir in einer solchen Darstellung eine m-stellige Variable $x_i = (x_i^1, \ldots, x_i^m)$ stets durch eine einstellige Variable z ersetzen, indem wir in dem rekursiven Prädikat P die Variable x_i durch g(z) ersetzen, wobei $g : \mathbf{N} \to \mathbf{N}^m$ eine bijektive rekursive Funktion ist. Im folgenden seien daher alle Variablen in Präfixformen stets einstellig.

Korollar 6.5.8 (Normalformsatz). Zu jedem m-stelligen $R \in \Sigma_{2n+1}$ gibt es ein $z \in \mathbf{N}$, so daß
$R = \lambda\, y_1, \ldots, y_m\, [\exists\, x_1 : \forall\, x_2 : \ldots \forall\, x_{2n} : \langle x_1, x_2, \ldots, x_{2n}, y_1, y_2, \ldots, y_m \rangle \in W_z]$.
Zu jedem m-stelligen $R \in \Sigma_{2n}$ gibt es ein $z \in \mathbf{N}$, so daß
$R = \lambda\, y_1, \ldots, y_m\, [\exists\, x_1 : \forall\, x_2 : \ldots \exists\, x_{2n-1} : \langle x_1, x_2, \ldots, x_{2n-1}, y_1, y_2, \ldots, y_m \rangle \notin W_z]$.
Dabei sei $\langle\ \rangle : \mathbf{N}^* \to \mathbf{N}$ eine rekursive Gödelisierung von $\mathbf{N}^*$.

Beweis. Wir beweisen dies durch Induktion über $k = 2n + 1, 2n$. Für $k = 1$ ist $R \in \Sigma_1$ und somit rekursiv aufzählbar. Man wähle z so, daß
$W_z = \{\langle y_1, \ldots, y_m \rangle \mid R(y_1, y_2, \ldots, y_m)\}$. Dann gilt gerade
$R = \lambda\, y_1, \ldots, y_m\, [\langle y_1, \ldots, y_m \rangle \in W_z]$. Schluß von k auf k + 1 : Sei R ein m-stelliges Prädikat in Σ_{k+1}. Dann gibt es ein m + 1-stelliges Prädikat T in Π_k, so daß

$$R = \lambda\, y[\exists\, z : T(z, y)].$$

Weil $\neg T$ in Σ_k liegt, folgt die Behauptung aus der Induktionsvoraussetzung für n, wenn man beachtet, daß „$\neg \exists\, x :$" gleichbedeutend ist mit „$\forall x : \neg$" und daß „$\neg \forall\, x :$" gleichbedeutend ist mit „$\exists\, x : \neg$". ∎

Schließlich weisen wir nach, daß durch die Klassen Σ_n, Π_n eine echte Hierarchie definiert wird.

Satz 6.5.9 (Hierarchiesatz). 1. Zu jedem $n > 0$ gibt es ein $P \in \Sigma_n - \Pi_n$ (und somit $\neg P \in \Pi_n - \Sigma_n$).
2. Zu jedem $n > 0$ gibt es ein $P \in \Sigma_{n+1} \cap \Pi_{n+1} - \Sigma_n \cup \Pi_n$.

Beweis. 1. Sei $n = 2m + 1$ ungerade. Wir setzen

$$P = \lambda y[\exists x_1 : \forall x_2 : \ldots \forall x_{2m} : \langle x_1, x_2, \ldots, x_{2m}, y \rangle \in W_y].$$

Offensichtlich liegt P in Σ_{2m+1}. Angenommen, P liegt in Π_{2m+1}, dann liegt $\neg P$ in Σ_{2m+1}, und aufgrund des Normalformsatzes gibt es ein z, so daß $P = \neg\lambda y[\exists x_1 : \forall x_2 : \ldots \forall x_{2m} : \langle x_1, x_2, \ldots, x_{2m}, y \rangle \in W_z]$. Wir setzen speziell $y = z$ und erhalten aus den beiden Darstellungen für P den Widerspruch

$$[\exists x_1 : \forall x_2 : \ldots \forall x_{2m} : \langle x_1, x_2, \ldots, x_{2m}, z \rangle \in W_z]$$
$$= \neg[\exists x_1 : \forall x_2 : \ldots \forall x_{2m} : \langle x_1, x_2, \ldots, x_{2m}, z \rangle \in W_z].$$

Für n gerade schließt man analog.
2. Man wähle $Q \in \Sigma_n - \Pi_n$ und definiere P durch:

$$P(2x) := Q(x), \quad P(2x + 1) := \neg Q(x).$$

Nach Satz 6.5.7 liegen Q und $\neg Q$ in $\Sigma_{n+1} \cap \Pi_{n+1}$, und somit liegt auch P in $\Sigma_{n+1} \cap \Pi_{n+1}$. Andererseits folgt aus $P \in \Sigma_n$ (bzw. Π_n), daß auch $Q, \neg Q \in \Sigma_n$ (bzw. Π_n), was aufgrund der Wahl von Q nicht möglich ist. ■

Wir wollen nun auf die Frage eingehen, von welchem Typ das Entscheidungsproblem für die Menge der wahren arithmetischen Aussagen ist. Hierzu müssen wir arithmetische Aussagen als natürliche Zahlen kodieren. Sei R ein einstelliges arithmetisches Prädikat und $m \in \mathbf{N}$, dann ist

$$R(m)$$

eine arithmetische Aussage und jede arithmetische Aussage kann man effektiv auf diese Form bringen, indem man eine leere Variable z geeignet adjungiert und für diese m einsetzt. Nach Korollar 6.5.8 kann man R ferner effektiv in eine Σ_{2n+1}-Normalformdarstellung überführen. Wir gödelisieren die Aussagen dieses Typs und ordnen der Aussage

$$A = [\exists x_1 : \forall x_2 : \ldots \forall x_{2n} : \langle x_1, x_2, \ldots, x_{2n}, m \rangle \in W_z]$$

die Nummer $g(A) = \langle n, z, m \rangle$ zu. g ist injektiv und effektiv. Wir identifizieren g(A) mit A. Damit ist $\{x \in \mathbf{N} \mid L(x) = 3\}$ die Menge der arithmetischen Aussagen. Es sei $WA = \{g(A) \mid A \text{ ist erfüllt}\}$ die Menge der wahren arithmetischen Aussagen. Wir zeigen, daß das Entscheidungsproblem für die wahren arithmetischen Aussagen kein arithmetisches Prädikat ist.

Satz 6.5.10. $\lambda x[x \in WA]$ ist kein arithmetisches Prädikat.

Damit gibt es insbesondere kein Entscheidungsverfahren und kein Aufzählungsverfahren für die Menge der wahren arithmetischen Aussagen: Die Arithmetik ist nicht entscheidbar und stets nur unvollständig axiomatisierbar. Beispiel einer arithmetischen Aussage mit unbekanntem Wahrheitswert ist das Fermatsche Problem:

$$\exists\, n > 2 : \exists\, a, b, c : a \cdot b \cdot c \neq 0 \wedge a^n + b^n = c^n.$$

Beweis. Angenommen, $\lambda x[x \in WA]$ ist arithmetisch. Wegen $\mathbf{AP} = \bigcup_{k \in N} \Sigma_k$ gibt es dann ein k mit $\lambda x[x \in WA] \in \Sigma_k$. Nach Satz 6.5.9 gibt es ein arithmetisches Prädikat $R \notin \Sigma_k$. Wir wählen ein solches R, das einstellig ist. Zu R gibt es zu einem hinreichend großen n eine Σ_{2n}-Normalform:

$$R = \lambda y[\exists x_1 : \forall x_2 : \ldots \forall x_{2n} : \langle x_1, \ldots, x_{2n}, y \rangle \in W_z].$$

Wegen $R = \lambda y[\langle n, z, y \rangle \in WA]$ gilt $R \leq_m \lambda x[x \in WA]$.

Aufgrund der Annahme $\lambda x[x \in WA] \in \Sigma_k$ folgt aus 2 in Satz 6.5.7, daß $R \in \Sigma_k$ im Widerspruch zur Wahl von R. Also ist $\lambda x[x \in WA]$ nicht arithmetisch. ∎

Es sei noch darauf hingewiesen, daß die Aussage von Satz 6.5.10 nicht von der Wahl der Gödelisierung g der arithmetischen Ausdrücke abhängt. Geht man zu einer anderen Gödelisierung g' über, dann kann man die g-Nummern effektiv in g'-Nummern überführen. Für WA' = {g' (A) | A ist erfüllt} gilt daher $WA \leq_m WA'$ Aus $\lambda x[x \in WA'] \in AP$ würde somit auch $\lambda x[x \in WA] \in AP$ folgen, was nicht möglich ist.

Definition 6.5.11. Ein arithmetisches Prädikat R heißt existentiell definierbar, wenn es ein Polynom P mit ganzzahligen Koeffizienten gibt, so daß $R = \lambda y_1, y_2, \ldots, y_n [\exists x_1 : \exists x_2 : \ldots \exists x_n : P(x_1, x_2, \ldots, x_n, y_1, y_2, \ldots, y_m) = 0]$.

Matijasevic [1970] hat folgenden Satz bewiesen.

Satz 6.5.12. Jedes rekursiv aufzählbare Prädikat ist existentiell definierbar.

Daraus folgt, daß es keinen Algorithmus gibt, der zu jedem Polynom $\lambda x_1, x_2, \ldots, x_n [P(x_1, x_2, \ldots, x_n)]$ mit ganzzahligen Koeffizienten entscheidet, ob es natürliche Zahlen $z_1, \ldots, z_n$ gibt mit $P(z_1, z_2, \ldots, z_n) = 0$.

Mit diesem Ergebnis konnte eines der ältesten Entscheidungsprobleme gelöst werden. Im Jahre 1900 stellte Hilbert die Frage: Gibt es einen Algorithmus, der zu jeder diophantischen Gleichung entscheidet, ob sie lösbar ist? Eine diophantische Gleichung ist gegeben durch ein Polynom

$$\lambda y_1, y_2, \ldots, y_n [P(y_1, y_2, \ldots, y_n)]$$

mit ganzzahligen Koeffizienten, dessen Variablen y_i ganzzahlige Werte annehmen. Die Gleichung heißt lösbar, wenn es ganze Zahlen $z_1, z_2, \ldots, z_n$ gibt mit $P(z_1, z_2, \ldots, z_n) = 0$. Dieses Problem unterscheidet sich von dem obigen nur durch den Wertebereich der Variablen. Es ist nicht schwierig zu zeigen, daß diese beiden Probleme eindeutig und effektiv in beiden Richtungen aufeinander reduziert werden können. Auf diese Weise konnte Matijasevic [1970] das zehnte Hilbertsche Problem lösen:

Satz 6.5.13. Es gibt keinen Algorithmus, der zu jeder diophantischen Gleichung entscheidet, ob sie lösbar ist.

7. Subrekursive Funktionenklassen

Jede partiell rekursive Funktion läßt sich zwar ohne Zweifel durch einen geeigneten Algorithmus berechnen; jedoch haben diese allgemeinen Algorithmen aufgrund der Nichtentscheidbarkeit des Halteproblems die unangenehme Eigenschaft, daß man im allgemeinen nicht weiß, ob der Algorithmus jemals abbricht. Dies hat schon früh die Frage nach Definitionsschemata zur Erzeugung hinreichend großer Klassen von total rekursiven Funktionen aufgeworfen. Offensichtlich kann man die gesamte Klasse **R** der total rekursiven Funktionen nicht durch Definitionsschemata effektiv aufbauen, denn dies würde zu einer rekursiven Aufzählung von $\mathbf{R}_1^1$ führen, die nach Korollar 4.1.11 aber nicht existiert. Mit die älteste subrekursive Funktionenklasse ist die Klasse der primitiv rekursiven Funktionen. Wir wollen einige Struktureigenschaften dieser und anderer subrekursiver Funktionenklassen behandeln. Dabei kommt es uns darauf an, herauszustellen, daß subrekursive Funktionenklassen stets genau alle Funktionen als Elemente enthalten, die man mit einem Rechenaufwand (d. h. Rechenzeit und Speicherbedarf) berechnen kann, die durch eine Funktion der Klasse beschränkt ist. In diesem Sinne sind diese Funktionenklassen Komplexitätsklassen rekursiver Funktionen; sie stehen am Anfang allgemeinerer Komplexitätsbetrachtungen.

7.1. Primitiv rekursive Funktionen

Inhaltsübersicht. Einstellige und mehrstellige (d. h. simultane) primitive Rekursion, Wertverlaufsrekursion, die Berechnung der Fibonacci-Folge und der Binomialkoeffizienten, Rechenzeiten der primitiv rekursiven Funktionen auf der unbeschränkten Registermaschine **URM** und der Turingmaschine **RTM**.

Die primitiv rekursiven Funktionen werden ausgehend von der Nachfolgerfunktion und den Grundfunktionen, nämlich den Konstanten, den Projektionen und Diagonalisierungen, durch fortgesetzte Anwendung der Zusammensetzung $\circ$, der kartesischen Produktbildung $\times$ und der primitiven Rekursion **Pr** erzeugt: $\mathbf{PR} = A[\mathbf{S}; \mathbf{Pr}]$. Sind in einem primitiven Rekursionsschema der Form

$$h(x, 0) = f(x),$$
$$h(x, m + 1) = g(x, m, h(x, m))$$

die Werte der Funktionen h, f, g einstellig, so sprechen wir von einem einstelligen primitiven Rekursionsschema, Bezeichnung: $h = \mathbf{Pr}_1(f, g)$.

Im Gegensatz dazu bezeichnen wir die primitive Rekursion **Pr** auch als mehrstellige- oder simultane primitive Rekursion, weil durch sie mehrere einstellige Funktionen, nämlich die Komponenten von h, gleichzeitig erzeugt werden. Bezüglich einer abgeschlossenen Funktionenklasse mit Paarungsfunktionen sind die einstellige- und die allgemeinere mehrstellige primitive Rekursion äquivalent.

Satz 7.1.1. Es gelte $\mathbf{F} = [\mathbf{F}]$ und $\mathbf{F}$ enthalte Paarungsfunktionen σ_1^2, σ_2^1. Dann gilt $A[\mathbf{F}; \mathbf{Pr}_1] = A[\mathbf{F}; \mathbf{Pr}]$.

B e w e i s . Sei $h = \mathbf{Pr}(f, g)$ durch mehrstellige primitive Rekursion aus g und f erzeugt mit $f : \mathbf{N}^n \to \mathbf{N}^k$ und $g : \mathbf{N}^{n+k+1} \to \mathbf{N}^k$. Nach Satz 3.4.2 gibt es bijektive Funktionen $\sigma_1^n : \mathbf{N}^n \to \mathbf{N}$ und $\sigma_n^1 : \mathbf{N} \to \mathbf{N}^n$ in $\mathbf{F}$, die zueinander invers sind. Man verifiziert leicht, daß für $h = \mathbf{Pr}(f, g)$ folgendes gilt:

$$\sigma_1^n\, h(x, 0) = \sigma_1^n\, f(x),$$

$$\sigma_1^n\, h(x, m + 1) = \sigma_1^n\, g(x, m, \sigma_n^1\, \sigma_1^n\, h(x, m)).$$

Daraus folgt $h = \sigma_n^1\, \mathbf{Pr}_1(\sigma_1^n\, f, \sigma_1^n\, g(\mathbf{I}^{k+1} \times \sigma_n^1))$. ∎

Aus Satz 7.1.1 folgt, daß man die Klasse $\mathbf{PR}$ der primitiv rekursiven Funktionen bereits durch einstellige primitive Rekursion erzeugen kann.

Satz 7.1.2. $A[\mathbf{S}; \mathbf{Pr}_1] = A[\mathbf{S}; \mathbf{Pr}]$.

B e w e i s . In Satz 3.4.2 wurden elementare Paarungsfunktionen konstruiert, ferner wurde die beschränkte Summation Σ und die beschränkte Produktbildung Π in Korollar 3.1.9 auf die einstellige primitive Rekursion zurückgeführt. Damit gilt $\mathbf{E} \subset A[\mathbf{S}; \mathbf{Pr}_1]$ und $\mathbf{F} = A[\mathbf{S}; \mathbf{Pr}_1]$ erfüllt die Voraussetzung von Satz 7.1.1. Somit folgt die Behauptung aus Satz 7.1.1. ∎

Eine interessante Modifikation der primitiven Rekursion ist die W e r t v e r l a u f s - r e k u r s i o n . Dabei wird der Wert $h(x, m + 1)$ der zu definierenden Funktion h in Abhängigkeit von allen Werten $h(x, j)$ mit $j \leq m$ erklärt. Seien z. B. $f : \mathbf{N}^n \to \mathbf{N}^k$, $g : \mathbf{N}^{n+k+1} \to \mathbf{N}^k$ und $\beta : \mathbf{N}^{n+1} \to \mathbf{N}$ vorgegeben, dann wird durch die Rekursion

$$h(x, 0) = f(x), \qquad x \in \mathbf{N},$$

$$h(x, m + 1) = g(x, m, h(x, m \dot{-} \beta(x, m))), \qquad x \in \mathbf{N}, m \in \mathbf{N}$$

wieder eine totale Funktion h erklärt. In diesem Fall hängt $h(x, m + 1)$ gerade von einem Wert $h(x, j)$ mit $j \leq m$ ab. Im Fall $\beta \equiv 0$ liegt wieder primitive Rekursion vor. Ein weiteres Beispiel zur Wertverlaufsrekursion ist die Berechnung der B i n o m i a l - k o e f f i z i e n t e n $B(n, k) = \binom{n}{k}$. Diese genügen der Rekursionsbedingung

$$B(n, k) = \begin{cases} B(n-1, k-1) + B(n-1, k) & \text{falls } 0 < k < n, \\ 1 & \text{falls } n = k \vee k = 0, \\ 0 & \text{sonst.} \end{cases}$$

Diese Rekursion verläuft über die beiden Variablen n und k. Mittels einer Paarungsfunktion $\langle\ \rangle : \mathbf{N}^2 \to \mathbf{N}$ kann man diese beiden Variablen zu einer Variablen zusammenfassen. Ferner gilt für die in Satz 3.4.2 konstruierte Paarungsfunktion $\langle\ \rangle = \sigma_2^1$, daß $\langle n-1, k-1 \rangle, \langle n-1, k \rangle < \langle n, k \rangle$. Damit erhält man schließlich eine Wertverlaufsrekursion für $B(\langle m \rangle^{-1})$ in Abhängigkeit von m.

Um die Wertverlaufsrekursion allgemein erklären zu können, gehen wir von einer Gödelisierung $\langle\ \rangle : \mathbf{N}^* \to \mathbf{N}$ von $\mathbf{N}$ aus, die nach Definition 3.4.3 durch Funktionen

$\rho : \mathbf{N}^2 \to \mathbf{N}$ und $L : \mathbf{N} \to \mathbf{N}$ gegeben ist. Dann können wir aus vorgegebenen Funktionen $f : \mathbf{N}^n \to \mathbf{N}^k$ und $g : \mathbf{N}^{n+2} \to \mathbf{N}^k$ eine Funktion $h : \mathbf{N}^{n+1} \to \mathbf{N}^k$ rekursiv wie folgt berechnen:

$$h(x, 0) = f(x), \qquad x \in \mathbf{N},$$

$$h(x, m+1) = g(x, m, h^*(x, m)), \qquad x \in \mathbf{N}, m \in \mathbf{N};$$

dabei steht $h^*(x, m)$ für

$$\langle h(x, 0), h(x, 1), \ldots, h(x, m) \rangle.$$

Diesen Rekursionstyp nennen wir W e r t v e r l a u f s r e k u r s i o n , B e z e i c h - n u n g : $h = \mathbf{WV}_{\langle\ \rangle}(f, g)$.

In einer abgeschlossenen Funktionenklasse F mit Gödelisierung hängt die Stärke der Wertverlaufsrekursion $\mathbf{WV}_{\langle\ \rangle}$ nicht von der Wahl der Gödelisierung $\langle\ \rangle$ in F ab. Aufgrund von Korollar 3.4.4 gibt es nämlich dann zu je zwei Gödelisierungen $\langle\ \rangle_1$ und $\langle\ \rangle_2$ in F ein bijektives τ in F mit $\tau\langle\ \rangle_1 = \langle\ \rangle_2$. Damit gilt $A[\mathsf{F}; \mathbf{WV}_{\langle\ \rangle_1}] = A[\mathsf{F}; \mathbf{WV}_{\langle\ \rangle_2}]$. Wir schreiben daher kurz $\mathbf{WV}$ statt $\mathbf{WV}_{\langle\ \rangle}$. In diesem Fall ist die Wertverlaufsrekursion gerade so stark wie die primitive Rekursion.

Satz 7.1.3. Sei F eine Funktionenklasse mit einer Gödelisierung von $\mathbf{N}^*$, ferner sei $+, \dot{-}, \cdot$ in F und F sei abgeschlossen, d. h. $\mathsf{F} = [\mathsf{F}]$. Dann gilt $A[\mathsf{F}; \mathbf{WV}] = A[\mathsf{F}; \mathbf{Pr}]$.

B e w e i s . Die Gödelisierung $\langle\ \rangle$ in F sei gegeben durch die Funktionen $\rho : \mathbf{N}^2 \to \mathbf{N}$ und $L : \mathbf{N} \to \mathbf{N}$.

„$\supset$“: Sei $h = \mathbf{Pr}(f, g)$ mit $g : \mathbf{N}^{n+k+1} \to \mathbf{N}^k$, $f : \mathbf{N}^n \to \mathbf{N}^k$ in $A[\mathsf{F}; \mathbf{WV}]$.

Wir zeigen $h \in A[\mathsf{F}; \mathbf{WV}]$. Hierzu definieren wir $\overline{g} : \mathbf{N}^{n+2} \to \mathbf{N}$ durch

$$\overline{g}(x, m, y) = g(x, m, \delta_k(y, m));$$

dabei wird $\delta_k : \mathbf{N}^2 \to \mathbf{N}^k$ definiert durch

$$\mathbf{I}_i^k\, \delta_k(y, m) = \rho(y, k \cdot m + i).$$

Wegen $\rho, +, \cdot \in \mathsf{F}$ und weil F abgeschlossen ist, liegt δ_k und somit auch $\overline{g}$ in F. Man verifiziert leicht, daß $h = \mathbf{WV}(f, \overline{g})$.

„$\subset$“: Sei $h = \mathbf{WV}(f, \overline{g})$ mit $\overline{g} : \mathbf{N}^{n+2} \to \mathbf{N}^k$, $f : \mathbf{N}^n \to \mathbf{N}^k$ in $A[\mathsf{F}; \mathbf{WV}]$. Wir zeigen $h \in A[\mathsf{F}; \mathbf{Pr}]$. Für die Funktion h^* mit

$$h^*(x, n) = \langle h(x, 0), h(x, 1), \ldots, h(x, n) \rangle$$

gilt $\qquad \mathbf{I}_i^k\, h(x, m) = \rho(h^*(x, m); k \cdot m + i).$

Wegen $h \in [\rho, h^*, +, \cdot]$ genügt es somit nachzuweisen, daß h^* in $A[\mathsf{F}; \mathbf{Pr}_l]$ liegt. Wir definieren

$$g(x, m, y) = \langle \rho(y, 1), \ldots, \rho(y, k(m+1)), \overline{g}(x, m, y) \rangle.$$

$\lambda x, m, y, i[\rho(g(x, m, y), i)]$ liegt in $[\rho, \overline{g}, +\, \dot{-}\,, \cdot]$, denn diese Klasse ist abgeschlossen gegen Fallunterscheidung (Satz 3.1.10), und es gilt

$$\rho(g(x, m, y), i) = \begin{cases} \rho(y, i) & \text{falls } i \leq k(m+1), \\ \overline{g}(x, m, y) & \text{falls } i = k(m+1)+1, \\ 0 & \text{sonst.} \end{cases}$$

Aufgrund von (G3) in Definition 3.4.3 folgt $g \in \mathbf{F}$. Man verifiziert leicht, daß

$$h^*(x, 0) = \langle f(x) \rangle, \qquad x \in \mathbf{N}^k,$$

$$h^*(x, m+1) = g(x, m, h^*(x, m)), \qquad x \in \mathbf{N}^k, m \in \mathbf{N}.$$

Wegen $h^* = \mathbf{Pr}(f, \langle g \rangle)$ liegt somit h^* und damit auch h in $A[\mathbf{F}; \mathbf{Pr}]$. ∎

Aus Satz 7.1.3 folgt, daß die Klasse **PR** der primitiv rekursiven Funktionen abgeschlossen gegen die Wertverlaufsrekursion **WV** ist.

Satz 7.1.4. $\mathbf{PR} = A[\mathbf{PR}; \mathbf{WV}]$.

Beweis. In **PR** gibt es eine Gödelisierung von $\mathbf{N}^*$. Damit sind die Voraussetzungen von Satz 7.1.3 erfüllt. Die Behauptung folgt aus Satz 7.1.3. ∎

Beispiel einer Wertverlaufsrekursion ist die Berechnung der Folge von *Fibonacci*, die in der Zahlentheorie von Bedeutung ist. Diese wird durch folgende Rekursion erklärt:

$$Fb(0) = 0,$$

$$Fb(n+1) = \begin{cases} 1, & n = 0, \\ Fb(n) + Fb(n-1) & \text{sonst.} \end{cases}$$

Die Fibonacci-Folge beginnt mit den Werten 0, 1, 1, 2, 3, 5, 8, ...

Als nächstes betrachten wir die Rechenzeit bei der Berechnung primitiv rekursiver Funktionen. Wir nennen eine Funktion $f : \mathbf{N}^n \to \mathbf{N}^k$ **F**-*beschränkt*, wenn es ein $g \in \mathbf{F}$ gibt mit $f \leq g$. Dabei steht „$f \leq g$" für „$\mathbf{I}_i^k f(x) \leq \mathbf{I}_i^k g(x)$ für alle $x \in \mathbf{N}^n$, $i = 1, \ldots, k$".

Satz 7.1.5. Jede Funktion, die auf einer primitiv rekursiven Maschine mit einer **PR**-beschränkten Rechenzeit berechenbar ist, ist primitiv rekursiv.

Beweis. Sei $M = (S, \mathbf{O}, \mathbf{T}, \delta, \beta)$ eine primitiv rekursive Maschine und P ein Programm zu M mit Startmarke 0. Die Rechenschrittfunktion $RS_P : \mathbf{N} \times S \to \mathbf{N} \times S$ ist primitiv rekursiv, denn sie wird durch Fallunterscheidung nach endlich vielen Kennmarken mittels primitiv rekursiver Speicherbefehle in **O** und primitiv rekursiver Testbefehle in **T** erklärt. Die iterierte Rechenschrittfunktion $\widetilde{RS}_P : \mathbf{N} \times S \times \mathbf{N} \to \mathbf{N} \times S$ entsteht aus RS_P durch Iteration und ist somit auch primitiv rekursiv. Sei f eine primitiv rekursive Funktion mit $RZ_P \leq f$, dann gilt für alle Eingaben x

$$\widetilde{RS}_P(0, \delta(x), RZ_P(x)) = \widetilde{RS}_P(0, \delta(x), f(x))$$

und somit

$$Res_P(x) = \beta(\widetilde{RS}_P(0, \delta(x), f(x))_2).$$

Dies bedeutet $Res_P \in [\beta, \widetilde{RS}_P, \delta, f]$. Daraus folgt $Res_P \in \mathbf{PR}$. ∎

Satz 7.1.5 gilt auch für solche Maschinen, die ein primitiv rekursives homomorphes Bild besitzen. Denn für jeden Homomorphismus $\varphi : M \to \bar{M}$ gilt für alle Programme P zu M, daß $Res_{\varphi(P)} = Res_P$ und $RZ_{\varphi(P)} = RZ_P$. Weil die Turingmaschine **RTM** ein elementares, homomorphes Bild hat (Satz 3.4.7), folgt

Korollar 7.1.6. Jede auf der Turingmaschine **RTM** in **PR**-beschränkter Rechenzeit berechenbare Funktion ist selbst primitiv rekursiv.

Als Umkehrung von Satz 7.1.5 beweisen wir

Satz 7.1.7. Jede primitiv rekursive Funktion kann man auf der unbeschränkten Registermaschine **URM** in **PR**-beschränkter Rechenzeit berechnen.

B e w e i s. Den Beweis führen wir durch Induktion über den Aufbau von A[**S**; **Pr**] und beziehen uns dabei auf die Programme, die in 3.2 zum Beweis von „A[**S**; **Pr**] ⊂ **F**(**URM**)" aufgestellt wurden. Zu $x \in \mathbf{N}^n$ bezeichne $|x| = \sum_{i=1}^{n} x_i$. Ferner habe die Aussage „$f(n) = g(n) + O(h(n))$" die folgende Bedeutung:

$$\overline{\lim_{n}}\ |f(n) - g(n)|/h(n) < \infty.$$

Für die Grundfunktionen und die Nachfolgerfunktion gilt die Behauptung von Satz 7.1.7, denn diese Funktionen kann man offensichtlich durch geeignete Programme P auf **URM** derart berechnen, daß $(RZ_P(x) = O(|x|)$.

Wir betrachten nun die Anwendung der Operationen ○, ×, **Pr**.

„○": Zu Res_{P_1} und Res_{P_2} kann man die Zusammensetzung $Res_{P_1} \circ Res_{P_2}$ durch ein geeignetes Programm P auf **URM** derart berechnen, daß für die Rechenzeit gilt:

$$RZ_P(x) = RZ_{P_2}(x) + RZ_{P_1}\ Res_{P_2}(x).$$

Hierzu setzt man P_1 und P_2 geeignet zusammen. Damit die von P_2 beschriebenen Register die anschließende Rechnung von P_1 nicht stören, benennt man diejenigen Register in den Befehlen von P_1 in geeigneter Weise um, die von P_2 nicht zur Ausgabe benutzt werden. Aus der Induktionsannahme, daß RZ_{P_1} und RZ_{P_2} **PR**-beschränkt sind, folgt aus dieser Abschätzung, daß auch RZ_P **PR**-beschränkt ist.

„×": Zu $Res_{P_1} : \mathbf{N}^n \to \mathbf{N}^m$ und $Res_{P_2} : \mathbf{N}^\ell \to \mathbf{N}^k$ kann man das kartesische Produkt $Res_{P_1} \times Res_{P_2} = (Res_{P_1} \times \mathbf{I}^k) \circ (\mathbf{I}^n \times Res_{P_2})$ durch ein geeignetes Programm P derart berechnen, daß

$$RZ_P(x, y) = RZ_{P_2}(y) + RZ_{P_1}(x) + O(|Res_{P_2}(y)|).$$

Zunächst führt man P_2 aus, nachdem man alle Registernummern in den Befehlen von P_2 um n erhöht hat ($RZ_{P_2}(y)$ Schritte); dann speichert man $Res_{P_2}(y)$ um ($O(|Res_{P_2}(y)|)$Schritte), führt P_1 aus ($RZ_{P_1}(x)$ Schritte) und speichert $Res_{P_2}(y)$ wieder um. Offensichtlich ist RZ_P **PR**-beschränkt, sofern dies für RZ_{P_1} und RZ_{P_2} gilt.

„**Pr**": Da wir in Lemma 3.2.4 die Anwendung einer primitiven Rekursion auf die Anwendung einer Iteration und einige Zusammensetzungen zurückgeführt haben, genügt es, die Iteration zu betrachten. Die iterierte Funktion $\lambda x, n[\widetilde{Res}_P(x, n)]$ zu $\lambda x[Res_P(x)]$ kann man nach Lemma 3.2.4 derart durch ein Programm $\overline{P}$ berechnen, daß

$$RZ_{\overline{P}}(x, n) \leq \sum_{i=0}^{n-1} (c \cdot RZ_P \, Res_P(x, i) + c)$$

für eine geeignete feste Konstante $c \in \mathbf{N}$. c berücksichtigt dabei den Aufwand zum Löschen überflüssiger Registerinhalte nach jedem Iterationsschritt. Aus RZ_P **PR**-beschränkt und $Res_P \in \mathbf{PR}$ folgt, daß auch $RZ_{\overline{P}}$ **PR**-beschränkt ist. ∎

Satz 7.1.7 gilt entsprechend für die Turingmaschine **RTM**. Der Beweis hierzu sei dem Leser überlassen. Zusammen mit Satz 7.1.5 folgt nun

Satz 7.1.8. Eine Funktion f ist genau dann primitiv rekursiv, wenn man sie auf **URM** (bzw. **RTM**) in **PR**-beschränkter Rechenzeit berechnen kann.

Diese Charakterisierung der primitiv rekursiven Funktionen durch ihre Rechenzeit wirft die Frage nach der Angabe eines übersichtlichen Systems $(f_i \in \mathbf{PR}_1^1 \mid i \in \mathbf{N})$ von Majoranten von $\mathbf{PR}_1^1$ auf, d. h. jede Funktion in $\mathbf{PR}_1^1$ soll von einer Funktion f_i majorisiert werden. Ackermann hat als erster ein solches Majorantensystem in übersichtlicher Form angegeben. Ein ähnliches Majorantensystem werden wir im nächsten Abschnitt zusammen mit einer Klasseneinteilung von **PR** behandeln.

7.2. Die Grzegorczyk-Hierarchie

Inhaltsübersicht. Operationstiefe, Rekursionszahl, die Grzegorczyk-Hierarchie $(E_n \mid n \in \mathbf{N})$, die Rechenzeit der Funktionen in E_n auf der Registermaschine **URM**, Systeme von Ackermann-Funktionen, Speicherbedarfsfunktion, binäre Größe von n-Tupeln, Bit, maschinenunabhängige Komplexitätsdarstellung der Klassen E_n, **E**-Maschinen, **F**-beschränkte Rekursion.

Grzegorczyk [1953] hat die primitiv rekursiven Funktionen in einer aufsteigenden Folge $\mathbf{E}_0 \subsetneq \mathbf{E}_1 \subsetneq \mathbf{E}_2 \ldots$ von Funktionenklassen nach ihrer Kompliziertheit geordnet. Wir behandeln hier die Klassen $\mathbf{E}_{n+2}$ mit $n > 0$ unter der Bezeichnung E_n. Im nächsten Abschnitt wird gezeigt, daß E_1 gerade die Klasse **E** der elementaren Funktionen ist.

Bildet man eine Funktionenklasse $A[\mathbf{F}, \mathbf{O}]$ durch Abschluß von **F** nach den Operationen in **O**, dann kann man die Funktionen in $A[\mathbf{F}, \mathbf{O}]$ bezüglich der Tiefe der Anwendung der Operationen in **O** klassifizieren. Angenommen, **O** bestehe nur aus 2-stelligen Operationen, dann definieren wir induktiv

$$A[\mathbf{F}, \mathbf{O}]_0 = [\mathbf{F}],$$

$A[\mathbf{F}, \mathbf{O}]_{n+1} = [\{\circ(f, g) \mid \circ \in \mathbf{O} \wedge f, g \in A[\mathbf{O}, \mathbf{F}]_n\} \cup A[\mathbf{F}, \mathbf{O}]_n]$. Offensichtlich gilt

$$A[\mathbf{F}, \mathbf{O}]_n \subset A[\mathbf{F}, \mathbf{O}]_{n+1}, \quad A[\mathbf{F}, \mathbf{O}] = \bigcup_n A[\mathbf{F}, \mathbf{O}]_n.$$

Die Funktionen in $A[\mathbf{F}, \mathbf{O}]_n$ haben bezüglich der Operationen in $\mathbf{O}$ und den Ausgangsfunktionen in $\mathbf{F}$ eine Operationstiefe kleiner gleich n. $\min \{n \mid f \in A[\mathbf{F}, \mathbf{O}]_n\}$ ist die Operationstiefe der Funktion f. Insbesondere können wir die primitiv rekursiven Funktionen nach der Operationstiefe der primitiven Rekursion klassifizieren:

Definition 7.2.1. $E_n = A[+, \cdot, \dot{-}; \mathbf{Pr}]_n$ ist die Menge derjenigen primitiv rekursiven Funktionen, deren Operationstiefe zur primitiven Rekursion und zu den Ausgangsfunktionen $+, \cdot, \dot{-}$ kleiner gleich n ist. Diese Operationstiefe $\min\{n \mid f \in E_n\}$ von f nennen wir die Rekursionszahl von f.

Die Elemente von $E_0 = [+, \cdot, \dot{-}]$ kann man auffassen als Polynome mit Koeffizienten in $\mathbf{Z}$ und Variablen über $\mathbf{N}$, wobei zu beachten ist, daß die Addition nur noch in den beiden Teilbereichen $\mathbf{N}$, $\{-n \mid n \in \mathbf{N}\}$ assoziativ ist. Wir wollen nun die Funktionen in E_n durch ihre Rechenzeit auf der Registermaschine **URM** charakterisieren.

Satz 7.2.2. Für $n > 0$ liegt jede Funktion in E_n, die man auf **URM** in E_n-beschränkter Rechenzeit berechnen kann.

Beweis. Da jedes Programm P auf **URM** nur endlich viele Register benutzt, kann man den von P erzeugten Rechenprozeß in natürlicher Weise auf eine Maschine mit endlich vielen Registern übertragen. Die so erhaltene Rechenschrittfunktion RS_P liegt in E_0, denn sie wird durch Fallunterscheidung aus Funktionen in E_0 und dem Prädikat = erklärt. Beachte, daß E_0 die Voraussetzung von Lemma 3.1.10 erfüllt. Damit liegt die iterierte Rechenschrittfunktion

$$\widetilde{RS}_P = \lambda\, r, s, m[RS_P^{(m)}(r, s)]$$

in E_1, denn sie wird durch Anwendung einer primitiven Rekursion aus RS_P erzeugt. Angenommen $RZ_P \leq f$, dann gilt

$$Res_P \in [\delta^k, \beta_n, f, \widetilde{RS}_P].$$

Da die Ein- und Ausgabefunktionen δ^k, β_n als Substitutionen ebenfalls in E_0 liegen, folgt für $n > 0$ und $f \in E_n$, daß $Res_P \in E_n$. ∎

Auch die Umkehrung von Satz 7.2.2 gilt:

Satz 7.2.3. Für $n \in \mathbf{N}$ kann man jede Funktion in E_n auf **URM** bzw. **RTM** in E_n-beschränkter Rechenzeit berechnen.

Beweis. Wir beschränken uns auf die Maschine **URM**. Die Aussage für **RTM** folgt dann, weil die Rechenzeit bei der in Satz 2.4.5 angegebenen Simulation $\varphi : \mathbf{URM}_n^k \to \mathbf{RTM}_n^k$ höchstens polynomial steigt. Wir führen den Beweis durch Induktion über n. Die Induktionsvoraussetzung für n = 0 ist erfüllt, denn offensichtlich kann man jedes Polynom $f \in E_0$ auf **URM** durch ein geeignetes Programm P derart berechnen, daß für ein $k \in \mathbf{N}$

$$RZ_P(x) = O(|x|^k).$$

Jedes Polynom $\lambda x_1, \ldots, x_n\left[\left(\sum_{i=1}^{n} x_i\right)^k\right]$ liegt aber selbst in E_0.

Der Induktionsschluß besteht im wesentlichen aus einer Wiederholung des Beweises zu Satz 7.1.7. Wir betrachten die Anwendung der Operationen $\circ$, $\times$, **Pr**.

„$\circ$": Zu Res_{P_1} und Res_{P_2} kann man die Zusammensetzung $Res_{P_1} \circ Res_{P_2}$ durch ein geeignetes Programm P auf **URM** derart berechnen, daß

$$RZ_P = RZ_{P_2} + RZ_{P_1} \circ Res_{P_2}.$$

Aus RZ_{P_1} und RZ_{P_2} E_n-beschränkt und $Res_{P_2} \in E_n$ folgt, daß auch RZ_P E_n-beschränkt ist.

„$\times$": $(Res_{P_1} \times \mathbf{I}^k) \circ (\mathbf{I}^n \times Res_{P_2})$ kann man durch ein geeignetes Programm derart berechnen, daß

$$RZ_P(x, y) = RZ_{P_2}(y) + RZ_{P_1}(x) + O(\mid Res_{P_2}(y) \mid).$$

Aus RZ_{P_1} und RZ_{P_2} E_n-beschränkt und $Res_{P_2} \in E_n$ folgt somit, daß auch RZ_P E_n-beschränkt ist.

„**Pr**": Wegen der Zurückführung der primitiven Rekursion auf die Iteration in Lemma 3.2.4 genügt es, hier die Iteration zu betrachten. Die iterierte Funktion $\lambda x, n[\widetilde{Res}_{\overline{P}}(x, n)]$ zu $\lambda x[Res_{\overline{P}}(x)]$ kann man nach Lemma 3.2.4 derart durch ein Programm P berechnen, daß

$$RZ_P(x, n) \leq \sum_{i=0}^{n-1} (c \cdot RZ_{\overline{P}}\, \widetilde{Res}_{\overline{P}}(x, i) + c)$$

für ein geeignetes, festes $c \in \mathbf{N}$. Um RZ_P durch eine Funktion in E_n zu majorisieren, betrachten wir folgendes simultanes (mehrstelliges) primitives Rekursionsschema für $Res_{\overline{P}}$ und $\overline{RZ}_P$; dabei sei $f \in E_{n-1}$ eine Majorante zu $RZ_{\overline{P}}$:

$$\widetilde{Res}_{\overline{P}}(x, n+1) = Res_{\overline{P}}\, \widetilde{Res}_{\overline{P}}(x, n),$$

$$\overline{RZ}_P(x, n+1) = \overline{RZ}_P(x, n) + c \cdot f\, \widetilde{Res}_{\overline{P}}(x, n) + c.$$

Man erkennt leicht, daß aus $RZ_{\overline{P}} \leq f$ folgt, daß $RZ_P \leq \overline{RZ}_P$.

Ferner folgt aus f, $Res_{\overline{P}} \in E_{n-1}$, daß $\overline{RZ}_P \in E_n$; denn $\overline{RZ}_P$ und $\widetilde{Res}_{\overline{P}}$ werden durch Anwendung einer simultanen, primitiven Rekursion aus f und Res_P erzeugt. Damit ist RZ_P E_n-beschränkt. ■

Die Sätze 7.2.2 und 7.2.3 ergeben zusammen die folgende Abschlußeigenschaft der Klassen E_n bezüglich der Rechenzeit.

Satz 7.2.4. Für $n > 0$ ist eine Funktion f genau dann in E_n, wenn man sie auf **URM** mit einer E_n-beschränkten Rechenzeit berechnen kann.

Diese Abschlußeigenschaft von E_n wirft wieder die Frage nach einem übersichtlichen Majorantensystem für die Klassen E_n auf. Die Überlegungen zu einem solchen Majorantensystem gehen im wesentlichen auf Ackermann zurück. Zu $x \in \mathbf{N}^n$ bezeichnen wir $\mid x \mid = \sum_{i=1}^{n} x_i$. „$g \lesssim f$" mit $f \in \mathbf{N}^{\mathbf{N}}$ stehe für „$\overset{\infty}{\forall} x : \mid g(x) \mid \leq f(\mid x \mid)$".

Definition 7.2.5. Ein System von A c k e r m a n n - F u n k t i o n e n ist eine Folge $(f_n \in \mathbf{N}^{\mathbf{N}} \mid n \in \mathbf{N})$ von Funktionen, so daß für alle $n \in \mathbf{N}$ (A1) bis (A3) gilt:

(A1) $f_n \in E_n$,

(A2) $\forall g \in E_n : \exists p : g \lesssim f_n^{(p)}$,

(A3) $\forall p : f_n^{(p)} \lesssim f_{n+1}$.

Damit ist $f_{n+1} \in E_{n+1}$ eine Majorante für jede Funktion in E_n. Dies impliziert insbesondere, daß f_{n+1} die Rekursionszahl n + 1 hat, denn für jedes $g \in E_n$ gilt: $\overset{\infty}{\forall} x : |g(x)| \leq f_{n+1}(|x|)$ und somit $f_{n+1} \notin E_n$.

Wir geben nun ein System von Ackermann-Funktionen an. Wir definieren rekursiv:

$$\begin{aligned} f_0(x) &= x^2, && x \in \mathbf{N}, \\ f_1(x) &= 2^x, && x \in \mathbf{N}, \\ f_{n+1}(x) &= f_n^{(x)}(1), && x \in \mathbf{N}, n > 0. \end{aligned}$$

f_1 ist die Exponentialfunktion, f_2 ist die Iteration der Exponentialfunktion:

$$f_2(x) = \left.2^{2^{\cdot^{\cdot^{2}}}}\right\} x\text{-mal}.$$

f_3 ist die Iteration der iterierten Exponentialfunktion usw. Offensichtlich liegt f_0 in E_0; f_1 erhält man durch primitive Rekursion wie folgt aus E_0:

$$f_1(0) = 1, \quad f_1(m+1) = 2f_1(m).$$

f_{n+1} erhält man wie folgt durch primitive Rekursion aus f_n:

$$f_{n+1}(0) = 1, \quad f_{n+1}(m+1) = f_n\, f_{n+1}(m).$$

Damit liegt f_n in E_n für alle n. Als nächstes wollen wir einige weitere Eigenschaften der Funktionen f_n zusammenstellen.

Lemma 7.2.6. 1. $\forall n : \forall x : f_{n+1}(x+1) > f_{n+1}(x)$,

2. $\forall n : \forall x : f_{n+1}(x) \geq 2^x$,

3. $\forall n : \forall p : \overset{\infty}{\forall} x : f_n^{(p)}(x) < f_{n+1}(x)$,

4. $\forall n : \forall p : \overset{\infty}{\forall} x : f_n^{(px)}(x) < f_{n+1}^{(2)}(x)$.

B e w e i s. 1. Durch Induktion von n auf n + 1 folgt für $n > 0$:

$$f_{n+1}(x+1) = f_n\, f_{n+1}(x) > f_{n+1}(x).$$

2. Aus 1 folgt durch Induktion von n auf n + 1 für $n > 0$:

$$f_{n+1}(x) = f_n^{(x)}(1) \geq \left.2^{2^{\cdot^{\cdot^{2}}}}\right\} x\text{-mal} \geq 2^x.$$

3. Aus 2 und 1 folgt für $n > 0$: ($n = 0$ ist trivial):

$$\overset{\infty}{\forall} x : f_{n+1}(x) = f_n^{(p+1)}\, f_{n+1}(x-p-1) \underset{2 \text{ und } 1}{\geq} f_n^{(p+1)}(x)$$

$$\underset{2}{\geq} 2^{f_n^{(p)}(x)} > f_n^{(p)}(x).$$

4. Aus 2 und 1 folgt

$$\overset{\infty}{\forall} x : f_{n+1}\, f_{n+1}(x) = f_n^{(px)}(f_{n+1}(f_{n+1}(x) - px)) > f_n^{(px)}(x). \quad \blacksquare$$

Satz 7.2.7. Die obigen Funktionen $(f_n \mid n \in \mathbf{N})$ bilden ein System von Ackermann-Funktionen.

B e w e i s . (A1) wurde oben gezeigt, und (A3) wurde in Lemma 7.2.6 bewiesen. Wir weisen (A2) durch Induktion über den Erzeugungsprozeß der Klassen $E_n = A[+, \cdot, \dot{-}; \mathbf{Pr}]_n$ nach. Für $n = 0$ ist (A2) sicher erfüllt, denn zu jedem Polynom $g \in E_0$ gibt es ein $k \in \mathbf{N}$, so daß

$$\overset{\infty}{\forall} x : | g(x) | \leq | x |^k.$$

Zum Induktionsschluß betrachten wir die Anwendung der Operationen $\circ$, $\times$, **Pr**.
„$\circ$": Sei $g \lesssim f_n^{(p)}$ und $h \lesssim f_n^{(q)}$, dann folgt

$$\overset{\infty}{\forall} x : | gh(x) | \leq f_n^{(p)} | h(x) | \leq f_n^{(p)} f_n^{(q)} | x | = f_n^{(p+q)} | x |.$$

„$\times$": Sei $g \lesssim f_n^{(p)}$ und $h \lesssim f_n^{(q)}$, dann folgt

$$\overset{\infty}{\forall}(x, y) : | g(x), h(y) | \leq f_n^{(p)} | x | + f_n^{(q)} | y | \leq f_n^{(p+q+1)} | x, y |.$$

„**Pr**": Wegen der Zurückführung der primitiven Rekursion auf die Iteration in Lemma 3.2.4 genügt es, eine Iteration zu betrachten. Sei $g \lesssim f_n^{(p)}$ und $\tilde{g} = \lambda x, n[g^{(n)}(x)]$ die iterierte Funktion zu g. Dann folgt unter Ausnutzung von Lemma 7.2.5

$$\overset{\infty}{\forall}(x, m) : | \tilde{g}(x, m) | = | g^{(m)}(x) | \leq f_n^{(pm)} | x | \leq f_{n+1}^{(2)}(| x | + m). \quad \blacksquare$$

Damit erhalten wir folgende Darstellung für die Klassen E_n:

Korollar 7.2.8. Für alle $n > 0$ gilt: $g \in E_n \Leftrightarrow \exists\, p \in \mathbf{N} : \exists$ Programm P zu **URM**:

$$Res_P = g \wedge \overset{\infty}{\forall} x : RZ_P(x) \leq f_n^{(p)} | x |.$$

Weil die Rekursionszahl von f_n gleich n ist, wissen wir ferner, daß die Klassen E_n echt aufsteigen:

Satz 7.2.9 (H i e r a r c h i e s a t z) . $\forall\, n \in \mathbf{N} : E_n \subsetneq E_{n+1}$.

Die Bedeutung der Hierarchie $(E_n \mid n \in \mathbf{N})$ hängt davon ab, inwieweit diese Klassenbildung natürlich ist, d. h. ob der Rekursionsgrad ein angemessenes Maß für die Kompliziertheit der primitiv rekursiven Funktionen ist. Die Definition der Klassen E_n hängt nur geringfügig von der Wahl der Ausgangsfunktionen $+, \cdot, \dot{-}$ und wesentlich von der Operation **Pr** ab. Eine Veränderung der Ausgangsfunktionen führt im allgemeinen zu einer geringfügig verschobenen Hierarchie (siehe z. B. S c h w i c h t e n b e r g [1971]). Schwieriger ist die Frage, ob die hier zugrunde gelegte Abschlußbildung angemessen ist. Im Hinblick auf die Komplexitätsstruktur der Klassen E_n scheint die in Satz 7.2.2 zum Ausdruck kommende Abschlußeigenschaft, daß nämlich jede auf **URM** in E_n-beschränkter Rechenzeit berechenbare Funktion selbst in E_n liegt, eine sehr natürliche Abschlußeigenschaft zu sein. Allerdings beruht Satz 7.2.2 auf dem speziellen Modell der Registermaschine **URM**, das zwar arithmetisch besonders einfach, aber für das praktische Rechnen wegen seiner unhandlich langen Zahldarstellung ziemlich unangemessen ist. Es ist daher wünschenswert, Satz 7.2.2 weitgehend unabhängig vom Maschinenmodell zu formulieren.

Sei **F** eine Funktionenklasse, dann nennen wir eine Maschine $M = (S, \mathbf{O}, \mathbf{T}, \delta, \beta)$ eine **F**-*Maschine*, wenn

$$\mathbf{O} \cup \{\delta, \beta\} \subset \mathbf{F} \wedge \mathbf{T} \subset \mathrm{Rel}\, \mathbf{F}.$$

Wir fragen, inwieweit die Abschlußeigenschaft in Satz 7.2.2 von E_n nicht nur für die Maschine **URM**, sondern für jede E_n-Maschine gilt. Für die Klasse der primitiv rekursiven Funktionen wurde diese Abschlußeigenschaft in Satz 7.1.5 gezeigt.

Zu *allgemeinen Darstellungen* maschinenunabhängiger *Komplexitätsklassen* müssen wir außer der Rechenzeit auch den Speicherbedarf heranziehen. Zu $x \in \mathbf{N}^n$ bezeichne

$$||x|| = \sum_{i=1}^{n} ||x_i||$$

die *binäre Größe* des Tupels x. Wir erinnern, daß $||n||$ für $n \in \mathbf{N}$ die Länge der Dualdarstellung von n ist. $||x||$ kann man auffassen als die Länge der binären Kodierung von x; wir sagen auch, $||x||$ ist die Anzahl der „*Bits*" von x. Sei M eine rekursive Maschine und P ein Programm zu M mit Startmarke 0, dann bezeichnet

$$SB_P = \lambda x[\max \{||RS_P(0, \delta(x), n)|| : n \leq RZ_P(x)\}]$$

die *Speicherbedarfsfunktion* des Programms P. $SB_P(x)$ gibt die Größe des bei der Rechnung auf x benutzten Speicherraums in Bit an. Für die Maschine **URM**, eingeschränkt auf endlich viele Register, unterscheiden sich die Funktion SB_P und der Logarithmus der Rechenzeit nicht wesentlich. Für jedes Programm P gilt einerseits

$$SB_P(x) \leq ||RZ_P(x)|| + ||x|| \qquad \text{für alle } x;$$

denn jeder Rechenschritt kann höchstens ein Register um 1 erhöhen; andererseits gilt für jedes Programm P, das auf allen Eingaben stoppt

$$||RZ_P(x)|| = O(SB_P(x));$$

denn, um nicht in eine Schleife zu geraten, kann das Programm P während der Rechnung auf x höchstens $c \cdot 2^{k \cdot SB_P(x)}$ Konfigurationen benutzen; dabei ist c die Anzahl der Kennmarken des Programms P und k die Anzahl der Register, mit denen P arbeitet. Somit gilt $RZ_P(x) \leq c \cdot 2^{k \cdot SB_P(x)}$.

Die von uns angestrebte maschinenunabhängige Komplexitätsdarstellung der Klassen E_n hängt eng mit dem folgenden Begriff der *beschränkten Rekursion* zusammen. Sei **F** eine Funktionenklasse, dann heißt ein primitives Rekursionsschema

$$h(x, 0) = f(x), \quad h(x, m+1) = g(x, m, h(x, m))$$

F-beschränkt, wenn die Funktion h **F**-beschränkt ist, Bezeichnung: $\mathbf{BR}_\mathbf{F}(f, g)$. Die Operation $\mathbf{BR}_\mathbf{F}$ nennen wir die **F**-beschränkte Rekursion. Ob $\mathbf{BR}_\mathbf{F}(f, g)$ erklärt ist, hängt somit von der Wachstumsordnung der Funktion **Pr**(f, g) ab. Wichtig ist, daß die Klassen E_n abgeschlossen gegen E_n-beschränkte Rekursion sind:

Satz 7.2.10. Für $n > 0$ gilt $E_n = A[E_n; \mathbf{BR}_{E_n}]$.

Beweis. Sei $h = \mathbf{BR}_{E_n}(f, g)$ mit $g, f \in E_n$. Nach Satz 7.2.3 gibt es auf **URM** Programme P_1 bzw. P_2, die f bzw. g derart berechnen, daß RZ_{P_1} und RZ_{P_2} E_n-beschränkt sind. Um h(x, m) zu berechnen, muß man

$$Res_{P_1}(x) = f(x)$$

und $$Res_{P_2}(x, i, h(x, i)) = g(x, i, h(x, i)), \qquad i = 0, 1, \ldots, m-1,$$

berechnen. Dies kann man durch ein geeignetes Programm P auf **URM** derart ausführen, daß für ein geeignetes festes $c \in \mathbf{N}$

$$RZ_P(x, m) \leq RZ_{P_1}(x) + \sum_{i=0}^{m-1} (RZ_{P_2}(x, i, h(x, i))\ c + c).$$

Seien nun RZ_{P_1}, RZ_{P_2} und h E_n-beschränkt, etwa $RZ_{P_1} \lesssim f_n^{(p)}$, $RZ_{P_2} \lesssim f_n^{(q)}$, $h \lesssim f_n^{(r)}$. Dann gilt

$$\overset{\infty}{\forall}(x, i) : |h(x, i)| + |x| + i < f_n^{(r+1)}(|x| + i)$$

und somit

$$\overset{\infty}{\forall}(x, m) : RZ_P(x, m) < f_n^{(p)} |x| + m(f_n^{(q+r+1)}(|x| + m)\ c + c).$$

Da die rechts stehende Funktion in x und m in E_n liegt, folgt, daß RZ_P E_n-beschränkt ist, und somit folgt nach Satz 7.2.2, daß $h = Res_P$ in E_n liegt. ∎

Der folgende Satz liefert eine weitgehend maschinenunabhängige Komplexitätsdarstellung der Klassen E_n.

Satz 7.2.11. Für alle $n > 0$ gilt: g liegt genau dann in E_n, wenn es eine E_n-Maschine gibt, auf der man g mit einem Programm P so berechnen kann, daß die Rechenzeit RZ_P und die Speicherbedarfsfunktion SB_P E_n-beschränkt sind.

Beweis. „⇒“: Trivial.

„⇐“: Sei $M = (S, \mathbf{O}, \mathbf{T}, \delta, \beta)$ eine E_n-Maschine und P ein Programm zu M mit SB_P, $RZ_P \leq f$ und $f \in E_n$. Wegen $Res_P \in [\delta, \beta, \widetilde{RS}_P, f]$ genügt es zum Nachweis von $Res_P \in E_n$ zu zeigen, daß die iterierte Rechenschrittfunktion $\widetilde{RS}_P$ in E_n liegt. Weil M eine E_n-Maschine ist, liegt RS_P in E_n und $\widetilde{RS}_P$ entsteht aus RS_P durch primitive Rekursion, die aufgrund der Voraussetzung $SB_P \leq f$ E_n-beschränkt ist. Aus Satz 7.2.10 folgt also $\widetilde{RS}_P \in E_n$. ∎

Wir geben noch eine interessante Modifikation von Satz 7.2.10 an. Eine rekursive Maschine $M = (S, \mathbf{O}, \mathbf{T}, \delta, \beta)$ heißt **F**-beschränkt, wenn jede Speicherfunktion $f \in \mathbf{O}$ **F**-beschränkt ist.

Korollar 7.2.12. Für $n > 0$ liegt f genau dann in E_n, wenn man f auf einer E_{n-1}-beschränkten E_n-Maschine in E_n-beschränkter Rechenzeit berechnen kann.

Beweis. „⇒“: Die Registermaschine **URM**, eingeschränkt auf endlich viele Register, ist eine E_0-Maschine, und nach Satz 7.2.3 kann man jede Funktion in E_n auf **URM** in E_n-beschränkter Rechenzeit berechnen.

„⇐“: Sei M eine E_{n-1}-beschränkte E_n-Maschine und P ein Programm zu M. Dann liegt die Rechenschrittfunktion RS_P in E_n und ist E_{n-1}-beschränkt, weil alle Speicherfunktionen von M E_{n-1}-beschränkt sind. Sei $RS_P \lesssim f_{n-1}^{(p)}$, dann folgt für die iterierte Rechenschrittfunktion $\widetilde{RS}_P$ unter Benutzung von 4 in Lemma 7.2.6 $\widetilde{RS}_P \lesssim f_n^{(2)}$. Weil $\widetilde{RS}_P$ E_n-beschränkt ist, folgt aus RZ_P E_n-beschränkt, daß auch die Speicherbedarfsfunktion E_n-beschränkt ist. Nach Satz 7.2.10 gilt somit $Res_P \in E_n$. ∎

Das obige Korollar ist im Hinblick auf Turingmaschinen interessant, weil wir im folgenden Abschnitt unter Korollar 7.3.7 ein homomorphes Bild der Turingmaschine **RTM** konstruieren, das eine E_0-beschränkte E_1-Maschine ist. Aufgrund von Satz 7.2.3 und Korollar 7.2.12 liegt eine Funktion f somit genau dann in E_n, wenn man f in E_n-beschränkter Zeit auf **RTM** berechnen kann.

In Satz 7.2.11 kann man auf die Voraussetzung „SB_P E_n-beschränkt“ nicht verzichten. Z. B. kann man f_{n+1} durch das Diagramm (Fig. 27) berechnen.

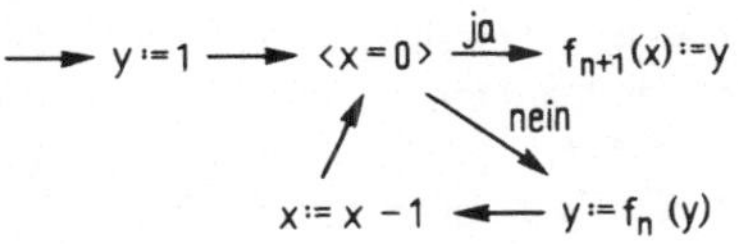

$$\to y := 1 \to \langle x = 0 \rangle \xrightarrow{\text{ja}} f_{n+1}(x) := y$$

$$\langle x=0\rangle \xrightarrow{\text{nein}} y := f_n(y) \to x := x - 1 \to \langle x = 0 \rangle$$

Fig. 27

Da alle Zuordnungen und Prädikate dieses Diagramms in E_n liegen, gibt es ein zugehöriges Programm auf einer E_n-Maschine, welches $f_{n+1}(x)$ in $O(x)$ Schritten berechnet. Damit kann man gewisse Funktionen von $E_{n+1} - E_n$ auf E_n-Maschinen in E_n-beschränkter Rechenzeit berechnen. Dies ist jedoch nicht für alle Funktionen in E_{n+1} möglich. Denn durch Ausführen von $f_n^{(p)}(x)$ Speicherbefehlen einer E_n-Maschine, deren Speicherbefehle alle durch $f_n^{(q)}$ beschränkt sind, wird der Speicherinhalt höchstens von x auf $f_n^{q f_n^{(p)}(x)}(x)$ erhöht. Jede auf einer E_n-Maschine in E_n-beschränkter Rechenzeit berechenbare Funktion wird daher durch eine Funktion vom Typ $f_{n+1}\, f_n^{(r)}$ majorisiert. Daher kann $f_{n+1}^{(2)}$ nicht auf einer E_n-Maschine in E_n-beschränkter Rechenzeit berechnet werden.

Die in diesem Abschnitt behandelte Hierarchie geht auf Grzegorczyk [1953] zurück. Man kann diese Hierarchie auf verschiedene Weise erzeugen. P. Axt [1963] hat die Klassen E_n durch die Aufzählungsoperation erzeugt, die auf Kleene zurückgeht. Dabei kommt es darauf an, einer Klasse von totalen Funktionen in natürlicher Weise eine Aufzählung zuzuordnen; diese führt dann notwendigerweise aus der Klasse hinaus. Ein Aufbau der Klassen E_n über den Rekursionsgrad findet sich in Axt [1965]; siehe hierzu auch Schwichtenberg [1969]. A. R. Meyer und D. M. Ritchie [1967] geben eine Charakterisierung der Klassen E_n durch die Schleifenkomplexität gewisser Programme auf der Registermaschine an. Verfeinerungen der Grzegorczyk-Hierarchie werden u. a. von R. W. Ritchie [1963], Cleave [1963], G. T. Herman [1969] behandelt. Erweiterungen dieser Hierarchie finden sich bei Schwichtenberg [1971] und Wainer [1972]. Die älteste Erweiterung dieser Hierarchie, nämlich die Hierarchie der mehrfach primitiv rekursiven Funktionen geht auf Rosza-Peter [1951] zurück.

7.3. Die elementaren Funktionen und die Funktionen mit polynomial beschränktem Rechenaufwand

Inhaltsübersicht. Die Klasse der elementaren Funktionen ist ein Glied der Grzegorczyk-Hierarchie, die normierte Rechenzeit NZ_P und der normierte Speicherbedarf NS_P von zahlentheoretischen Maschinen und Maschinen mit Zellenstruktur, die Klassen **Pol** und $\mathbf{Pol}_\varrho$ der Funktionen mit polynomial beschränktem Rechenaufwand, Charakterisierung der Funktionen in **Pol** und $\mathbf{Pol}_\varrho$ durch den Rechenaufwand auf Turingmaschinen, Arithmetisierung von Turingmaschinen in $\mathbf{Pol}_\varrho$, die k-Band-Turingmaschine, die k-dimensionale Turingmaschine.

Die Klasse **E** der elementaren Funktionen wird ausgehend von den Substitutionen und den Funktionen $+$, $\cdot$, $\dot{-}$ durch fortgesetzte Anwendung der Zusammensetzung $\circ$, der kartesischen Produktbildung $\times$, der beschränkten Summation Σ und der beschränkten Produktbildung Π erzeugt: $\mathbf{E} = A[+, \dot{-}, \cdot; \Sigma, \Pi]$. In zwei Schritten zeigen wir, daß die Klasse **E** der elementaren Funktionen mit der Klasse E_1 der in 7.2 modifizierten Grzegorczyk-Hierarchie übereinstimmt.

Satz 7.3.1. $\mathbf{E} \subset E_1$.

B e w e i s. Offensichtlich liegt $\mathbf{E} \subset A[+, \cdot, \dot{-}; \mathbf{BR_E}]$, denn Π und Σ wurden in 3.1 auf die primitive Rekursion zurückgeführt und zur Erzeugung von **E** genügt offensichtlich die **E**-beschränkte primitive Rekursion $\mathbf{BR_E}$. Daher genügt es zu zeigen, daß **E** E_1-beschränkt ist, denn dann folgt $A[+, \cdot, \dot{-}; \mathbf{BR_E}] \subset A[+, \cdot, \dot{-}; \mathbf{BR}_{E_1}]$ und nach Satz 7.2.10 folgt $A[+, \cdot, \dot{-}; \mathbf{BR}_{E_1}] \subset E_1$. Um die E_1-Beschränktheit von **E** nachzuweisen, zeigen wir, daß es zu jedem $g \in \mathbf{E}$ ein p gibt, so daß $\forall x : |g(x)| \leq f_1^{(p)} |x|$. Dabei ist

$$f_1^{(p)}(x) = 2^{2^{\cdot^{\cdot^{\cdot^{2^x}}}}} \Big\} \text{p-mal.}$$

Für die Funktionen in $[+, \cdot, \dot{-}]$ ist dies offensichtlich erfüllt. Angenommen, die Behauptung gilt für $g : \mathbf{N}^{k+1} \to \mathbf{N}$, dann folgt die Behauptung auch für Πg:

$$(\Pi g)(x, n) = \prod_{j \leq n} g(x, j) \leq \prod_{j \leq n} f_1^{(p)} |x, j| \leq (f_1^{(p)} |x, n|)^{n+1}$$

$$= 2^{(n+1) f_1^{(p-1)} |x, n|} \leq 2^{f_1^{(p)} |x, n|} = f_1^{(p+1)} |x, n|.$$

Ebenso beweist man den Induktionsschluß für die beschränkte Summation Σ; für die Zusammensetzung $\circ$ und die kartesische Produktbildung ist der Induktionsschluß trivial. Weil die Funktionen $f_1^{(p)}$ in E_1 liegen, ist $\mathbf{E}$ E_1-beschränkt. ■

Um die Umkehrung von Satz 7.3.1 zu zeigen, beweisen wir zunächst, daß $\mathbf{E}$ abgeschlossen gegen $\mathbf{E}$-beschränkte primitive Rekursion ist.

Lemma 7.3.2. $A[\mathbf{E}; \mathbf{Pr}_{\mathbf{E}}] \subset \mathbf{E}$.

B e w e i s . Seien $f, g \in \mathbf{E}$ und $h = \mathbf{Pr}(f, g)$, d. h. es gilt

$$h(x, o) = f(x), \qquad h(x, n+1) = g(x, n, h(x, n)).$$

Wir benutzen die in Satz 3.4.6 konstruierte elementare Gödelisierung $\langle\ \rangle : \mathbf{N}^* \to \mathbf{N}$ und zeigen, daß das Prädikat

$$R = \lambda\, x, n, z[\langle h(x, 0), h(x, 1), \ldots, h(x, n) \rangle = z]$$

elementar ist. Es gilt

$$R(x, n, z) = [L(z) = n + 1 \wedge \rho(z, 1) = f(z) \wedge \forall\, i \leq n : \rho(z, i+1) = g(x, i-1, \rho(z, i))].$$

Weil die Funktionen L und ρ elementar sind und $\mathbf{E}$ abgeschlossen gegen beschränkte Quantifizierung ist (Lemma 3.1.11), folgt $R \in \mathrm{Rel}\, \mathbf{E}$. Angenommen, es gilt $h \leq \overline{h}$ mit $\overline{h} \in \mathbf{E}$, dann ist auch die Funktion

$$\overline{d} = \lambda\, x, n[\langle \overline{h}(x, 0), \ldots, \overline{h}(x, n) \rangle]$$

elementar. Weil $\langle\ \rangle$ monoton in allen Komponenten wächst, gilt

$$\overline{d}(x, n) \leq \langle h(x, 0), h(x, 1), \ldots, h(x, n) \rangle$$

und somit

$$h(x, n) = \rho(\min \{z \leq \overline{d}(x, n) : R(x, n, z)\}, n+1).$$

Weil $\mathbf{E}$ abgeschlossen gegen beschränkte Minimisierung ist (Lemma 3.1.11) und weil ρ, $\overline{d}$, R elementar sind, folgt $h \in \mathbf{E}$. ■

Satz 7.3.3. $E_1 \subset \mathbf{E}$.

B e w e i s . Nach Satz 7.2.3 kann man jede Funktion in E_1 auf der Registermaschine **URM** in E_1-beschränkter Rechenzeit berechnen. Sei P ein Programm zu **URM**, dann gilt für die iterierte Rechenschrittfunktion $\widetilde{RS}_P$ (man schränke **URM** auf endlich viele Register ein):

$$|\widetilde{RS}_P(x, n)| \leq |x| + n,$$

denn jeder Rechenschritt kann höchstens ein Register um eins erhöhen. Damit ist $\widetilde{RS}_P$ $\mathbf{E}$-beschränkt und wird somit durch $\mathbf{E}$-beschränkte primitive Rekursion aus der elementaren Rechenschrittfunktion RS_P erzeugt. Daher folgt aus Lemma 7.3.2, daß $\widetilde{RS}_P \in \mathbf{E}$. Da RZ_P E_1-beschränkt ist, gibt es ein q mit $\forall\, x : RZ_P(x) \leq f_1^{(q)} |x|$. Es folgt, daß $Res_P \in [\delta, \beta, \widetilde{RS}_P, f_1^{(q)}]$. Weil die Ein- und Ausgabefunktion δ und β von **URM** sowie die Funktion $f_1^{(q)}$ elementar sind, folgt $Res_P \in \mathbf{E}$. ■

Damit haben wir gezeigt, daß die Klasse **E** der elementaren Funktionen mit der Klasse E_1 der in 7.2 modifizierten Grzegorczyk-Hierarchie übereinstimmt.

In 7.2 wurde gezeigt, daß man die Klassen E_n der Grzegorczyk-Hierarchie als Komplexitätsklassen auffassen kann, wobei der Rechenaufwand weitgehend unabhängig von einem speziellen Maschinenmodell gemessen wird. Dies ist deshalb möglich, weil der Rekursionsgrad ein sehr grobes Komplexitätsmaß ist. Schon bei den elementaren Funktionen ist ein exponentiell wachsender Rechenaufwand zugelassen. Verfahren mit exponentiell wachsendem Rechenaufwand sind jedoch praktisch nicht durchführbar. Daher ist eine noch feinere Komplexitätseinteilung der elementaren Funktionen wünschenswert.

Bei sehr kleinen Rechenzeiten wird die Größe der notwendigen Rechenzeit entscheidend durch die Wahl des Maschinenmodells bestimmt. Die niedrigste Komplexitätsklasse, die man noch weitgehend Maschinen-unabhängig formulieren kann, scheint die Klasse derjenigen Funktionen zu sein, bei denen der Rechenaufwand höchstens polynomial mit der binären Länge der Eingabe wächst. D. h. die relativ zum Bit-Maß *normierte Rechenzeitfunktion* NZ_P und die *normierte Speicherbedarfsfunktion* NS_P sollen polynomial beschränkt sein. Dabei erklärt man zu einem Programm P einer rekursiven Maschine NZ_P und NS_P wie folgt:

$$NZ_P(x) = \max \{RZ_P(y) \mid \|y\| \leq x\},$$

$$NS_P(x) = \max \{SB_P(y) \mid \|y\| \leq x\}.$$

„NZ_P polynomial beschränkt (pol. be.)" bzw. „NS_P pol. be." bedeutet somit, daß es ein $q \in \mathbf{N}$ gibt, so daß

$$RZ_P(y) = O(\log |y|)^q, \quad SB_P(y) = O(\log |y|)^q.$$

Zur Erzeugung der Funktionen mit polynomial beschränktem Rechenaufwand gehen wir von den arithmetischen Grundoperationen Addition, Subtraktion, Multiplikation und Division aus. Hierzu definieren wir die Funktion $/ : \mathbf{N}^2 \to \mathbf{N}$ wie folgt:

$$x/y = \max \{n \in \mathbf{N} \mid n \leq x\, y^{-1}\}.$$

Wir bezeichnen mit

$$\mathbf{Rat} := [+, \cdot, \dot{-}, /]$$

die Klasse der rationalen Funktionen. Es ist sinnvoll, die rationalen Funktionen als Ausgangspunkt zu wählen, weil man die arithmetischen Grundoperationen auf den r-när kodierten Zahlen für $r > 1$ nach der Schulmethode in polynomial beschränkter Rechenzeit berechnen kann.

Definition 7.3.4. **Pol** (bzw. $\mathbf{Pol}_\ell$) ist die kleinste Funktionenklasse **F** mit (P1), (P2):

(P1) $\mathbf{Rat} \subset \mathbf{F}$.

(P2) Für jedes Programm P auf einer **F**-Maschine mit NZ_P, NS_P pol. be. (bzw. NZ_P pol. be. $\wedge$ $NS_P(x) = O(x)$) gilt $Res_P \in \mathbf{F}$.

Wir nennen **Pol** die Klasse der *Funktionen mit polynomial beschränktem Rechenaufwand*. $\mathbf{Pol}_\ell$ besteht aus denjenigen Funktionen in **Pol**, die zusätzlich mit *linear beschränktem Speicheraufwand* berechnet werden können.

Sieht man von der Benennung der Anweisungen eines Programms durch Marken ab, dann ist ein Programm auf einer **F**-Maschine ein Berechnungsdiagramm, dessen Zuordnungen und Prädikate in **F** liegen; wir sagen kurz: ein Diagramm über **F**. Um nachzuweisen, daß f in **Pol** bzw. $\mathbf{Pol}_\ell$ liegt, genügt es, ein Diagramm D über **Pol** (bzw. $\mathbf{Pol}_\ell$) zu f anzugeben, dessen normierte Rechenzeit NZ_D pol. be. ist; ferner muß die Maximalzahl der Bits, die in einer Konfiguration der Rechnung zum Speichern von Zwischenwerten notwendig ist, polynomial (bzw. durch O(x)) beschränkt sein.

Korollar 7.3.5. 1. $\forall f \in \mathbf{Pol}_\ell : \exists q : f(x) = O(x)^q$.
2. $\forall f \in \mathbf{Pol} : \exists q : f(x) = O(2^{(\log x)^q})$.
3. $\mathbf{Pol}_\ell \underset{\neq}{\subset} \mathbf{Pol} \underset{\neq}{\subset} \mathbf{E}$.

Beweis. 1. $f \in \mathbf{Pol}_\ell$ kann man mit einem Diagramm D über $\mathbf{Pol}_\ell$ derart berechnen, daß $NS_D(x) = O(x)$. Wegen $\|f(y)\| \leq NS_D(\|y\|)$ folgt $\|f(y)\| = O(\|y\|) = O(\log y)$ und somit $f(y) = 2^{O(\log y)}$. Daraus folgt die Behauptung.

2. $f \in \mathbf{Pol}$ kann man mit einem Diagramm D über **Pol** derart berechnen, daß $NS_P(x) = O(x)^k$ mit $k \in \mathbf{N}$. Daraus folgt $f(y) = 2^{O(\log y)^k}$ und somit die Behauptung.

3. $\mathbf{Pol}_\ell \subset \mathbf{Pol}$ ist trivial; $\mathbf{Pol} \subset \mathbf{E}$ folgt aus Satz 7.2.11 unter Berücksichtigung, daß **E** mit der Klasse E_1 übereinstimmt. Denn Satz 7.2.11 sichert, daß jede in **E**-beschränkter Rechenzeit und mit **E**-beschränktem Speicheraufwand auf einer **E**-Maschine berechenbare Funktion selbst elementar ist. Weil die rationalen Funktionen elementar sind und die Funktionen in **Pol** elementar beschränkt sind, folgt die Behauptung durch Induktion über den Aufbau von **Pol** gemäß Definition 7.3.4. Ferner erkennt man leicht, daß es in **Pol** Funktionen f gibt, die nicht polynomial beschränkt sind; es gilt dann $f \in \mathbf{Pol} - \mathbf{Pol}_\ell$. Aufgrund ihrer Wachstumsordnung liegt die Funktion $\lambda x[2^x]$ in $\mathbf{E}-\mathbf{Pol}$. ∎

Wir wissen damit zwar, daß es in **Pol** Funktionen gibt, die aufgrund ihres schnellen Wachstums nicht in $\mathbf{Pol}_\ell$ liegen. Dagegen ist es ein offenes Problem, ob es eine null-eins-wertige Funktion in $\mathbf{Pol} - \mathbf{Pol}_\ell$ gibt.

Korollar 7.3.6. $\mathbf{Pol}_\ell$ und **Pol** sind abgeschlossen, d. h. $\mathbf{Pol}_\ell = [\mathbf{Pol}_\ell]$ und $\mathbf{Pol} = [\mathbf{Pol}]$.

Beweis. Seien D_1, D_2 Berechnungsdiagramme über **Pol**. Dann ist $D := \longrightarrow D_1 \longrightarrow D_2 \longrightarrow$ ein Berechnungsdiagramm über **Pol**, welches $Res_{D_2} \circ Res_{D_1}$ derart berechnet, daß für die Rechenzeiten und den Speicherbedarf folgendes gilt:

$$NZ_D \leq NZ_{D_1} + NZ_{D_2} \circ NS_{D_1}$$

(man beachte, daß NS_{D_1} die binäre Länge der Eingabe zu D_2 beschränkt).

$$NS_D \leq NS_{D_2} \circ NS_{D_1}$$

Aus NZ_{D_1}, NZ_{D_2}, NS_{D_1} pol. be. folgt NZ_D pol. be. Aus $NS_{D_1}(x)$, $NS_{D_2}(x) = O(x)$ folgt $NS_D(x) = O(x)$. Aus NS_{D_1}, NS_{D_2} pol. be. folgt NS_D pol. be.
Damit ist **Pol**$_\varrho$ und **Pol** abgeschlossen gegen $\circ$. Die Abgeschlossenheit gegen das kartesische Produkt $\times$ ist trivial. ■

Wir geben einige

Beispiele von Funktionen in **Pol**$_\varrho$. **1.** Die Länge $||n||$ der Binärdarstellung von n

$$||n|| = 1 + \max \{i \mid 2^i \leq n\}$$

kann man unter Ausnutzung von $||n/2|| = ||n||-1$ durch das Diagramm (Fig. 28) über **Rat** berechnen:

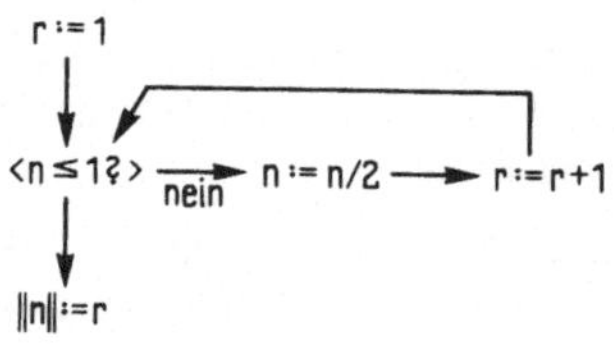

Fig. 28

Dieses Diagramm benötigt $O(||n||)$ Rechenschritte und $O(||n||)$ Speicherbits. Also gilt $\lambda n[||n||] \in$ **Pol**$_\varrho$.

2. Sei $f \in$ **Pol**$_\varrho$ mit $f(n) = O(||n||)$, dann liegt auch $g = \lambda n[2^{f(n)}]$ in **Pol**$_\varrho$. Denn g kann man durch das Diagramm (Fig. 29) über **Pol**$_\varrho$ berechnen.

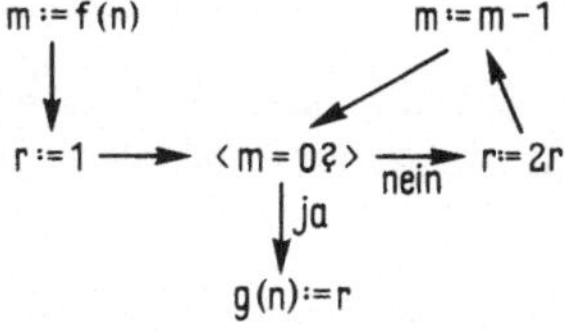

Fig. 29

Dieses Diagramm benötigt offensichtlich $O(f(n))$ Rechenschritte und $O(f(n))$ Speicherbits.

3. Sei $f \in$ **Pol**$_\varrho$, und f sei streng monoton, dann liegt auch $g = \lambda n[\min\{m \mid f(m) \leq n \vee m = 0\}]$ in **Pol**$_\varrho$. Das Diagramm Fig. 30 über **Pol**$_\varrho$ berechnet g:

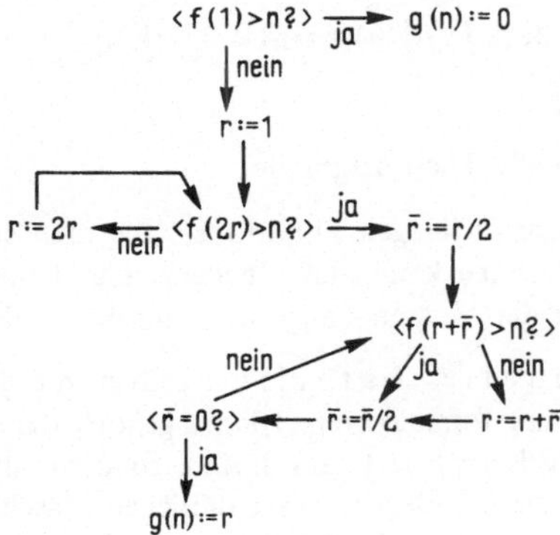

Fig. 30

Die erste Schleife dieses Diagramms berechnet dabei $r := \max\{2^m \mid f(2^m) \leq n\}$. Weil f streng monoton ist, benötigt dieses Diagramm nur $O(||n||)$ Rechenschritte und $O(||n||)$ Speicherbits. Also gilt $g \in \mathbf{Pol}_\ell$. Die Voraussetzung „f streng monoton" kann man hierbei abschwächen zu „f monoton wachsend $\wedge$ g pol. be.".

4. Als nächstes zeigen wir, daß man in $\mathbf{Pol}_\ell$ Zahlen r-när kodieren kann. Für $r \geq 2$ wird die Kodierungsfunktion $\alpha_r : \mathbf{N}^2 \to \mathbf{N}$ definiert durch

$$m = \sum_{i \in \mathbf{N}} \alpha_r(m, i)\, r^i.$$

Wir berechnen $\alpha_r(m, i)$ durch das Diagramm Fig. 31 über **Rat**.

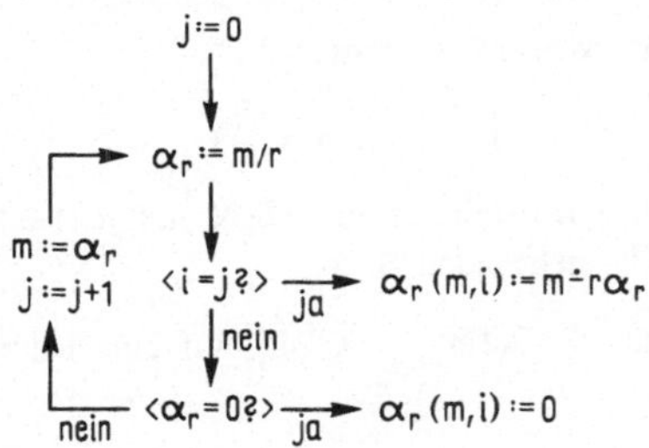

Fig. 31

Dieses Diagramm berechnet $\alpha_r(m, i)$ in $O(\log(m))$ Schritten mit einem Speicherbedarf von $O(||m|| + ||i||)$ Bits.

Korollar 7.3.7. Die Paarungsfunktionen σ_1^2 und σ_2^1 mit $\sigma_1^2(i, k) = (i + k)(i + k + 1) / 2 + k$ liegen in $\mathbf{Pol}_\ell$ (siehe Satz 3.4.2).

B e w e i s . σ_1^2 ist rational und liegt somit in $\mathbf{Pol}_\ell$. Die Funktion $f = \lambda n[\max\{m \mid m(m + 1) / 2 \leq n\}]$ liegt aufgrund des obigen Beispiels 3 in $\mathbf{Pol}_\ell$. Wegen

$$I_2^2\, \sigma_2^1(n) = n \dot{-} (f(n) + 1)\, f(n) / 2, \qquad I_1^2\, \sigma_2^1(n) = f(n) \dot{-} I_2\, \sigma_2^1(n)$$

folgt $\sigma_2^1 \in \mathbf{Pol}_\varrho$. ∎

Dem Konzept der Klasse **Pol** liegt folgende These zugrunde:

These 7.3.8. Die Klasse **Pol** enthält genau diejenigen Funktionen, die man auf einem natürlichen Maschinenmodell derart berechnen kann, daß Rechenzeit und Speicherbedarf nicht stärker als polynomial mit der binären Länge der Eingabe wachsen.

Dabei sollen solche Maschinenmodelle natürlich heißen, die das praktische Rechnen in angemessener Weise formalisieren. Hierzu gehört, daß die Operationen der Maschine nicht beliebig kompliziert sein dürfen, sondern vernünftig dimensionierte Rechenschritte sind. Da der Begriff des natürlichen Maschinenmodells nicht formalisierbar ist, können wir diese These nicht als Satz formulieren. Wir wollen diese These jedoch Schritt für Schritt durch Sätze stützen.

Zunächst zeigen wir, daß die Funktionen, die man in polynomial beschränktem Rechenaufwand auf der 1-Band-Turingmaschine **XTM** berechnen kann, zur Klasse **Pol** gehören. Hierzu arithmetisieren wir die 1-Band-Turingmaschine **XTM** mit Alphabet $X = \{0, 1, \ldots, p-1\}$ in $\mathbf{Pol}_\varrho$, d. h. wir konstruieren ein homomorphes Bild von **XTM**, das $\mathbf{Pol}_\varrho$-Maschine ist.

Es sei □ das Leersymbol und $\overline{X} = \{X \cup \{□\}\}$. Dann ist die Maschine $\mathbf{XTM}_m^k = (S, \mathbf{O}, \mathbf{T}, \delta^k, \beta_m)$ wie folgt erklärt:

$$S = \{f \in \overline{X}^{\mathbf{Z}} \mid \overset{\infty}{\forall} z : f(z) = □\},$$

$$\mathbf{O} = \{R, L\} \cup \{d_x \mid x \in \overline{X}\}, \mathbf{T} = \{t_x \mid x \in \overline{X}\},$$

$$\delta^k(m_1, \ldots, m_k) = {}^\infty□ \; \downarrow \alpha(m_1)\, □\, \alpha(m_2)\, □ \ldots □\, \alpha(m_k)\, □^\infty$$

$$\beta_m(\ldots \downarrow x_1\, □\, x_2\, □ \ldots □\, x_m\, □ \ldots) = (\gamma(x_1), \ldots, \gamma(x_m))$$

Dabei ist $\alpha(m) \in X^*$ die p-näre, normierte Darstellung zu $m \in \mathbf{N}$ und $\gamma(x) \in \mathbf{N}$ der Wert der p-nären Darstellung $x \in X^*$, siehe auch S. 58.

Wir konstruieren einen Homomorphismus $\psi : \mathbf{XTM}_m^k \to \overline{\mathbf{XTM}}_m^k$ auf eine Bildmaschine $\overline{\mathbf{XTM}}_m^k = (\overline{S}, \overline{\mathbf{O}}, \overline{\mathbf{T}}, \overline{\delta}^k, \overline{\beta}_m)$ mit

$$\overline{S} = \mathbf{N} \times \{0, 1, \ldots, p\} \times \mathbf{N},$$

$$\overline{\mathbf{O}} = \{\overline{R}, \overline{L}\} \cup \{\overline{d}_x \mid x \in \overline{X}\}, \overline{\mathbf{T}} = \{\overline{t}_x \mid x \in \overline{X}\}.$$

Definition von $\psi_S : S \to \overline{S}$. Unter der Voraussetzung $y_m \neq □ \vee m = 0$ und $x_r \neq □ \vee r = 0$ fordern wir von ψ_S:

$$\psi_S : {}^\infty 0\, y_m \ldots y_1\, y_0\, z \downarrow x_0\, x_1 \ldots x_r\, 0^\infty \to (u, s, v)$$

mit $u = \sum_{i=0}^{m} \overline{y}_i (p+1)^i, \quad v = \sum_{i=0}^{r} \overline{x}_i (p+1)^i, \quad s = z$

und $\overline{y}_i = [\text{if } y_i = □ \text{ then } 0 \text{ else } y_i + 1]$.

Damit ist $\psi_S : S \to \overline{S}$ eine bijektive Funktion. Weil ψ_S bijektiv ist, wird der Homomorphismus ψ und die Bildmaschine $\overline{\mathbf{XTM}_m^k}$ durch ψ eindeutig bestimmt.
Wir zeigen, daß $\overline{\mathbf{XTM}_m^k}$ eine $\mathbf{Pol}_\ell$-Maschine ist. Sei $\overline{R}$ das Bild der Rechtsverschiebung R, dann kann man die Zuordnung

$$\overline{R} : (u, s, v) \mapsto (\overline{u}, \overline{s}, \overline{v})$$

berechnen durch

$$\overline{u} = (p+1)\,u + s, \qquad \overline{s} = v \dot{-} (v/(p+1))\,(p+1), \qquad \overline{v} = (v \dot{-} \overline{s}) \,/\, (p+1).$$

Damit ist $\overline{R}$ eine rationale Funktion. Dies gilt offensichtlich auch für $\overline{L}$ und $\overline{d}_x$, ferner ist $\overline{t}_x$ ein rationales Prädikat. Die Ein- und Ausgabefunktion $\overline{\delta}^k$ und $\overline{\beta}_m$ liegen im wesentlichen deshalb in $\mathbf{Pol}_\ell$, weil man in $\mathbf{Pol}_\ell$ Zahlen $(p+1)$-när kodieren und dekodieren kann. Den formalen Beweis zu $\overline{\delta}^k, \overline{\beta}_m \in \mathbf{Pol}_\ell$ überlassen wir dem Leser. Insgesamt gilt aufgrund dieser Überlegungen

Satz 7.3.9. Die 1-Band-Turingmaschine über einem endlichen Alphabet besitzt ein homomorphes Bild, das eine $\mathbf{Pol}_\ell$-Maschine ist.

Um einen Zusammenhang zwischen den Klassen **Pol**, $\mathbf{Pol}_\ell$ und Turingmaschinen formulieren zu können, müssen wir noch erklären, wie der Speicherbedarf bei Turingmaschinen zu messen ist. Die Funktionen SB_P und NS_P sind nämlich bisher lediglich für zahlentheoretische Maschinen erklärt. Wir beschränken uns hier auf Maschinen, die wie die Turingmaschine über einem festen endlichen Alphabet arbeiten und deren Speicher in Zellen strukturiert ist. Für solche Maschinen ist es sinnvoll, für den Speicherbedarf das Bit-Maß durch die Zellenanzahl zu ersetzen. Eine Eingabe hat die Länge n, wenn sie n Zellen benötigt. Wir setzen:

$NS_P(n) =$ die Gesamtanzahl der Zellen, die bei der Rechnung auf Eingaben der Länge kleiner gleich n beobachtet werden.

Diese Definition ist auch im Hinblick auf die obige Arithmetisierung der Turingmaschine **XTM** vernünftig. Denn sei $\overline{P}$ das Bildprogramm zu $\overline{\mathbf{XTM}_m^k}$ des Programms P zu $\mathbf{XTM}_m^k$, dann gilt $NS_P(x) = O(NS_{\overline{P}}(x))$ und $NS_{\overline{P}}(x) = O(NS_P(x))$.
Da bei dem obigen Homomorphismus der 1-Band-Turingmaschine auf eine $\mathbf{Pol}_\ell$-Maschine die Rechenzeit der Programme erhalten bleibt und der normierte Speicherbedarf sich höchstens um einen konstanten Faktor ändert, folgt aus Definition 7.3.4 und Satz 7.3.9

Satz 7.3.10. Für jedes Programm P zur 1-Band-Turingmaschine **XTM** gilt:
1. NZ_P, NS_P pol. be. $\Rightarrow$ $Res_P \in \mathbf{Pol}$,
2. NZ_P pol. be. v $NS_P(x) = O(x)$ $\Rightarrow$ $Res_P \in \mathbf{Pol}_\ell$.

Durch diesen Satz wird eine Richtung von These 7.3.8 gestützt. Wichtig in diesem Zusammenhang ist, daß Satz 7.3.9 nicht nur für die 1-Band-Turingmaschine, sondern für jedes Maschinenmodell gilt, das als natürlich angesehen werden kann. Wir erwähnen hierzu zwei Modifikationen der Turingmaschine.

Die k-Band-Turingmaschine (s. Fig. 32) arbeitet über einem festen, endlichen Alphabet X und mit k-Bändern, von denen eins zur Ein- und Ausgabe dient. Die Ein- und Ausgabe erfolgt auf diesem Band ebenso wie bei der 1-Band-Turingmaschine.

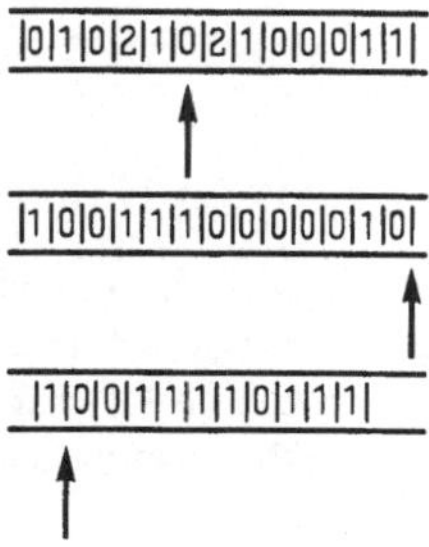

Fig. 32 Zustand der 3-Band-Turingmaschine

Diese Maschine kann durch die Operationen R_i, L_i die beobachtete Zelle des i-ten Bandes nach rechts bzw. links verschieben. Mittels d_x^i kann sie in die beobachtete Zelle des i-ten Bandes das Symbol x schreiben und mittels t_x^i kann sie testen, ob in der beobachteten Zelle des i-ten Bandes das Symbol x steht. Die Beweismethode zu Satz 7.3.9 sichert, daß auch die k-Band-Turingmaschine in $\mathbf{Pol}_\varrho$ arithmetisiert werden kann.

Die k-dimensionale Turingmaschine arbeitet über einem festen endlichen Alphabet X und einem k-dimensionalen Speicher (s. Fig. 33).

0	1	0	1	1	0	0	0
1	0	1	1	0	0	0	0
0	1	0	1	0	1	1	0
0	1	0	0	1	1	0	0
0	0	1	1	1	0	0	0
0	0	0	0	0	0	0	0

Fig. 33 Speicherzustand einer 2-dimensionalen Turingmaschine

Diese Maschine kann durch die Operationen R_i und L_i die beobachtete Zelle längs der i-ten Achse auf eine benachbarte Zelle verlagern. Mittels d_x kann sie in die beobachtete Zelle das Symbol x schreiben und mittels t_x kann sie testen, ob das Symbol x in der beobachteten Zelle steht. Mit etwas Geschick kann man auch diese Maschine in $\mathbf{Pol}_\varrho$ arithmetisieren.

Bei einer geschickten Arithmetisierung der k-dimensionalen Turingmaschine wächst der normierte Speicherbedarf des Bildprogramms $\varphi(P)$ relativ zu dem des Urbildprogramms P höchstens wie ein Polynom vom Grad k, d. h. es gilt

$$NS_{\varphi(P)}(x) = O(NS_P(x)^k).$$

Diese Schranke für $NS_{\varphi(P)}(x)$ wird im allgemeinen auch erreicht, weil die Anzahl der Zellen, die man durch Ausführen von maximal y Operationen von einer vorgegebenen Zelle aus auf einem k-dimensionalen Speicher erreichen kann, wie y^k wächst. Während Teil 1 in Satz 7.3.10 sowohl für die k-Band-Turingmaschine als auch für die k-dimensionale Turingmaschine gilt, ist die Gültigkeit von Teil 2 lediglich für die k-Band-Turingmaschine, nicht dagegen für die k-dimensionale Turingmaschine gesichert.

Wir kommen nun zur Umkehrung von Satz 7.3.10, und damit begründen wir die zweite Richtung von These 7.3.8.

Definition 7.3.11. $\overline{\mathbf{Pol}}$ (bzw. $\overline{\mathbf{Pol}}_\ell$) ist die Klasse derjenigen Funktionen, die man auf einer 1-Band-Turingmaschine **XTM** mit endlichem Alphabet durch ein Programm P derart berechnen kann, daß NZ_P und NS_P pol. be. sind (bzw. NZ_P pol. be. $\wedge$ $NS_P(x) = O(x)$).

Als Umkehrung von Satz 7.3.10 beweisen wir

Satz 7.3.12. $\mathbf{Pol}_\ell \subset \overline{\mathbf{Pol}}_\ell$, $\mathbf{Pol} \subset \overline{\mathbf{Pol}}$.

B e w e i s . Durch Implementieren der Schulmethode zur Berechnung der arithmetischen Grundoperationen auf einer 1-Band-Turingmaschine **XTM** mit einem mindestens zweielementigen Alphabet X erkennt man, daß die rationalen Funktionen in $\overline{\mathbf{Pol}}_\ell$ liegen. Analog zu Lemma 7.3.6 beweist man, daß $\overline{\mathbf{Pol}}$ und $\overline{\mathbf{Pol}}_\ell$ abgeschlossen sind, d. h. $\overline{\mathbf{Pol}} = [\overline{\mathbf{Pol}}]$ und $\overline{\mathbf{Pol}}_\ell = [\overline{\mathbf{Pol}}_\ell]$. ■

Wir zeigen nun durch Induktion über den Aufbau von **Pol** und $\mathbf{Pol}_\ell$ gemäß Definition 7.3.4, daß $\mathbf{Pol} \subset \overline{\mathbf{Pol}}$ bzw. $\mathbf{Pol}_\ell \subset \overline{\mathbf{Pol}}_\ell$.

Sei D ein Diagramm über $\overline{\mathbf{Pol}}$ bzw. $\overline{\mathbf{Pol}}_\ell$ mit der Eigenschaft NZ_D pol. be. und NS_D pol. be. bzw. $NS_D(x) = O(x)$; es ist zu zeigen, daß Res_D in $\overline{\mathbf{Pol}}$ bzw. $\overline{\mathbf{Pol}}_\ell$ liegt. Die Rechenschrittfunktion des Diagramms D wird durch Fallunterscheidung aus Funktionen und Prädikaten in $\overline{\mathbf{Pol}}$ bzw. $\overline{\mathbf{Pol}}_\ell$ erklärt. Wegen $\mathbf{Rat} \subset \overline{\mathbf{Pol}}_\ell \subset \overline{\mathbf{Pol}}$ und weil $\overline{\mathbf{Pol}}_\ell$ und $\overline{\mathbf{Pol}}$ abgeschlossen sind, ist die Voraussetzung von Lemma 3.1.10 erfüllt, und $\overline{\mathbf{Pol}}$, $\overline{\mathbf{Pol}}_\ell$ sind abgeschlossen gegen Fallunterscheidung. Damit liegt auch die Rechenschrittfunktion RS_D in $\overline{\mathbf{Pol}}$ bzw. $\overline{\mathbf{Pol}}_\ell$. Im folgenden sei $\overline{D}$ ein Diagramm über $\overline{\mathbf{Pol}}$ bzw. $\overline{\mathbf{Pol}}_\ell$, das RS_D auf der 1-Band-Turingmaschine berechnet. Sei $\widetilde{RS}_D$ die iterierte Rechenschrittfunktion des Diagramms D, dann erhält man Res_D durch Zusammensetzung der Ein- und Ausgabefunktion mit der Funktion $f = \lambda y[\widetilde{RS}_D(y, RZ_D(y))]$. Unter Benutzung von $\overline{D}$ implementiert man das Diagramm Fig. 34 zur Berechnung von f auf der 1-Band-Turingmaschine.

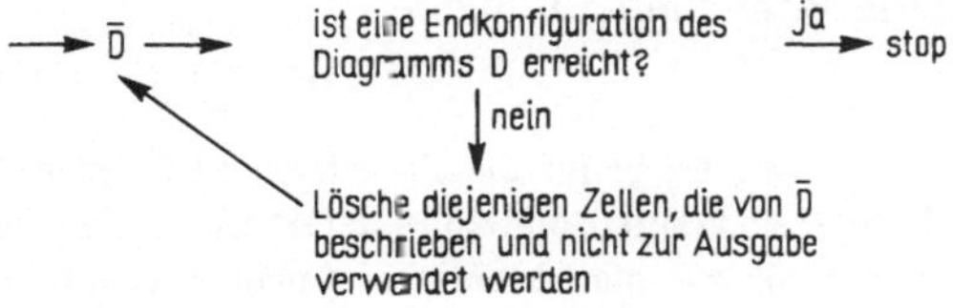

Fig. 34 Diagramm $\widetilde{D}$ zur Berechnung von f

Bei Eingabe von y führt $\tilde{D}$ das Diagramm $\bar{D}$ insgesamt $RZ_D(y)$ mal hintereinander aus. $\widetilde{RS}_D(y, i)$ ist die Eingabe zu $\bar{D}$ beim i + 1-ten Iterationsschritt. Weil $\|\widetilde{RS}_D(y, i)\|$ durch $SB_D(y)$ beschränkt ist, benötigt $\bar{D}$ bei der Eingabe y in jedem Iterationsschritt höchstens $NS_{\bar{D}}\ SB_D(y)$ Zellen, die im Anschluß an den Iterationsschritt gelöscht werden. Berücksichtigt man noch, daß in jedem Iterationsschritt des Diagramms $\tilde{D}$ im wesentlichen dieselben Zellen benutzt werden, dann erhält man folgende Abschätzungen für den Rechenaufwand des Diagramms $\tilde{D}$ bei einer Standard-Implementierung auf einer 1-Band-Turingmaschine mit hinreichend großem Alphabet:

$$NZ_{\tilde{D}}(x) \leq \max_{\|y\| \leq x} \sum_{i=1}^{RZ_D(y)} (c \cdot NZ_{\bar{D}}\ SB_D(y) + c).$$

Dabei sei $c \in \mathbf{N}$ eine geeignete Konstante.

$$NS_{\tilde{D}}(x) \leq c \cdot \max_{\|y\| \leq x} NS_{\bar{D}}\ SB_D(y) + c.$$

Weil $NZ_{\bar{D}}$ und $NS_{\bar{D}}$ monoton wachsen und wegen $NS_D(x) = \max\{SB_D(y) \mid \|y\| \leq x\}$ folgt:

$$NZ_{\tilde{D}}(x) \leq NZ_D(x)\,(c \cdot NZ_{\bar{D}}\ NS_D(x) + c),$$
$$NS_{\tilde{D}}(x) \leq c \cdot NS_{\bar{D}}\ NS_D(x) + c.$$

Man verifiziert sofort folgende Implikationen:

$$NZ_D, NZ_{\bar{D}}, NS_D \text{ pol. be.} \Rightarrow NZ_{\tilde{D}} \text{ pol. be.}$$
$$NS_D, NS_{\bar{D}} \text{ pol. be.} \Rightarrow NS_{\tilde{D}} \text{ pol. be.}$$
$$NS_D(x) = O(x) \wedge NS_{\bar{D}}(x) = O(x) \Rightarrow NS_{\tilde{D}}(x) = O(x).$$

Daraus folgt, daß $f = Res_{\tilde{D}}$ in $\overline{\mathbf{Pol}}$ bzw. $\overline{\mathbf{Pol}}_\varrho$ liegt. Somit liegt auch Res_D in $\overline{\mathbf{Pol}}$ bzw. $\overline{\mathbf{Pol}}_\varrho$.

Aus Satz 7.3.10 und Satz 7.3.12 folgt folgende Charakterisierung von **Pol** und $\mathbf{Pol}_\varrho$. ■

Satz 7.3.13. f liegt genau dann in **Pol** (bzw. in $\mathbf{Pol}_\varrho$), wenn man f auf der 1-Band-Turingmaschine derart durch ein Programm P berechnen kann, daß NZ_P, NS_P pol. be. sind (bzw. NZ_P pol. be. $\wedge\ NS_P(x) = O(x)$).

8. Rechenzeit und effiziente Berechnungsmodelle

Um zu einem r e a l i s t i s c h e n M o d e l l für die R e c h e n z e i t zu gelangen, muß man die Größen S, **O**, **T** einer abstrakten Maschine derart präzisieren, daß die Befehle in **O** und **T** genau das leisten, was man intuitiv in einem Rechenschritt bewältigen kann. Die Präzisierung des Begriffs Rechenzeit hängt davon ab, ob man die intuitive Vorstellung von einem Rechenschritt hinreichend genau mathematisch erfassen kann. Eine erste notwendige Bedingung zu einer vernünftigen Dimensionierung von Rechenschritten ergibt sich aus These 7.3.8. Akzeptiert man die in 7.3.8 aufgestellte These, daß **Pol** genau die Klasse derjenigen Funktionen ist, die man mit polynomial beschränktem Rechenaufwand berechnen kann, so wird man von einem vernünftigen Maschinenmodell M verlangen, daß man es derart in **Pol** arithmetisieren kann, daß die in Bit bzw. Zellenanzahl gemessene Zustandsgröße beim Arithmetisieren höchstens polynomial wächst. Äquivalent dazu ist, daß man die Maschine M derart auf der 1-Band-Turingmaschine **XTM** simulieren kann, daß die Rechenzeit und der in Bit bzw. Zellenanzahl gemessene Speicherbedarf höchstens polynomial wächst. Auf diese Weise kann man die Rechenzeit modulo der Anwendung eines Polynoms präzisieren. Wir wollen im folgenden eine weitergehende Präzisierung des Begriffs Rechenzeit und Rechenschritt versuchen. Natürlich läßt unsere vage Vorstellung vom Begriff Rechenschritt noch Spielraum. Man kann stets die Ausführung von zwei Rechenschritten als einen einzigen Rechenschritt auffassen. Dies zeigt, daß man den Begriff Rechenzeit bestenfalls bis auf einen konstanten Faktor präzisieren kann. Dies wollen wir nun versuchen.

8.1. Der Wirkungsgrad von Registerspeichern mit indirekter Adressierung

Inhaltsübersicht. Es werden Registerspeicher mit indirekten Adreßbefehlen behandelt. Der Registerspeicher $\mathbf{RN}_n$ arbeitet über den natürlichen Zahlen und hat n Arbeitsregister. Der Registerspeicher $\mathbf{RZ}_n$ arbeitet über den ganzen Zahlen und hat n Arbeitsregister. Wir zeigen, daß alle diese Registerspeicher gleich effizient sind, sofern sie nur mindestens drei Arbeitszellen haben.

Bei Effizienzbetrachtungen an Maschinen interessieren wir uns nur für den internen Rechenprozeß und lassen Ein- und Ausgabekodierung außer Betracht. D. h. wir betrachten Maschinen des Typs $M = (S, \mathbf{O}, \mathbf{T}, id_S, id_S)$. Das Tripel $\mathscr{S} = (S, \mathbf{O}, \mathbf{T})$ nennen wir eine Speicherstruktur. Um Speicherstrukturen hinsichtlich ihrer Effizienz vergleichen zu können, übernehmen wir die Begriffe Homomorphismus und Simulation von 2.3 und verzichten dabei auf die Bedingungen (H1), (H2) an die Ein- und Ausgabekodierung. Wir erinnern daran, daß wir unter einer mehrdeutigen Funktion $f: X \to Y$ eine Funktion $f: X \to 2^Y - \emptyset$ verstehen. „$f \subset g$" bedeutet für mehrdeutige Funktionen „$f(x) \subset g(x)$ für alle $x \in D(f)$". Für mehrdeutige Funktionen ist eine natürliche Zusammensetzung erklärt. Jede (eindeutige) Funktion kann man insbesondere als mehrdeutige Funktion auffassen.

Definition 8.1.1. Seien $\mathscr{S}_i = (S_i, \mathbf{O}_i, \mathbf{T}_i)$, i = 1, 2 Speicherstrukturen. Ein Homomorphismus $\psi: \mathscr{S}_1 \to \mathscr{S}_2$ ist ein Tripel $\psi = (\psi_S, \psi_O, \psi_T)$ von Funktionen $\psi_O: \mathbf{O}_1 \to \mathbf{O}_2$, $\psi_T: \mathbf{T}_1 \to \mathbf{T}_2$ und einer mehrdeutigen Funktion $\psi_S: S_1 \to S_2$ derart, daß (H3) bis (H5) gilt. (Es bezeichne $\overline{f} = \psi_O(f)$, $\overline{t} = \psi_T(t)$.)

(H3) $\forall f \in \mathbf{O}_1: f\,\psi_S \subset \psi_S\,\overline{f}$. (H4) $\forall t \in \mathbf{T}_1: \overline{t}\,\psi_S = t$.

(H5) $\forall s_1, s_2 \in S: s_1 \neq s_2 \Rightarrow \psi_S(s_1) \cap \psi_S(s_2) = \emptyset$.

ψ heißt e i n d e u t i g , wenn ψ_S eindeutig ist. (H5) bedeutet, daß ψ_S^{-1} eindeutig ist, d. h. die Bildzustände sind eindeutig dekodierbar.

Entsprechend überträgt man den Begriff der S i m u l a t i o n von Maschinen (siehe Definition 2.4.3) auf Speicherstrukturen, indem man zusätzlich durch (H5) die eindeutige Dekodierbarkeit der Bildzustände fordert. Bei einer Simulation $\psi : \mathscr{S}_1 \to \mathscr{S}_2$ müssen also die Bildfunktionen $\psi_O(f)$ und die Bildprädikate $\psi_T(t)$ auf dem Bildspeicher berechenbar sein. Siehe hierzu Definition 2.4.1 und 2.4.2.

Eine Simulation $\psi : \mathscr{S}_1 \to \mathscr{S}_2$ heißt e i n d e u t i g , wenn ψ_S eindeutig ist.
Ein Programm P heißt s c h l e i f e n f r e i , wenn es in dem zugehörigen Graphen keinen geschlossenen Weg gibt. Eine Simulation $\psi : \mathscr{S}_1 \to \mathscr{S}_2$ heißt s c h l e i f e n - f r e i , wenn alle Bildfunktionen $\psi_O(f)$ und alle Bildprädikate $\psi_T(t)$ durch schleifenfreie Programme auf dem Bildspeicher berechnet werden können. Wir benutzen schleifenfreie Simulationen, um die Effizienz von Speicherstrukturen zu vergleichen. Hierzu definieren wir eine partielle Ordnung auf den Speicherstrukturen.

Definition 8.1.2. Seien $\mathscr{S}_1$, $\mathscr{S}_2$ Speicherstrukturen. Wir sagen, $\mathscr{S}_2$ ist m i n d e - s t e n s s o e f f i z i e n t wie $\mathscr{S}_1$, wenn es eine schleifenfreie Simulation $\psi : \mathscr{S}_1 \to \mathscr{S}_2$ gibt, B e z e i c h n u n g : $\mathscr{S}_1 \leq \mathscr{S}_2$. $\mathscr{S}_1$ und $\mathscr{S}_2$ heißen g l e i c h e f f i z i e n t , wenn $\mathscr{S}_1 \leq \mathscr{S}_2 \wedge \mathscr{S}_2 \leq \mathscr{S}_1$, B e z e i c h n u n g : $\mathscr{S}_1 \equiv \mathscr{S}_2$.
Offensichtlich ist $\leq$ transitiv und reflexiv, damit ist $\equiv$ eine Äquivalenzrelation. Die Äquivalenzklassen bez. $\equiv$ nennen wir W i r k u n g s g r a d e.

Bei konkreten Rechenanlagen ist die Anzahl der Befehle i. a. recht klein im Verhältnis zur Anzahl der Zellen. Wir wollen daher im folgenden nur Speicherstrukturen mit endlich vielen Befehlen betrachten. Für Speicherstrukturen $\mathscr{S}_1$, $\mathscr{S}_2$ mit endlich vielen Befehlen folgt aus $\mathscr{S}_1 \leq \mathscr{S}_2$, daß es eine Konstante c gibt, so daß für jedes Programm P zu $\mathscr{S}_1$ die Rechenzeit des Bildprogramms $\overline{P}$ von P auf $\mathscr{S}_2$ höchstens um den Faktor c wächst, d. h. $RZ_{\overline{P}} \leq c \cdot RZ_P$.
Als erstes untersuchen wir R e g i s t e r s p e i c h e r mit i n d i r e k t e r A d r e s - s i e r u n g.

Befehle mit indirekter Adressierung gestatten es, bei endlichem Befehlsvorrat unendlich viele Register zu benutzen. Die folgenden Speicherstrukturen $\mathbf{RZ}_n$ und $\mathbf{RN}_n$ sind in Register untergliedert, wobei jedes Register eine ganze bzw. natürliche Zahl speichern kann.

Definition 8.1.3. Die Registerspeicher $\mathbf{RZ}_n = (S, \mathbf{O}_n, \mathbf{T}_n)$, $\mathbf{RN}_n = (\overline{S}, \overline{\mathbf{O}}_n, \overline{\mathbf{T}}_n)$ werden für $n > 0$ wie folgt erklärt:

$$S = \{r \in \mathbf{Z}^{\mathbf{Z}} \mid \sum_{i \in \mathbf{Z}} |r_i| < \infty\}, \qquad \overline{S} = \{r \in \mathbf{N}^{\mathbf{N}_+} \mid \sum_{i \in \mathbf{N}_+} r_i < \infty\},$$

$$\overset{(-)}{\mathbf{O}_n} = \{\overset{(-)}{A}_{[i]}, \overset{(-)}{S}_{[i]}, \overset{(-)}{B}_{[i],[j]}, \overset{(-)}{C}_r(i) \mid 0 < i, j \leq n, 0 \leq r \leq n\},$$

$$\overset{(-)}{\mathbf{T}_n} = \{\overset{(-)}{t}_{[i]} \mid 0 < i \leq n\}.$$

Wir erklären die Wirkung dieser Befehle. [i] ist der augenblickliche Inhalt des i-ten Registers.

Befehl	Wirkung
$A_{[i]}, \overline{A}_{[i]}$	$[[i]] := [[i]] + 1$
$S_{[i]}$	$[[i]] := [[i]] - 1$
$\overline{S}_{[i]}$	$[[i]] := [[i]] \dot{-} 1$
$B_{[i],[j]}, \overline{B}_{[i],[j]}$	$[[i]] := [[j]]$
$t_{[i]}, \overline{t}_{[i]}$	$[[i]] = 0\,?$
$C_r(i), \overline{C}_r(i)$	$[i] \ := r$

Ein mit [i] adressierter Befehl operiert auf dem Register, dessen Nummer (Adresse) im i-ten Register steht. Die Register mit Nummer $0 < i \leq n$ heißen *Arbeitsregister*. Indem man den Inhalt der Arbeitsregister geeignet verändert, kann man alle Register durch indirekte Adreßbefehle ansprechen. Die obigen Registermaschinen mit indirekter Adressierung sind alle gleich effizient, sofern nur mindestens drei Arbeitszellen vorhanden sind. Dabei benötigt man eine der drei Arbeitszellen lediglich zur Erzeugung von geeigneten Konstanten.

Satz 8.1.4. $\forall n, m \leq 3 : \mathbf{RZ}_n \equiv \mathbf{RN}_m$.

Beweis. 1. Wir zeigen $\mathbf{RN}_m \leq \mathbf{RZ}_m$ für alle m, indem wir eine eindeutige Simulation $\psi : \mathbf{RN}_m \to \mathbf{RZ}_m$ angeben. $\overline{z} = \psi_S(z)$ erklären wir wie folgt:

$$\overline{z}_i := \begin{cases} z_i, & i \in \mathbf{N}, \\ 0 & \text{sonst.} \end{cases}$$

Da ψ_S injektiv ist, definiert ψ_S eine eindeutige Simulation ψ. Offensichtlich werden die Befehle von $\mathbf{RN}_m$ durch ψ_O und ψ_T gerade auf die entsprechenden Befehle von $\mathbf{RZ}_m$ abgebildet:

$$\psi_O : \overline{A}_{[i]} \mapsto A_{[i]}, \qquad \psi_O(\overline{S}_{[i]}) = t_{[i]} \xrightarrow{\text{nein}} S_{[i]} \longrightarrow . \quad (\text{ja: } t_{[i]} \to \text{Ausgang})$$

$$\psi_O : \overline{B}_{[i],[j]} \mapsto B_{[i],[j]}, \qquad \psi_O : \overline{C}_r(i) \mapsto C_r(i). \qquad \psi_T : \overline{t}_{[i]} \mapsto t_{[i]} .$$

Damit gilt $\mathbf{RN}_m \leq \mathbf{RZ}_m$.

2. Wir zeigen $\mathbf{RZ}_n \leq \mathbf{RN}_3$, indem wir eine eindeutige Simulation $\psi : \mathbf{RZ}_n \to \mathbf{RN}_3$ angeben. $\overline{z} = \psi_S(z)$ werde wie folgt erklärt:

$$\overline{z}_{4i+2} := 4\,|\,z_i\,|, \qquad \overline{z}_{4i+3} := \begin{cases} 0 & z_i \leq 0, \\ 1 & \text{sonst.} \end{cases} \quad (i \in \mathbf{N}_+)$$

$$\overline{z}_{4i+4} := 4\,|\,z_{-i}\,|, \qquad \overline{z}_{4i+5} := \begin{cases} 0 & z_{-i} \leq 0, \\ 1 & \text{sonst.} \end{cases} \quad (i \in \mathbf{N})$$

$$\overline{z}_0 = \overline{z}_1 = \overline{z}_2 = \overline{z}_3 = 0.$$

ψ_S ist injektiv und definiert somit eine eindeutige Simulation ψ. Es genügt nun zu zeigen, daß man die Bilder der Befehle von $\mathbf{RZ}_n$ bei der Simulation ψ auf $\mathbf{RN}_3$ durch schleifenfreie Programme berechnen kann. Hierzu führen wir für einige Hilfsdiagramme Abkürzungen ein. „[1] := i“ steht für folgendes Diagramm:

$$\bar{C}_0(1) \longrightarrow \bar{C}_1(3) \longrightarrow {}_{i}\circlearrowleft\bar{A}_{[3]} \longrightarrow \bar{C}_0(3).$$

Entsprechend erklärt man die Pseudobefehle [2] := i und [3] := i. Ferner stehe der Pseudobefehl $\bar{t}_{[i]+k}$ für folgendes Programm:

Programm	Wirkung
[1] := i, [3] := 1	
↓	
$\bar{B}_{[3],[1]}$	[1] := [i]
↓	
$\bar{A}_{[3]}$ ↺ k	[1] := [i] + k
↓	
[3] := 0	
↓	
$\bar{t}_{[1]}$	[[i]+ k] = 0?
ja ↙ ↘ nein	
[1] := 0 ↓ [1] := 0 ↓	

Im Fall, daß [i] > 3, wird [i] durch die Zuordnungen [1] := i und [3] := 1 nicht verändert. In diesem Fall testet der Pseudobefehl $\bar{t}_{[i]+k}$, ob [[i]+ k] = 0? Analog definiert man die Pseudobefehle $\bar{S}_{[i]+k}$, $\bar{A}_{[i]+k}$, $\bar{B}_{[i]+k,[j]+m}$. Mit Hilfe dieser Pseudobefehle kann man die Bilder der Befehle von $\mathbf{RZ}_n$ auf $\mathbf{RN}_3$ schleifenfrei berechnen. Wir zeigen dies am Beispiel des Befehls $t_{[i]}$.

Programm zum Bildbefehl von $t_{[i]}$ mit $0 < i \leq n$

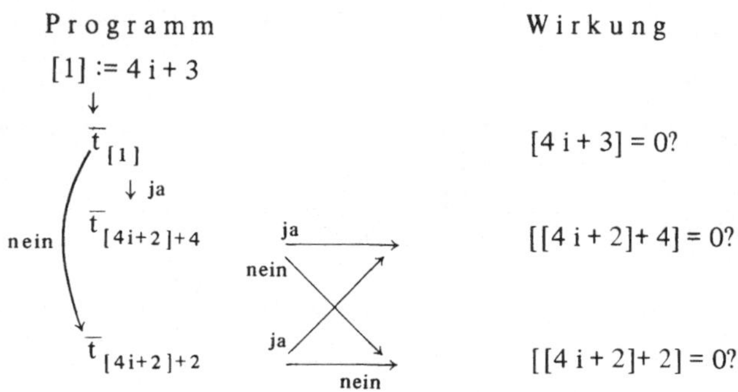

Erläuterung: Sei $\bar{z} = \psi_S(z)$ der Bildzustand von $\mathbf{RN}_3$ zum Zustand z von $\mathbf{RZ}_n$. Wegen $i > 0$ gilt

$$\bar{z}_{4i+2} = 4\,|z_i|, \qquad \bar{z}_{4i+3} = \begin{cases} 0 & z_i \leq 0, \\ 1 & \text{sonst.} \end{cases}$$

Der Pseudobefehl $\bar{t}_{[1]}$ testet somit, ob $z_i \leq 0$. Falls $z_i > 0$, dann gilt $4\,|z_{z_i}| = \bar{z}_{4z_i+2} = \bar{z}_{\bar{z}_{4i+2}+2}$.
In diesem Fall testet $\bar{t}_{[4i+2]}$, ob $z_{z_i} = 0$. Falls $z_i \leq 0$, dann gilt $4\,|z_{z_i}| = \bar{z}_{4|z_i|+4} = \bar{z}_{\bar{z}_{4i+2}+4}$.
In diesem Fall testet $\bar{t}_{[4i+2]+4}$, ob $z_{z_i} = 0$.

Auf analoge Weise berechnet man die Bildbefehle zu $A_{[i]}$, $S_{[i]}$, $B_{[i],[j]}$ und $C_r(i)$. Dabei muß man stets nach positiven und negativen Zelleninhalten z_i der Zustände z von $\mathbf{RZ}_n$ unterscheiden. Bei der Berechnung des Bildbefehls zu $B_{[i],[j]}$ benötigt man 3 Arbeitszellen um die beiden Adressen aufzubauen, während man bei den übrigen Befehlen mit 2 Arbeitszellen auskommt. Die Berechnung der Bilder dieser Befehle durch schleifenfreie Programme überlassen wir dem Leser.
Offensichtlich folgt aus 1 und 2 unter Berücksichtigung von $\mathbf{RN}_n \geq \mathbf{RN}_m$ für $n \geq m$ die Behauptung von Satz 8.1.4. ■

Wir bemerken noch, daß sich der Wirkungsgrad der Registerspeicher mit indirekter Adressierung nicht erhöht, wenn man noch tiefer geschachtelte Adressbefehle zuläßt. Wir definieren $[i]^k$ rekursiv durch $[i]^1 = [i]$, $[i]^{k+1} = [[i]^k]$ und betrachten folgendes Programm auf $\mathbf{RN}_3$:

Programm	Wirkung
$[2] := i, [1] := 1$	
↓	
$\bar{B}_{[1],[2]}$	$[1] := [i]$
↓	
$[2] := 1$	
↓	
$\bar{B}_{[2],[1]}$ (Schleife, $k-1$)	$[1] := [[i]^{k-1}]$
↓	
$[2] := j$	
↓	
$\bar{B}_{[2],[1]}$	$[j] := [1]$
↓	
$[2] := 0, [1] := 0$	

Im Falle, daß $[i]^r \geq 3$ für alle r, wird $[i]^r$ durch dieses Programm nicht verändert. In diesem Fall bewirkt dieses Programm die Zuordnung $[j] := [i]^k$.

8.2. Graphenspeicher

Inhaltsübersicht. Die Graphenspeicher $\mathbf{GN}_{p,n,m}$, deren Zustände endliche (X_n, m)-Graphen der Ordnung p sind; die Graphenspeicher $\mathbf{G}_{p,n,m}$, deren Zustände Isomorphieklassen von endlichen (X_n, m)-Graphen der Ordnung p sind; alle diese Graphenspeicher haben denselben Wirkungsgrad, sofern nur die Anzahl n der Alphabetelemente größer gleich 1, die Anzahl m der Arbeitszellen größer gleich 3 und die Anzahl der Folgeadressen p größer gleich 2 ist; ferner haben diese Graphenspeicher denselben Wirkungsgrad wie die Registerspeicher $\mathbf{RN}_k$, $\mathbf{RZ}_k$ mit $k \geq 3$; die Random-Access-Maschine $\mathbf{RAM}_m$ mit dem Speicher $\mathbf{RN}_m$.

Die einzelnen Register der Registerspeicher $\mathbf{RN}_n$ und $\mathbf{RZ}_n$ können im Gegensatz zu den Zellen einer Rechenanlage unbegrenzte Information speichern. Dagegen können die Zellen von Rechenanlagen ebenso wie bei Turingmaschinen nur eine begrenzte Information aufnehmen. Die Zellenstruktur von Rechenanlagen ist jedoch flexibler als die von Turingmaschinen. Die Zellenstruktur von Turingmaschinen ist insofern starr, als die Folgezellen, die man durch eine Kopfverschiebung von einer Zelle aus erreichen kann, durch die Zellenstruktur der Turingmaschine fest vorgegeben ist. Dagegen kann man in Rechenanlagen zu jeder Zelle Folgeadressen speichern, die im Laufe der Rechnung geändert werden können.

Will man die flexible Zellenstruktur einer Rechenanlage mit variablen Folgeadressen formal beschreiben, dann bietet sich als Speicherzustand ein endlicher, beschrifteter Graph mit geordneten Kantenmengen und ausgezeichneten Knoten an.

Der Beschreibung der Zustände eines Graphenspeichers legen wir die in Definition 0.4.2 eingeführte Notation eines (X, m)-Graphen $G = (J, F, B, A)$ zugrunde. Als Beschriftungsalphabet wählen wir die Menge $X_n := \{1, 2, \ldots, n\}$. Wir interpretieren die Knoten in J als Zellen bzw. Adressen von Zellen. Die partielle Funktion $B : J \to X_n$ gibt die Zelleninhalte an. Falls $j \in J - D(B)$, dann ist die Zelle j leer. Hierzu schreiben wir auch $B(j) := 0$; 0 steht für den leeren Zelleninhalt. D. h. wir identifizieren B mit einer Funktion $B : J \to \overline{X}_n$ mit $\overline{X}_n := X_n \cup \{0\}$. Alle Knoten $j \in J$ sollen p auslaufende Kanten haben, d. h. $D(F) = \{1, 2, \ldots, p\} \times J$. $F(s, j) = F_s(j)$ sei die s-te Folgeadresse der Zelle j. Dabei gelte stets $F_s(j) = j$, sofern nichts anderes gesagt wird. Die ausgezeichneten Zellen $A(1), \ldots, A(m)$ von G heißen Arbeitszellen. In Rechenanlagen sind Adressen stets natürliche Zahlen; es ist daher sinnvoll, als Zustände von Graphenspeichern solche Darstellungen von Graphen zu wählen, deren Knoten natürliche Zahlen sind.

Definition 8.2.1. Der Graphenspeicher $\mathbf{GN}_{p,n,m} = (S, \mathbf{O}, \mathbf{T})$ wird wie folgt erklärt:

1. S ist die Menge aller endlichen (X_n, m)-Graphen $G = (J, F, B, A)$ mit $J \subset \mathbf{N}$, deren Knoten sämtlich p auslaufende Kanten haben.
2. **O** besteht aus den Befehlen unter (O1) bis (O5).
3. **T** besteht aus den Befehlen unter (T1) bis (T2).

Damit ist $\mathbf{GN}_{p,n,m}$ eine Speicherstruktur mit p Folgeadressen, den Zelleninhalten 1, 2, ..., n sowie dem leeren Zelleninhalt und m Arbeitszellen. Wir erklären die

Wirkung der Befehle von $\mathbf{GN}_{p,n,m}$ und fassen die Befehle nach ihrer Wirkung in Gruppen zusammen:

(O1) Speicheroperationen $x \in \overline{X}_n$, $i = 1, \ldots, m$

Befehl $(O1)_{x,i}$; Wirkung: $BA(i) := x$.

(O2) Ändern einer Folgeadresse: $1 \leq i, j \leq m$; $u = 1, \ldots, p$

Befehl $(O2)_{i,j,u}$; Wirkung: $F_u A(i) := A(j)$.

(O3) Sprung auf Folgeadressen: $i = 1, \ldots, m$; $u = 1, \ldots, p$

Befehl $(O3)_{i,u}$; Wirkung: $A(i) := F_u A(i)$.

(O4) Sprung auf unbenutzte Adresse: $i = 1, \ldots, m$

Befehl $(O4)_i$; Wirkung: $A(i) := \min\{j \in \mathbf{N} - J\}$.

(O5) Sprung auf Arbeitszelle: $i, j = 1, \ldots, m$

Befehl $(O5)_{i,j}$; Wirkung: $A(i) := A(j)$.

(T1) Zelleninhaltstest: $x \in \overline{X}_n$, $i = 1, \ldots, m$

Befehl $(T1)_{x,i}$; Wirkung: $BA(i) = x$?

(T2) Adressentests: $1 \leq i, j \leq m$

Befehl $(T2)_{i,j}$; Wirkung: $A(i) = A(j)$?

Wir zeigen nun, daß alle Graphenspeicher $\mathbf{GN}_{p,n,m}$ denselben Wirkungsgrad haben, sofern sie nur mindestens 2 Folgeadressen und 3 Arbeitszellen besitzen. In Analogie zu den Registerspeichern benötigt man dabei die dritte Arbeitszelle lediglich zur Speicherung einer festen Folgeadresse. Wir verabreden, daß stets $F_s(j) = j$ gilt, sofern $F_s(j)$ nicht anders erklärt wird.

Satz 8.2.2. $\mathbf{GN}_{p,n,m}$ und $\mathbf{GN}_{\overline{p},\overline{n},\overline{m}}$ sind gleich effizient, sofern nur $p, \overline{p} \geq 2$, $n, \overline{n} \geq 1$ und $m, \overline{m} \geq 3$.

Beweis. 1. „$\mathbf{GN}_{p,n,m} \leq \mathbf{GN}_{p,n,3}$": Wir reduzieren die Anzahl der Arbeitszellen auf 3, indem wir eine eindeutige Simulation $\psi : \mathbf{GN}_{p,n,m} \to \mathbf{GN}_{p,n,3}$ angeben. Zunächst erklären wir eine eindeutige und injektive Zuordnung

$$\psi_S : (J, F, B, A) \to (\overline{J}, \overline{F}, \overline{B}, \overline{A})$$

wie folgt:

$$\overline{J} := \{0, 1, \ldots, m\} \cup \{i + m + 1 \mid i \in J\},$$

$$\overline{B}(j) := \begin{cases} 0 & \text{falls } j \leq m, \\ B(i) & \text{falls } j = i + m + 1. \end{cases}$$

$$\bar{F}_s(j) := \begin{cases} j+1 & \text{falls } j < m \wedge s = 1, \\ A(j) + m + 1 & \text{falls } 0 < j \leq m \wedge s = 2, \\ F_2(i) + m + 1 & \text{falls } j = i + m + 1. \end{cases}$$

$$\bar{A}(1) = \bar{A}(2) = \bar{A}(3) = 0.$$

$\psi_S(G)$ entsteht damit aus G, indem man alle Adressen um m + 1 erhöht und zu G den folgenden Teilgraphen adjungiert:

$$\begin{array}{ccccccc} 0 \xrightarrow{1} & 1 & \xrightarrow{\quad 1 \quad} & 2 & \xrightarrow{1} \cdots\cdots \xrightarrow{1} & m \\ & \downarrow 2 & & \downarrow 2 & & \downarrow 2 \\ & A(1)+m+1 & & A(2)+m+1 & & A(m)+m+1 \end{array}$$

Dabei zeigt der Pfeil $i \xrightarrow{u}$ stets auf die u-te Folgeadresse der Adresse i. Da ψ_S eine eindeutige, injektive Funktion ist, bestimmt ψ_S auch ψ_O und ψ_T. Es genügt zu zeigen, daß man die Bilder der Befehle von $\mathbf{GN}_{p,n,m}$ auf $\mathbf{GN}_{p,n,3}$ durch schleifenfreie Programme berechnen kann. Wir zeigen dies am Beispiel von vier Befehlsgruppen. In den folgenden Diagrammen sind die vertikalen Pfeile stets zu ergänzen.

Diagramm zu $\psi_O(BA(i) := x)$

$\bar{A}(2) := \bar{F}_1\,\bar{A}(2)$ ⮌^{i}
$\bar{A}(2) := \bar{F}_2\,\bar{A}(2)$
$B\bar{A}(2) := x$
$\bar{A}(2) := \bar{A}(1)$

Diagramm zu $\psi_T(BA(i) = x?)$

$\bar{A}(2) := \bar{F}_1\,\bar{A}(2)$ ⮌^{i}
$\bar{A}(2) := \bar{F}_2\,\bar{A}(2)$
$B\bar{A}(2) = x?$
nein ↙ ↘ ja
$\bar{A}(2) := \bar{A}(1)$ $\bar{A}(2) := \bar{A}(1)$

Diagramm zu $\psi_O(F_u\,A(i) := A(j))$

$\bar{A}(2) := \bar{F}_1\,A(2)$ ⮌^{i}
$\bar{A}(2) := \bar{F}_2\,A(2)$
$\bar{A}(3) := \bar{F}_1\,A(3)$ ⮌^{j}
$\bar{A}(3) := \bar{F}_2\,A(3)$
$\bar{F}_u\,A(2) := \bar{A}(3)$
$\bar{A}(2) := \bar{A}(1)$
$\bar{A}(3) := \bar{A}(1)$

Diagramm zu $\psi_O(A(i) := \min\{j \in \mathbf{N} - J\})$

$\bar{A}(2) := \bar{F}_1\,\bar{A}(2)$ ⮌^{i}
$\bar{A}(3) := \min\{j \in \mathbf{N} - \bar{J}\}$
$\bar{F}_2 A(2) := \bar{A}(3)$
$\bar{A}(2) := \bar{A}(1)$
$\bar{A}(3) := \bar{A}(1)$

Die Bilder zu den Befehlen $A(i) := F_u\,A(i)$, $A(i) = A(j)?$, $A(i) := A(j)$ kann man offensichtlich auf ähnliche Weise berechnen. Weil man die Bilder der Befehle bei der Simulation ψ auf $\mathbf{GN}_{p,n,3}$ schleifenfrei berechnen kann, folgt $\mathbf{GN}_{p,n,m} \leq \mathbf{GN}_{p,n,3}$.

2. „$\mathbf{GN}_{p,n,m} \leq \mathbf{GN}_{2,n,3}$": d. h. wir reduzieren die Anzahl der Folgeadressen auf 2. Wegen 1 genügt es, $\mathbf{GN}_{p,n,m} \leq \mathbf{GN}_{2,n,m+2}$ zu beweisen. Wir beschreiben eine

eindeutige Simulation $\psi : \mathbf{GN}_{p,n,m} \to \mathbf{GN}_{2,n,m+2}$. Zunächst erklären wir eine eindeutige und injektive Zuordnung

$$\psi_S : (J, F, B, A) \to (\bar{J}, \bar{F}, \bar{B}, \bar{A}).$$

$\bar{J}$ und $\bar{F}$ erhält man aus J und F, indem man einen Knoten

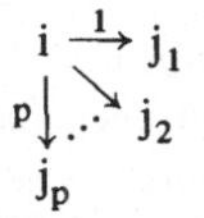

$$\begin{array}{l} i \xrightarrow{1} j_1 \\ p\downarrow \searrow \; j_2 \\ \;\; \vdots \\ j_p \end{array}$$

des Zustands von $\mathbf{GN}_{p,n,m}$ durch den folgenden Teilgraphen ersetzt:

$$\begin{array}{ccccccc} i \cdot p & \xrightarrow{1} & i \cdot p + 1 & \xrightarrow{1} & i \cdot p + 2 \xrightarrow{1} \cdots & \xrightarrow{1} & i \cdot p + p - 1 \\ \downarrow 2 & & \downarrow 2 & & \downarrow 2 & & \downarrow 2 \\ j_1 \cdot p & & j_2 \cdot p & & j_3 \cdot p & & j_p \cdot p \end{array}$$

Damit geht die Folgeadresse $F_u(i)$ über in $p \cdot \bar{F}_2(i \cdot p + u - 1)$.
$\bar{B}$ und $\bar{A}$ erklärt man durch

$$\bar{B}(j) = \begin{cases} B(i) & \text{falls } \exists\, i \in \mathbf{N} : j = p \cdot i, \\ 0 & \text{falls „p teilt j nicht“.} \end{cases}$$

$$\bar{A}(j) = \begin{cases} p \cdot A(j), & j \leq m, \\ \bar{A}(1), & j = m + 1, m + 2. \end{cases}$$

Da ψ_S injektiv ist, bestimmt ψ_S auch ψ_O und ψ_T. Es genügt somit, die Bilder der Befehle von $\mathbf{GN}_{p,n,m}$ schleifenfrei auf $\mathbf{GN}_{2,n,m+2}$ zu berechnen. Wir erläutern dies am Beispiel von zwei Befehlsgruppen.

Diagramm zu $\psi_O(F_u A(i) := A(j))$

$$\begin{array}{ll} \bar{A}(m+1) & := \bar{A}(i) \\ \bar{A}(m+1) & := \bar{F}_1 \bar{A}(m+1) \hookleftarrow \; u-1 \\ \bar{F}_2 \bar{A}(m+1) & := \bar{A}(j) \\ \bar{A}(m+1) & := \bar{A}(1) \end{array}$$

Diagramm zu $\psi_O(A(i) := \min\{j \in \mathbf{N} - J\})$

$$\begin{array}{ll} \bar{A}(i) & := \min\{j \in \mathbf{N} - \bar{J}\} \\ \bar{A}(m+1) & := \bar{A}(m+2) := \bar{A}(i) \\ \bar{A}(m+2) & := \min\{j \in \mathbf{N} - \bar{J}\} \leftarrow \\ \bar{F}_1 \bar{A}(m+1) & := \bar{A}(m+2) \qquad \rbrack\; p-1 \\ \bar{A}(m+1) & := \bar{A}(m+2) \\ \bar{A}(m+1) = \bar{A}(m+2) & := \bar{A}(1) \end{array}$$

Auf ähnliche Weise kann man die Bilder der übrigen Befehle von $\mathbf{GN}_{p,n,m}$ auf $\mathbf{GN}_{2,n,m+2}$ schleifenfrei berechnen. Damit gilt $\mathbf{GN}_{p,n,m} \leq \mathbf{GN}_{2,n,m+2} \leq \mathbf{GN}_{2,n,3}$.
3. „$\mathbf{GN}_{p,n,m} \leq \mathbf{GN}_{p,1,m}$“: Um die Anzahl n der nicht leeren Zelleninhalte auf 1 zu reduzieren, geht man ähnlich wie bei der Reduktion der Anzahl der Folgeadressen vor. Wir skizzieren eine Simulation $\psi : \mathbf{GN}_{p,n,m} \to \mathbf{GN}_{p,1,m}$.
Hierzu erklärt man eine eindeutige und injektive Zuordnung $\psi_S : (J, F, B, A) \to (\bar{J}, \bar{F}, \bar{B}, \bar{A})$, indem man eine Zelle i von J durch $\|n + 1\|$ Zellen ersetzt, welche den Inhalt B(i) in binärer Verschlüsselung speichern. Die Einzelheiten dieser Simulation und die schleifenfreie Berechnung der Bilder der Befehle von $\mathbf{GN}_{p,n,m}$ auf $\mathbf{GN}_{p,1,m}$ überlassen wir dem Leser. ■

Bemerkung 8.2.3. 1. Auf den Graphenspeichern $\mathbf{GN}_{p,n,m}$ mit $n \geq 1$ kann man die Befehle der Gruppe (T2) A(i) = A(j)? wie folgt durch die übrigen Befehle schleifenfrei simulieren. Durch Zelleninhalts-Tests bestimme man BA(i) und BA(j), dann ändere man BA(i) und stelle wieder durch Zelleninhalts-Tests fest, ob dadurch auch BA(j) verändert wurde; anschließend muß der ursprüngliche Zelleninhalt BA(i) wieder hergestellt werden.

2. Bei Graphenspeichern $\mathbf{GN}_{p,n,m}$ mit $p \geq 2, m \geq 3$ kann man mit Hilfe der Befehle (T2) auf alle nicht leeren Zelleninhalte verzichten und somit auch die Zelleninhalts-Tests (T1) sowie die Befehle (O1) eliminieren. Man kann dann nämlich Zelleninhalte durch die lokale Vernetzung der Zellen ausdrücken. Z. B. kann man eine Zelle i mit Inhalt n durch n + 2 leere Zellen ausdrücken, die wie folgt zusammenhängen:

$$i_0 \xrightarrow[1]{} i_1 \xrightarrow[1]{} i_2 \xrightarrow[1]{} \cdots \xrightarrow[1]{} i_n \xrightarrow[1]{} i_{n+1}\,.$$

(mit einer mit 2 bezeichneten Kante von i_n zurück nach i_0)

Die Zustände der Graphenspeicher $\mathbf{GN}_{p,n,m}$ sind spezielle Repräsentanten der Isomorphieklassen von (X_n, m)-Graphen der Ordnung p. Es erhebt sich daher die Frage, ob der Wirkungsgrad dieser Graphenspeicher von der speziellen Wahl der Repräsentanten abhängt. Die Wahl der Repräsentanten beeinflußt die Befehlsgruppe (O4). Wir zeigen, daß man auf Repräsentanten ganz verzichten und mit Isomorphieklassen von (X_n, m)-Graphen arbeiten kann.

In 0.4 wird die Isomorphie von (X, m)-Graphen erklärt. Offensichtlich sind alle Befehle der Gruppen (O1) bis (O5) und (T1), (T2) mit dieser Isomorphie verträglich. Damit werden durch (O1) bis (O5) und (T1), (T2) Befehle auf den Isomorphieklassen von (X_n, m)-Graphen erklärt. Man kann daher mit diesen Befehlen einen Graphenspeicher ohne Adressen erklären.

Definition 8.2.4. Der Graphenspeicher $\mathbf{G}_{p,n,m} = (S, \mathbf{O}, \mathbf{T})$ wird wie folgt erklärt:
1. S ist die Menge der Isomorphieklassen von (X_n, m)-Graphen, die Zustände von $\mathbf{GN}_{p,n,m}$ sind.
2. **O** (bzw. **T**) besteht aus den Befehlen, die nach (O1) bis (O5) (bzw. (T1), (T2)) über die Repräsentanten der Isomorphieklassen erklärt werden.

Zwischen den Graphenspeichern $\mathbf{GN}_{p,n,m}$ und $\mathbf{G}_{p,n,m}$ gibt es natürliche Homomorphismen ψ und φ, so daß $\varphi \circ \psi = \mathrm{id}_{\mathbf{G}_{p,n,m}}$. Der Homomorphismus φ: $\mathbf{GN}_{p,n,m} \to \mathbf{G}_{p,n,m}$ führt die (X_n, m)-Graphen in ihre Isomorphieklassen über. Dieser Homomorphismus ist eindeutig, aber nicht injektiv. Da φ nicht injektiv ist, liegt keine Simulation in unserem Sinne vor. Der Homomorphismus ψ: $\mathbf{G}_{p,n,m} \to \mathbf{GN}_{p,n,m}$ ordnet jeder Isomorphieklasse die Menge aller Repräsentanten mit Knoten in $\mathbf{N}$ zu. Dieser Homomorphismus ist mehrdeutig. Weil die Äquivalenzklassen paarweise disjunkt sind, ist ψ injektiv, und es gilt „$\mathbf{G}_{p,n,m} \leq \mathbf{GN}_{p,n,m}$".

Um die Umkehrung „$\mathbf{GN}_{p,n,m} \leq \mathbf{G}_{p,n,m}$" zu zeigen, konstruieren wir eine eindeutige Simulation γ: $\mathbf{GN}_{p,n,m} \to \mathbf{GN}_{p,n,m+2}$ derart, daß die Zusammensetzung mit dem obigen Homomorphismus φ: $\mathbf{GN}_{p,n,m} \to \mathbf{G}_{p,n,m+2}$ eine Simulation $\varphi \circ \gamma$: $\mathbf{GN}_{p,n,m} \to \mathbf{G}_{p,n,m+2}$ liefert. Zunächst definieren wir γ_S. Sei G = (J, F, B, A) ein endlicher (X_n, m)-Graph, dann wird $\gamma_S(G) = (\bar{J}, \bar{F}, \bar{B}, \bar{A})$ wie folgt erklärt:

$$\bar{J} := \{j \leq 1 + 2 \cdot \max \{i \in J\}\}$$

$$\bar{B}(j) := \begin{cases} B(i) & \text{falls } j = 2 \cdot i \wedge i \in J, \\ 0 & \text{sonst.} \end{cases}$$

$$\bar{A}(i) := \begin{cases} 2 \cdot A(i), & i \leq m, \\ \max \{j \in \bar{J}\}, & i = m+1 \vee i = m+2. \end{cases}$$

$$\bar{F}(s, j) := \begin{cases} 2 \cdot F(s, i) & \text{falls } j = 2\, i \wedge i \in J, \\ j + 2 & \text{falls } s = 1 \wedge 2 \text{ teilt } j + 1, \\ j - 1 & \text{falls } s = 2 \wedge 2 \text{ teilt } j + 1, \\ j & \text{sonst.} \end{cases}$$

Beispiel:

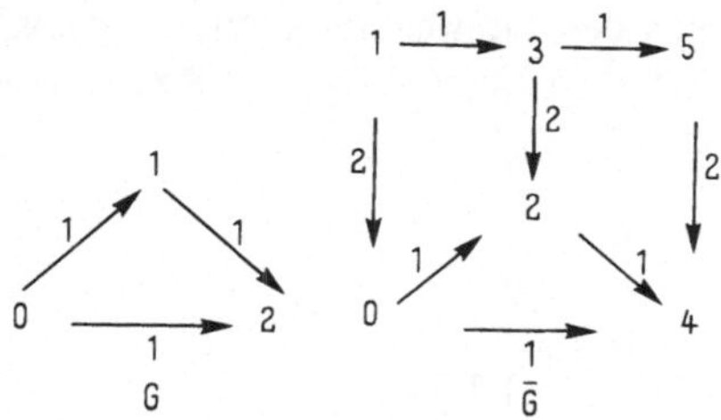

Erläuterung: $\bar{G}$ entsteht aus G, indem man alle Adressen von G mit 2 multipliziert und dann die Kanten $(2i+1, 2i)$ und $(2i+1, 2i+3)$ adjungiert.

γ_S und sogar $\varphi_S \circ \gamma_S$ ist eine injektive Funktion. Denn G kann man wie folgt aus der Isomorphieklasse $[\bar{G}]$ von $\bar{G}$ rekonstruieren. Jeder Graph in $[\bar{G}]$ besitzt genau einen Knoten e, von dem aus man alle Knoten durch gerichtete Kantenzüge aus erreichen kann. Beim Repräsentanten $\bar{G}$ ist dies der Knoten 1. Ferner entspricht dem Knoten $F_2\ F_1{}^{(\nu)}$ (e) von $[\bar{G}]$ der Knoten ν von G. Weil $\varphi_S \circ \gamma_S$ injektiv ist, wird damit eine Simulation von $\mathbf{GN}_{p,n,m}$ auf $\mathbf{G}_{p,n,m+2}$ definiert. Um zu zeigen, daß die Bilder der Befehle von $\mathbf{GN}_{p,n,m}$ bei dieser Simulation auf $\mathbf{G}_{p,n,m+2}$ durch schleifenfreie Programme berechnet werden können, genügt es, die γ-Bilder der Befehle von $\mathbf{GN}_{p,n,m}$ auf $\mathbf{GN}_{p,n,m+2}$ durch schleifenfreie Programme zu berechnen. Die Befehle der Gruppen (O1) bis (O3), (O5), (T1) und (T2) gehen durch γ_O bzw. γ_T in sich selbst über. γ_O (A(i)) := min $\{i \in \mathbf{N} - J\}$) kann man auf $\mathbf{GN}_{p,n,m+2}$ wie folgt berechnen:

$$\begin{aligned}
&\bar{A}(i) && := \min \{i \in \mathbf{N} - \bar{J}\}, \\
&\bar{A}(m+2) && := \{\min i \in \mathbf{N} - \bar{J}\}, \\
&\bar{F}_i \bar{A}(m+1) && := \bar{A}(m+2), \\
&\bar{F}_2 \bar{A}(m+2) && := \bar{A}(i), \\
&\bar{A}(m+1) && := \bar{A}(m+2).
\end{aligned}$$

Damit haben wir gezeigt, daß $\varphi \circ \gamma$: $\mathbf{GN}_{p,n,m} \to \mathbf{G}_{p,n,m+2}$ eine Simulation ist, bei der die Befehle von $\mathbf{GN}_{p,n,m}$ in schleifenlose Programme auf $G_{p,n,m+2}$ übergehen.

Daher gilt $\mathbf{GN}_{p,n,m} \leq \mathbf{G}_{p,n,m+2}$. Wie in Teil 2 des Beweises zu Definition 8.2.1. zeigt man, daß $\mathbf{G}_{p,n,m+2} \leq \mathbf{G}_{p,n,3}$. Damit haben wir unter Berücksichtigung von Satz 8.2.2 und Bemerkung 8.2.3 insgesamt folgenden Satz bewiesen:

Satz 8.2.5. $\forall p \geq 2 : \forall m \geq 3 : \forall n : \mathbf{G}_{p,n,m} \equiv \mathbf{GN}_{p,n,m}$.

Somit haben alle von uns betrachteten Graphenspeicher denselben Wirkungsgrad, wenn sie nur mindestens 2 Folgeadressen und 3 Arbeitszellen und, sofern man auf die Befehlsgruppe (T2) verzichtet, mindestens einen nicht leeren Zelleninhalt haben. Schließlich zeigen wir, daß der Wirkungsgrad dieser Graphenspeicher mit dem Wirkungsgrad der Registermaschinen mit indirekter Adressierung übereinstimmt.

Satz 8.2.6. $\forall m, \overline{m} \geq 3 : \forall p \geq 2 : \forall n : \mathbf{GN}_{p,n,m} \equiv \mathbf{RN}_m$.

B e w e i s. „$\mathbf{GN}_{p,n,m} \leq \mathbf{RN}_m$“: Unter Berücksichtigung von Bemerkung 8.2.3 und Aussage 2 aus Definition 8.2.4 genügt hierzu der Nachweis von „$\mathbf{GN}_{2,0,3} \leq \mathbf{RN}_3$“. Wir skizzieren eine geeignete, eindeutige Simulation ψ: $\mathbf{GN}_{2,0,3} \to \mathbf{RN}_3$. Die Zuordnung

$$\psi_S : (J, F, B, A) \mapsto r \in \mathbf{N}^{\mathbf{N}+}$$

wird wie folgt erklärt ([i] steht für r_i):

$$[\,i\,] := 0 \text{ für } i \leq 3, \quad [\,4\,] := 2 \cdot \max\{i \in J\},$$
$$[\,5\,] := 2 \cdot A(1), \quad [\,6\,] := 2 \cdot A(2), \quad [\,7\,] := 2 \cdot A(3).$$
$$[2i+7+5] := \begin{cases} 2 \cdot F(s,i) & \text{falls } (s,i) \in D(F), \\ 2 \cdot i & \text{falls } (s,i) \in \{1,2\} \times J - D(F), \\ 0 & \text{sonst falls } s \in \{1,2\}. \end{cases}$$

Da ψ_S injektiv ist, bestimmt ψ_S auch ψ_O und ψ_T. Wir betrachten die Wirkung der Bilder der Befehle von $\mathbf{GN}_{2,0,3}$ auf $\mathbf{N}^{\mathbf{N}+}$.

B e f e h l von $\mathbf{GN}_{2,0,3}$		W i r k u n g auf $\mathbf{N}^{\mathbf{N}+}$	
A(i)	:= F_s A(i)	[i + 4]	:= [[i + 4] + s + 7]
F_s A(i)	:= A(j)	[[i + 4] + s + 7]	:= [j + 4]
A(i)	= A(j)?	[i + 4]	= [j + 4]?
A(i)	:= min {j ∈ **N** – J}	[4]	:= [4] + 2
		[[4] + 8]	:= [4]
		[[4] + 9]	:= [4]

Beim letzten Befehl wird eine neue Zelle geschaffen und somit wird [4] um zwei erhöht. Die beiden Folgeadressen dieser Zelle i = [4]/2, die in [2 i + s + 7] stehen, werden ebenfalls erklärt. Damit kann man die Wirkung dieser Befehle auf $\mathbf{N}^{\mathbf{N}+}$ offensichtlich durch schleifenlose Programme über $\mathbf{RN}_3$ erzeugen. Also gilt $\mathbf{GN}_{2,0,3} \leq \mathbf{RN}_3$.

„$\mathbf{RN}_m \leq \mathbf{GN}_{p,n,m}$“: Es genügt $\mathbf{RN}_3 \leq \mathbf{GN}_{3,0,4}$ zu zeigen. Hierzu geben wir eine geeignete Simulation ψ: $\mathbf{RN}_3 \to \mathbf{GN}_{3,0,4}$ an.

$$\psi_S : \mathbf{N}^{\mathbf{N}+} \ni r \mapsto (J, F, B, A)$$

erklären wir wie folgt. Es sei $a = 3 + \max(\{[i] \mid i \in \mathbf{N}\} \cup \{i \mid r_{[i]} \neq 0\})$. Dann setzen wir:

$$J := \{i \in \mathbf{N} \mid i \leq a\},\ B(i) := 0.$$
$$F_1(a) = a, \qquad F_1(i) := i + 1 \text{ für } i \neq a.$$
$$F_2(i) := i \dot{-} 1, \qquad F_3(i) := [i]$$
$$A(i) := 0 \qquad \text{für } i = 1, 2, 3; \qquad A(4) := a.$$

Wir zeigen an zwei Beispielen, daß man die Bilder der Befehle von $\mathbf{RN}_3$ auf $\mathbf{GN}_{3,0,4}$ durch schleifenfreie Programme berechnen kann.

Beispiele. 1. Programm zur Berechnung des Bildes der Zuordnung. $[[i]] := [[i]] \dot{-} 1$ mit $1 \leq i \leq 3$.

Programm		Wirkung
$A(i)$	$:= F_1 A(1) \circlearrowleft i$	$A(1) := i$
$A(1)$	$:= F_3 A(1)$	$A(1) := [i]$
$A(2)$	$:= A(1)$	
$A(2)$	$:= F_3 A(2)$	$A(2) := [[i]] \dot{-} 1$
$A(2)$	$:= F_2 A(2)$	
$F_3 A(i)$	$:= A(2)$	
$A(2)$	$:= A(3)$	
$A(1)$	$:= A(3)$	

Auf ähnliche Weise kann man die Bilder der Zuordnungen $[[i]] = [[j]]$ und $[i] = 0$ sowie das Bild des Tests $[[i]] = 0?$ auf $\mathbf{GN}_{3,0,4}$ schleifenfrei berechnen. Etwas aufwendiger ist die Berechnung des Bildes der Zuordnung $[[i]] = [[i]] + 1$, weil hier unter Umständen eine neue Zelle geschaffen werden muß.

2. Programm zur Berechnung des Bildes der Zuordnung $[[i]] := [[i]] + 1$ mit $1 \leq i \leq 3$.

Programm	Wirkung
$A(1) := F_1 A(1) \circlearrowleft i$	$A(1) := [i]$
$A(1) := F_3 A(1)$	
$A(2) := A(1)$	$A(2) := [[i]]$
$A(2) := F_3 A(2)$	
$A(2) := A(4)?$	$[[i]] = a?$

nein ↙ ja ↘

nein		ja		Wirkung
$A(2)$	$:= F_1 A(2)$	$A(2)$	$:= \min\{i \in \mathbf{N} - J\}$	Erzeugen einer neuen Zelle $a = [[i]] + 1$
$F_3 A(1)$	$:= A(2)$ ←	$F_1 A(4)$	$:= A(2)$	
$A(2)$	$:= A(3)$	$F_2 A(2)$	$:= A(4)$	
$A(1)$	$:= A(3)$	$F_3 A(2)$	$:= A(3)$	
		$A(4)$	$:= A(2)$ (→ weiter bei $F_3 A(1) := A(2)$)	

Mit der schleifenfreien Berechnung der Bilder der Befehle von $\mathbf{RN}_3$ auf $\mathbf{GN}_{3,0,4}$ folgt $\mathbf{RN}_3 \leq \mathbf{GN}_{3,0,4}$. Aufgrund der obigen Beweisschritte und Bemerkung 8.2.3 folgt weiter $\mathbf{RN}_3 \leq \mathbf{GN}_{3,0,4} \leq \mathrm{GN}_{2,0,3}$. ■

Da alle Graphenspeicher und alle Registermaschinen mit indirekter Adressierung bis auf einen konstanten Faktor dasselbe Maß für die Größe eines Rechenschrittes und somit auch bis auf einen konstanten Faktor dasselbe Maß für die Rechenzeit von Rechenprozessen liefern, ist die These berechtigt, daß diese Speicherstrukturen bis auf einen konstanten Faktor die natürliche Größe eines Rechenschrittes und das natürliche Maß für die Rechenzeit liefern.

Bemerkung 8.2.7. Im Beweisteil „$\mathbf{GN}_{p,n,m} \leq \mathbf{RN}_m$" zu Satz 8.2.6 benötigt man die Operation $\overline{S}_{[i]}$ bei der Simulation nicht. Daher ändert sich der Wirkungsgrad von $\mathbf{RN}_m$ durch Weglassen der Operationen $\overline{S}_{[i]}$ nicht.

Ausgehend von der Speicherstruktur $\mathbf{RN}_m$ definieren wir die Random-Access-Maschine $\mathbf{RAM}_m$, indem wir Ein- und Ausgabekonventionen zur Berechnung von Funktionen des Typs $f: \mathbf{N}^* \to \mathbf{N}^*$ festlegen. $\mathbf{RAM}_m$ arbeitet über dem Alphabet $X = \{0, 1, \square, \#\}$. Natürliche Zahlen werden binär kodiert. Das Trennzeichen $\square$ trennt benachbarte Dualdarstellungen. Das Endzeichen # markiert das Ende von Ein- bzw. Ausgabe. Wir definieren Befehle zur Eingabe (E) und Ausgabe (A):

(E) $E_x?$ mit $x \in X$,
$E_x?$ testet, ob das nächste einzugebende Symbol gleich x ist,

(A) D_x mit $x \in X$,
D_x gibt das Symbol x aus.

Die Ein- und Ausgabe der Symbolfolge $y_1^1\, y_2^1 \dots y_{s_1}^1 \square y_1^2 \dots y_{s_2}^2 \square \dots y_{s_k}^k \neq$ mit $y_i^j \in \{0, 1\}$ entspricht der Ein- bzw. Ausgabe der Zahlenfolge

$$\left(\sum_{i=1}^{s_j} y_i^j \cdot 2^{s_j - i} \mid j = 1, \dots, k \right).$$

Definition 8.2.8. Für die Random-Access-Maschine $\mathbf{RAM}_m$ gelte:

1. $\mathbf{RAM}_m$ besitzt die Speicherstruktur $\mathbf{RN}_m$,
2. natürliche Zahlenfolgen werden durch die Befehle in (E) und (A) in Dualdarstellung ein- bzw. ausgegeben.

Mit diesen Verabredungen kann man auf der Maschine $\mathbf{RAM}_m$ alle effektiv berechenbaren, partiellen Funktionen des Typs $f: \mathbf{N}^* \to \mathbf{N}^*$ berechnen. Die Flexibilität der Speicherstruktur von $\mathbf{RAM}_m$ kommt besonders in dem Aufwand zum Ausdruck, den ein universelles Programm zur Simulation benötigt.
Der Leser beweise zur Übung

Satz 8.2.9 (Schönhage). Es gibt eine Aufzählung P_j der Programme zu $\mathbf{RAM}_m$ sowie ein universelles Programm P_u, so daß

1. $\forall j : \forall x : \mathrm{Res}_{P_u}(j, x) = \mathrm{Res}_{P_j}(x)$.
2. $\exists c \in \mathbf{N} : \exists h \in \mathbf{R}_1^1 : \forall j : \forall x : RZ_{P_u}(j, x) \leq c \cdot RZ_{P_j}(x) + h(j)$.

Die Rechenzeit bei der Simulation von Programmen durch ein universelles Programm erhöht sich somit lediglich um einen konstanten Faktor c, der nicht vom simulierten Programm abhängt.
Anleitung: Ein zu simulierendes Programm P_j stellt einen $(X_n, 1)$-Graphen der Ordnung 2 dar, dabei ist n die Anzahl der Befehle in $\mathbf{O} \cup \mathbf{T}$, siehe Satz 2.1.10. Um P_j durch ein universelles Programm P_u zu simulieren, baue P_u zunächst den zu P_j gehörigen $(X_n, 1)$-Graphen auf, der als $(X_1, 1)$-Graph der Ordnung 2 kodiert wird (vgl. 3 im Beweis zu Satz 8.2.2). Hierzu sind h(j) Rechenschritte notwendig. Dann simuliert P_u das Programm P_j schrittweise, indem ein Arbeitsregister stets die Adresse der nächsten auszuführenden Anweisung enthält.

Ferner beweise der Leser, daß Graphenspeicher mindestens so effizient sind wie k-Band-Turingmaschinen.

Korollar 8.2.10. Sei $\mathscr{S}$ der Speicher einer k-Band-Turingmaschine (siehe Satz 7.3.10) und $\mathbf{G}_{p,n,m}$ ein Graphenspeicher mit $p \geq 2, n \geq 1$ $m \geq 3$. Dann gilt
$\mathscr{S} \leq \mathbf{G}_{p,n,m}$.

Die These, daß Graphenspeicher das natürliche Maß für die Rechenzeit liefern, wurde zuerst von S c h ö n h a g e [1969] formuliert. Der Speicher, den Schönhage hierbei benutzt, entspricht weitgehend den Speicherstrukturen $\mathbf{G}_{2,0,m}$ für große m. Satz 8.2.9 und Korollar 8.2.10 gehen auf Schönhage zurück. Ferner konnte Schönhage zeigen, daß Korollar 8.2.10 allgemeiner für k-dimensionale Turingmaschinen mit r Lese-Schreibköpfen und $k, r \in \mathbf{N}_+$ gilt. Ein Rechenmodell, das den Registerspeichern mit indirekter Adressierung im wesentlichen entspricht, wurde von C o o k und R e c k o w [1972] unter dem Namen R a n d o m - A c c e s s - M a s c h i n e vorgeschlagen. R e c k o w hat eine Simulation dieser Maschine auf der 2-Band-Turingmaschine angegeben, bei der die Rechenzeit höchstens quadriert wird. Im Unterschied zu dem hier beschriebenen Modell der Random-Access-Maschine lassen Cook und Reckow die Addition ganzer Zahlen als Ausgangsoperation zu, während wir nur die Addition um 1 als Operation zulassen. Ferner wird in unserem Modell bei Anwednung einer Ein- bzw. Ausgabeoperation nur Information in der Größe von einem Bit ein- bzw. ausgegeben. Diese Einschränkungen erscheinen realistisch. Sie führen u. a. dazu, daß der Subtraktionsbefehl $S_{[i]}$ eliminiert werden kann. Somit ist die Nachfolgerfunktion im wesentlichen die einzige arithmetische Operation der $\mathbf{RAM}_m$.

9. Maschinenunabhängige Komplexitätstheorie

Eine Reihe von Grundaussagen über den Rechenaufwand von partiell rekursiven Funktionen gelten weitgehend unabhängig davon, wie man den Rechenaufwand speziell mißt (z. B. als die Anzahl der Rechenschritte, als benötigter Speicherbedarf), oder welches spezielle Maschinenmodell man zugrunde legt. Ein Beispiel einer solchen Aussage ist: „Es gibt beliebig komplizierte Funktionen“; d. h. zu jeder p. r. Schranke h für den Rechenaufwand gibt es eine Funktion f, so daß der Rechenaufwand für jedes Programm, das f berechnet, an allen bis auf endlich vielen Stellen größer ist als h. In der abstrakten Komplexitätstheorie werden solche für Komplexitätsmaße allgemein gültigen Aussagen hergeleitet. Dabei geht man von einfachen und technisch gut handbaren Axiomen aus (Definition 9.1.1), die für alle interessanten Komplexitätsmaße erfüllt sind. Mit Hilfe des Rekursionstheorems gelingt es dann, eine Reihe von Phänomenen nachzuweisen, die bezüglich jedes Komplexitätsmaßes auftreten, z. B. die Existenz von Funktionen, die kein optimales Berechnungsprogramm zulassen (Satz 9.2.5). Interessant ist in diesem Zusammenhang mehr die Existenz der nachgewiesenen Phänomene als die zu diesem Nachweis konstruierten Funktionen. Die nachgewiesenen Phänomene führen, wie das angedeutete Beispiel zeigt, zu einer kritischen Betrachtung von Fragestellungen im Zusammenhang mit dem Berechnungsaufwand.

9.1. Abstrakte Komplexitätsmaße

Inhaltsübersicht. Komplexitätsmaß, Schrittmaß, Raummaß, Zeitmaß, gewichtete Zeitmaße, Umkehrkomplexität, Zusammenhang zwischen verschiedenen Schrittmaßen, Charakterisierung von Schrittmaßen, honest-Funktionen, Konstruktion beliebig komplizierter Funktionen, Komplexitätsklassen, rekursive Aufzählung von Komplexitätsklassen.

Wir wollen das Verhalten des Rechenaufwandes der Programme eines Programmiersystems in einem allgemeinen abstrakten Rahmen studieren. Gödel-Numerierungen stehen dabei für Programmiersysteme. Den Rechenaufwand beschreiben wir nach M. Blum [1967] durch ein abstraktes Komplexitätsmaß.

Definition 9.1.1. Ein (abstraktes) Komplexitätsmaß ist ein Paar (φ, Φ) von Funktionen $\varphi, \Phi \in \mathbf{P}_1^2$ mit

(K1) $\varphi \in \mathbf{P}_1^2$ ist eine Gödel-Numerierung von $\mathbf{P}_1^1$,

(K2) Für $\Phi \in \mathbf{P}_1^2$ gilt $D(\varphi) = D(\Phi)$, Φ heißt ein Schrittmaß zu φ,

(K3) $\lambda i, n, m[\Phi_i(n) \leq m]$ ist ein rekursives Prädikat.

$\Phi_i(n)$ ist genau dann erklärt, wenn die Rechnung des i-ten Programms bei Eingabe von n abbricht. In diesem Fall gibt $\Phi_i(n)$ den Rechenaufwand des i-ten Programms bei Eingabe von n an. Wir nennen Φ_i kurz die Laufzeit des i-ten Programms. Wir verabreden, daß „$\Phi_i(n) = \infty$" gleichbedeutend ist mit „$n \notin D(\Phi_i)$".

Beispiele von Komplexitätsmaßen. Sei M eine Maschine, welche rekursiv ist oder ein rekursives homomorphes Bild besitzt und welche genau alle p. r. Funktionen in $\mathbf{P}_1^1$ zu berechnen gestattet. P_i sei das i-te Programm zu einer Gödelisierung der Programme zu M.

1. Das Zeitmaß (φ, Φ) zu M erklärt man durch

$$\varphi_i = \mathrm{Res}_{P_i}, \quad \Phi_i = \mathrm{RZ}_{P_i}.$$

Um $RZ_{P_i}(n) \leq m$ zu entscheiden, führt man m Rechenschritte des Programms P_i auf der Eingabe n aus und sieht nach, ob eine Endkonfiguration erreicht wurde.

2. Sei M rekursiv oder eine Turingmaschine, dann erklärt man das R a u m m a ß (φ, Φ) zu M durch:

$$\varphi_i = Res_{P_i}, \qquad \Phi_i = SB_{P_i}.$$

Dabei gibt $SB_{P_i}(n)$ die in Bit (bzw. Zellenanzahl) gemessene Größe des maximalen Speicherzustands bei der Rechnung des Programms P_i auf der Eingabe n an. Um $SB_{P_i}(n) \leq m$ zu entscheiden, genügt es, so lange zu rechnen, bis die endlich vielen Konfigurationen ausgeschöpft sind, die das Programm P_i ausgehend von der Startkonfiguration $(0, \delta(n))$ derart erreichen kann, daß dabei nur Zustände $s \in S$ auftreten, deren Größe (Bitmaß bzw. Zellenanzahl) durch m beschränkt ist. Ist die Anzahl dieser Konfigurationen kleiner gleich r(i, m), dann gilt $SB_P(n) \leq m$ genau dann, wenn das Programm P_i innerhalb von r(i, m) Schritten stoppt und dabei nur Zustände s der Größe kleiner gleich m benutzt. Weil man eine Schranke r(i, m) stets explizit angeben kann, ist $SB_{P_i}(n) \leq m$ entscheidbar. Für eine rekursive Maschine mit $S \subset \mathbf{N}^k$ und ein Programm P_i mit $\|P_i\|$ Anweisungen kann man $r(i, m) = \|P_i\| 2^{m \cdot k}$ wählen.

3. Das Zeitmaß zu M kann man vielfältig variieren. Sei $\mathbf{O} \cup \mathbf{T}$ die Menge der Befehle zu M, dann definiert ein Programm P_i eine Funktion

$$Bef_{P_i} : \mathbf{N} \to (\mathbf{O} \cup \mathbf{T})^* \cup (\mathbf{O} \cup \mathbf{T})^\infty.$$

$Bef_{P_i}(n)$ ist die Folge der bei der Rechnung auf der Eingabe n ausgeführten Befehle. Es gilt $RZ_{P_i}(n) < \infty \Leftrightarrow Bef_{P_i}(n) \in (\mathbf{O} \cup \mathbf{T})^*$. Sei $\alpha : \mathbf{O} \cup \mathbf{T} \to \mathbf{N}$ eine Funktion, dann erklärt man die mit α g e w i c h t e t e R e c h e n z e i t $RZ^\alpha_{P_i}$ durch

$$RZ^\alpha_{P_i}(n) := \sum_j \alpha(w_j) \qquad \text{mit } w = Bef_{P_i}(n)$$

Offensichtlich führt jede Funktion $\alpha : \mathbf{O} \cup \mathbf{T} \to \mathbf{N}_+$ zu einem Komplexitätsmaß (φ, Φ) mit $\varphi_i = Res_{P_i}$ und $\Phi_i = RZ^\alpha_{P_i}$; wir nennen es ein g e w i c h t e t e s Z e i t - m a ß . Dies gilt im allgemeinen auch für gewisse Funktionen $\alpha : \mathbf{O} \cup \mathbf{T} \to \mathbf{N}$. Wir betrachten hierzu die Turingmaschine **RTM** mit den Operationen $\mathbf{O} \cup \mathbf{T} = \{R, L, d_0, d_1, t\}$. Offensichtlich erhält man Komplexitätsmaße, wenn eine der folgenden Bedingungen a) bis c) erfüllt ist:

a) $\alpha^{-1}(0) \subset \{R, L, t\}$,

b) $\alpha^{-1}(0) \subset \{d_0, d_1, t\}$,

c) $\alpha^{-1}(0) \subset \{R, L, d_0, d_1\}$.

Man erhält also ein Komplexitätsmaß (φ, Φ), indem man $\varphi_i(n)$ als die Anzahl der Druckbefehle, die Anzahl der Schiebeoperationen oder als die Anzahl der Testbefehle in der Folge $Bef_{P_i}(n)$ erklärt.

4. Sei P_i das i-te Programm der 1-Band-Turingmaschine **XTM**. $RW_{P_i}(n)$ sei die Anzahl der Richtungswechsel des Leseschreibkopfes bei der Rechnung auf der Eingabe n. Im Falle $n \notin D(Res_{P_i})$ sei $RW_{P_i}(n) = \infty$. $\lambda\, i, n[RW_{P_i}(n)]$ ist ein Schrittmaß zur Gödel-Numerierung $\lambda\, i, n[Res_{P_i}(n)]$. Man nennt dieses Schrittmaß die *Umkehrkomplexität*. Der Leser überlege sich ein Entscheidungsverfahren zu $\lambda\, i, n, m[RW_{P_i}(n) \leq m]$.

5. Man kann Schrittmaße auf vielfältige Weise kombinieren. Seien Φ_i, $\hat{\Phi}_i$ Schrittmaße zur Gödel-Numerierung φ_i, dann sind auch

$$\Phi_i + \hat{\Phi}_i, \qquad \Phi_i \circ \hat{\Phi}_i, \qquad \Phi_i^{\hat{\Phi}_i}$$

Schrittmaße zur Gödel-Numerierung φ_i.

6. Ebenso kann man Schrittmaße mit der Programmgröße kombinieren. Mit Φ_i sind auch

$$i + \Phi_i, \qquad i \cdot \Phi_i, \qquad i^{(\Phi_i)} \qquad (\Phi_i)^i$$

Schrittmaße.

7. Neben vielen Beispielen natürlicher Schrittmaße kann man auch reichlich pathologische Schrittmaße definieren.

Sei (φ, Φ) ein Komplexitätsmaß und $\varphi_j \in \mathbf{R}_1^1$. Dann wird durch

$$\hat{\Phi}_i(n) = \begin{cases} \Phi_i(n) & \text{falls } i \neq j, \\ 0 & \text{falls } i = j \end{cases}$$

ein Komplexitätsmaß $(\varphi, \hat{\Phi})$ erklärt.

Der relativ weite Spielraum, den Komplexitätsmaße zur Verfügung haben, legt die Frage nahe, inwieweit Komplexitätsmaße noch etwas über den Rechenaufwand aussagen. Wir zeigen, daß sich alle Komplexitätsmaße für aufwendige Rechenverfahren asymptotisch gleich verhalten.

Satz 9.1.2. Seien $(\hat{\varphi}, \hat{\Phi})$ und (φ, Φ) Komplexitätsmaße, dann gibt es zu jeder rekursiven Übersetzung α von $\hat{\varphi}$ in φ (d. h. $\forall\, i : \hat{\varphi}_i = \varphi_{\alpha(i)}$) Funktionen $g \in \mathbf{R}_1^3$ und $h \in \mathbf{R}_1^2$, so daß für alle i

1. $\forall\, n : g(\hat{\Phi}_i(n), i, n) \geq \Phi_{\alpha(i)}(n)$.
2. $\forall\, n(n \geq i) : h(\hat{\Phi}_i(n), n) \geq \Phi_{\alpha(i)}(n)$.

Beweis. 1. Definiere

$$g(m, i, n) := \begin{cases} \Phi_{\alpha(i)}(n) & \text{falls } m = \hat{\Phi}_i(n), \\ 0 & \text{sonst.} \end{cases}$$

$\lambda n, i, m[m = \hat{\Phi}_i(n)]$ ist rekursiv, im Falle $m = \hat{\Phi}_i(n)$ folgt $n \in D(\varphi_{\alpha(i)}) = D(\Phi_{\alpha(i)})$, und man kann $\Phi_{\alpha(i)}(n)$ berechnen. Damit ist g rekursiv. Offensichtlich gilt 1.

2. Setze: $h(m, n) := \max \{g(m, i, n) \mid i \leq n\}$. ■

Zu Satz 9.1.2 gilt eine Umkehrung. Damit kann man die Schrittmaße Φ zu φ als diejenigen Funktionen charakterisieren, deren Definitionsbereich mit dem von φ übereinstimmt und welche maximales Wachstum haben.

Satz 9.1.3. Sei (φ, Φ) ein Komplexitätsmaß und $\hat{\Phi} \in \mathbf{P}_1^2$ erfülle $D(\varphi) = D(\hat{\Phi})$. Dann ist $\hat{\Phi}$ genau dann ein Schrittmaß zu φ, wenn es ein $g \in \mathbf{R}_1^3$ gibt, so daß $\forall\, i : \forall\, n : g(\hat{\Phi}_i(n), i, n) \geq \Phi_i(n)$.

B e w e i s . Wegen Satz 9.1.2 genügt es, „$\Leftarrow$" zu zeigen. $\hat{\Phi}_i(n) \leq m$ entscheidet man folgendermaßen (beachte, daß $D(\Phi) = D(\hat{\Phi})$):

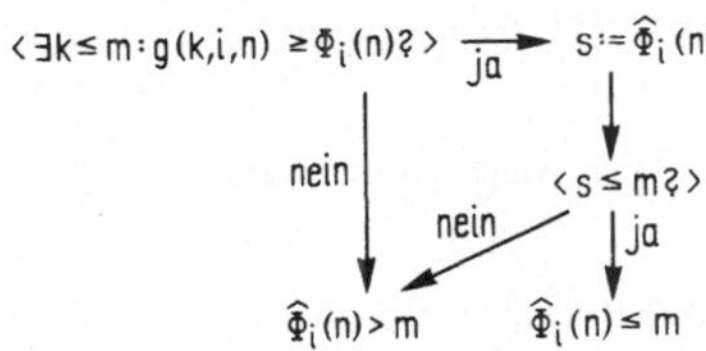

Damit ist $(\varphi, \hat{\Phi})$ ein Komplexitätsmaß. ∎

Gerade weil die Axiome für ein abstraktes Komplexitätsmaß so außerordentlich schwach sind, bietet dieser Begriff die Möglichkeit, Komplexitätsaussagen einfach herzuleiten, deren Konkretisierung für konkrete Komplexitätsmaße häufig technisch recht aufwendig ist. Wir beginnen mit einfachen Aussagen über L a u f z e i t e n . (φ, Φ) sei im folgenden ein festes Komplexitätsmaß.

Zunächst einige Bezeichnungen. Zu $f \in \mathbf{P}_1^1$ und $g \in \mathbf{P}_1^2$ erklären wir $g \circ f \in \mathbf{P}_1^1$ durch

$$g \circ f := \lambda x[g(f(x), x)].$$

Allgemein gelte für $g_i \in \mathbf{P}_1^2 : g_1 \circ g_2 \circ \cdots \circ g_n \circ f = g_1 \circ (g_2 \circ \cdots \circ g_n \circ f)$. Für $f, h \in \mathbf{P}_1^k$ steht „$f \lesssim g$" für „$\overset{\infty}{\forall} x \in D(f) \cap D(g) : f(x) \leq g(x)$". Sei $h \in \mathbf{R}_1^2$, dann nennen wir $g \in \mathbf{P}_1^1$ eine h - S c h r a n k e zu $f \in \mathbf{P}_1^1$, wenn $h \circ g \gtrsim f$. Interessant sind besonders jene h-Schranken g zu f mit $D(g) = D(f)$, wobei h in der ersten Komponente streng monoton ist. Die Klasse dieser Funktionen h bezeichnen wir mit **SR**:

$$\mathbf{SR} := \{h \in \mathbf{R}_1^2 \mid \forall\, i : \forall\, n : h(i, n) < h(i+1, n)\}.$$

Damit folgt aus $g \in \mathbf{SR}$ und $g \circ f \lesssim g \circ h$, daß $f \lesssim h$.

Wir zeigen, daß jede Laufzeit eine Schranke für die berechnete Funktion ist:

Lemma 9.1.4. Es gibt ein $g \in \mathbf{SR}$, so daß jede Laufzeit Φ_i eine g-Schranke zu φ_i ist, d. h. $\varphi_i \lesssim g \circ \Phi_i$ für alle i.

B e w e i s . Definiere

$$g(i, n) := \max\{\varphi_j(n) \mid j \leq n \wedge \Phi_j(n) \leq i\} + i.$$

Da $\Phi_j(n) \leq i$ entscheidbar ist, folgt wegen „$\Phi_j(n) \leq i \Rightarrow n \in D(\varphi_j)$", daß g rekursiv ist. Ferner gilt $g \in \mathbf{SR}$ und $\forall\, i : \forall\, n \geq i : g(\Phi_i(n), n) \geq \varphi_i(n)$. ∎

Damit folgt, daß die Laufzeiten ein effektives Majorantensystem zu $\mathbf{P}_1^1$ bilden, d. h. man kann zu jedem $f \in \mathbf{P}_1^1$ eine majorisierende Laufzeit effektiv finden:

Satz 9.1.5. $\forall f \in \mathbf{P}_1^1 : \exists \Phi_j : f \lesssim \Phi_j \wedge D(f) = D(\Phi_j)$.

Beweis. Wähle $g \in \mathbf{SR}$ wie in Lemma 9.1.4. Dann gibt es zu $f = \varphi_i \in \mathbf{P}_1^1$ ein j mit $g \circ \varphi_i = \varphi_j$. Wegen $g \circ \varphi_i = \varphi_j \lesssim g \circ \Phi_j$ folgt $\varphi_i \lesssim \Phi_j$. ∎

Diejenigen Programme, bei denen umgekehrt die berechnete Funktion eine Schranke für die Laufzeit liefert, bezeichnet man als gutartig (honest).

Definition 9.1.6. Zu $h \in \mathbf{R}_1^2$ sei $H(h) := \{i \in \mathbf{N} \mid \Phi_i \lesssim h \circ \varphi_i\}$ die Menge der h-gutartigen Programme. $\bar{H}(h) := \{f \in \mathbf{P}_1^1 \mid \exists j \in H(h) : \varphi_j = f\}$ ist die Menge der h-gutartigen Funktionen.

Wir zeigen, daß die Laufzeiten honest sind. Dies folgt, wenn man im folgenden Satz für ψ speziell das Schrittmaß Φ einsetzt.

Satz 9.1.7. Sei $\lambda x, i, m[\psi(i, x) \leq m]$ mit $\psi \in \mathbf{P}_1^2$ ein entscheidbares Prädikat. Dann gibt es ein $g \in \mathbf{R}_1^2$, so daß alle Funktionen ψ_i g-honest sind.

Beweis. Es gibt ein $\beta \in \mathbf{R}_1^1$, so daß $\varphi_{\beta(i)} = \psi_i$ für alle i. Wir definieren $g \in \mathbf{R}_1^2$ durch

$$g(m, x) = \max \{\Phi_{\beta(i)}(x) \mid i \leq x \wedge \varphi_{\beta(i)}(x) \leq m\}.$$

Dann gilt offensichtlich $g \circ \varphi_{\beta(i)} \gtrsim \Phi_{\beta(i)}$ für alle i. ∎

Um die Kompliziertheit von $f \in \mathbf{P}_1^1$ auszudrücken, definieren wir zu $f, g \in \mathbf{P}_1^1$ folgende Relationen:

$$\text{Komp}\, f \geq g \Leftrightarrow \forall i(\varphi_i = f) : \Phi_i \gtrsim g \wedge D(f) = D(g),$$

$$\text{Komp}\, f \leq g \Leftrightarrow \exists i(\varphi_i = f) : \Phi_i \lesssim g \wedge D(f) = D(g).$$

Wir zeigen als nächstes, daß es beliebig komplizierte 0-1-wertige Funktionen gibt. Für die Formulierung dieses Sachverhalts nutzen wir aus, daß die Laufzeitfunktionen $\{\Phi_i \mid i \in \mathbf{N}\}$ ein effektives Majorantensystem für $\mathbf{P}_1^1$ bilden (siehe Satz 9.1.5).

Satz 9.1.8. Es gibt ein $h \in \mathbf{R}_1^2$ und ein $\beta \in \mathbf{R}_1^1$, so daß für alle $i \in \mathbf{N}$:

$$\text{Komp}\, \varphi_{\beta(i)} \geq \Phi_i \quad \wedge \quad \text{Komp}\, \varphi_{\beta(i)} \leq h \circ \Phi_i \quad \wedge \quad \varphi_{\beta(i)}(\mathbf{N}) \subset \{0, 1\}.$$

Dieser Satz sagt aus, daß es beliebig komplizierte, 0-1-wertige Funktionen gibt, für deren Kompliziertheit man nicht allzu schlechte untere und obere Schranken angeben kann. Ferner kann man zu jeder Funktion φ_i effektiv eine kompliziertere Funktion $\varphi_{\beta(i)}$ effektiv angeben.

Beweis. Wir benutzen des Rekursionstheorem und geben eine implizite Definition für die Funktionen $\varphi_{\beta(i)}$ (vgl. (5.1.12)). Beachte, daß $\Phi_i = \varphi_{\alpha(i)}$ für ein festes $\alpha \in \mathbf{R}_1^1$. Die Anweisungen (a) bis (d) berechnen simultan die Mengen A(n) und M(n) sowie den „gestrichenen Wert“ g(n).

Implizite Definition bzw. Rekursionsschema für $\varphi_{\beta(i)}$:

a) $A(n) := \{g(m) \mid m < n \wedge \Phi_{\beta(i)}(m) < n \wedge M(n) - A(m) \neq \emptyset\}$

↓

b) $M(n) := \{m < n \mid \Phi_m(n) < \Phi_i(n)\}$

↓

c) $\langle M(n) - A(n) = \emptyset\ ?\rangle \xrightarrow[\text{nein}]{} g(n) := \min(M(n) - A(n))$

ja ↓ — (g(n) heißt auf Stufe n gestrichen) ↓

d) $\varphi_{\beta(i)}(n) := 0$ $\qquad\qquad \varphi_{\beta(i)}(n) := 1 \dot{-} \varphi_{g(n)}(n)$

Dabei soll $\varphi_{\beta(i)}(n)$ genau dann erklärt sein, wenn die Berechnungen aller Anweisungen dieses Diagramms an der Stelle n abbrechen. Beim Ausführen von b) soll zunächst $\Phi_i(n)$ berechnet werden. Wenn k auf einer Stufe gestrichen wird, dann folgt $\varphi_{\beta(i)} \neq \varphi_k$. In den Mengen A(n) werden die gestrichenen Indizes gesammelt.

L e m m a . 1. $D(\varphi_{\beta(i)}) = D(\Phi_i)$.

2. Jedes $k \in \mathbf{N}$ kann nur auf endlich vielen Stufen gestrichen werden.

3. Komp $\varphi_{\beta(i)} \gtrsim \Phi_i$.

B e w e i s . 1. Die Anweisung a) kann stets in endlich vielen Schritten berechnet werden; denn $\Phi_{\beta(i)}(m) < n$ impliziert, daß man M(m) und A(m) berechnen kann. Die Anweisung b) kann genau dann in endlich vielen Schritten berechnet werden, wenn $\Phi_i(n) < \infty$. In diesem Fall kann man auch die Anweisungen c), d) in endlich vielen Schritten ausführen.

2. $g(m) = k$ impliziert, daß $\forall n > \Phi_{\beta(i)}(m) + m : k \in A(n)$. Somit kann k auf keiner Stufe $n > \Phi_{\beta(i)}(m) + m$ gestrichen werden.

3. Angenommen, $\exists k : \varphi_k = \varphi_{\beta(i)} \wedge \overset{\infty}{\exists} n \in D(\Phi_i) : \Phi_k(n) \leq \Phi_i(n)$. Dann folgt $\overset{\infty}{\exists} n : k \in M(n)$. Da jedes Element nur endlich oft gestrichen wird, gibt es ein n, so daß k auf der Stufe n gestrichen wird. Es folgt $\varphi_{\beta(i)}(n) = 1 \dot{-} \varphi_k(n)$, Widerspruch.

Wir definieren $h \in \mathbf{R}_1^2$ durch

$$h(m, n) := \max\{\Phi_{\beta(j)}(n) \mid j \leq n \wedge \Phi_j(n) \leq m\} + m$$

und der Konvention $\max \emptyset = 0$. Offensichtlich gilt $h \in \mathbf{SR}$ und $\forall j : \Phi_{\beta(j)} \lesssim h \circ \Phi_j$. ■

Sei nun φ eine feste Gödel-Numerierung und Φ ein Schrittmaß zu φ. Wir wollen Komplexitätsklassen von Funktionen zu Φ erklären. Zunächst denkt man sicher daran, zu $f \in \mathbf{P}_1^1$ die Klassen $\{h \mid \text{Komp } h \leq f\}$ zu untersuchen. Diese Klassen hängen jedoch im allgemeinen sehr von der Wahl des Schrittmaßes Φ ab. Satz 9.1.2 legt vielmehr folgende Definition nahe. Zu $f \in \mathbf{P}_1^1$ und $h \in \mathbf{R}_1^2$ setzen wir

$$\mathbf{F}_\Phi(f, h) := \{g \in \mathbf{P}_1^1 \mid \exists n \in \mathbf{N} : \text{Komp } g \leq h^{(n)} \circ f\}.$$

Dabei gelte $h^{(n+1)} \circ f = h \circ (h^{(n)} \circ f)$. Diese Komplexitätsklassen sind für hinreichend großes h weitgehend unabhängig vom gewählten Schrittmaß.

Satz 9.1.9. Seien Φ und $\hat{\Phi}$ Schrittmaße zur Gödel-Numerierung φ. Dann gilt

$$\exists \bar{h} \in \mathbf{R}_1^2 : \forall h \in \mathbf{R}_1^2 (h \gtrsim \bar{h}) : \forall f \in \mathbf{P}_1^1 : \mathbf{F}_{\hat{\Phi}}(f, h) = \mathbf{F}_{\Phi}(f, h).$$

B e w e i s. Nach Satz 9.1.2 gibt es ein $\bar{h} \in \mathbf{R}_1^2$, so daß für alle i: $\bar{h} \circ \hat{\Phi}_i \gtrsim \Phi_i \wedge \bar{h} \circ \Phi_i \gtrsim \hat{\Phi}_i$. Damit folgt die Behauptung. ■

Statt „$\exists \bar{h} \in \mathbf{R}_1^2 : \forall h \in \mathbf{R}_1^2 (h \gtrsim \bar{h})$:“ sagen wir auch „$\forall$ hinreichend große $h \in \mathbf{R}_1^2$:“. Wegen Satz 9.1.9 kann man die Klassen $\mathbf{F}_{\Phi}(f, h)$ für alle hinreichend große $h \in \mathbf{R}_1^2$ als K o m p l e x i t ä t s k l a s s e n ansehen. Satz 9.1.9 sichert, daß diese Klassen vernünftige Abschlußeigenschaften haben. Definieren wir z. B. „$f \approx g$“ durch „$D(f) = D(g) \wedge \overset{\infty}{\forall} x \in D(f) : f(x) = g(x)$“, dann folgt, daß für alle hinreichend große $h \in \mathbf{R}_1^2$ jede Klasse $\mathbf{F}_{\Phi}(f, h)$ abgeschlossen gegen die Relation $\approx$ ist. Denn für das Raummaß (φ, Φ) zur Turingmaschine **XTM** mit festem Alphabet X sind offensichtlich alle Klassen $\mathbf{F}_{\Phi}(f, h)$ mit $f \in \mathbf{P}_1^1$, $h \in \mathbf{R}_1^2$ abgeschlossen gegen $\approx$. Wir zeigen, daß die Klassen $\mathbf{F}_{\Phi}(f, h)$ für hinreichend große rekursive h rekursiv aufzählbar sind.

Satz 9.1.10. Sei Φ ein festes Schrittmaß zu φ. Dann ist $\mathbf{F}_{\Phi}(f, h)$ für alle hinreichend großen $h \in \mathbf{R}_1^2$ und alle $f \in \mathbf{R}_1^1$ rekursiv aufzählbar.

B e w e i s. Sei $h \in \mathbf{R}_1^2$ so groß, daß $\mathbf{F}_{\Phi}(f, h)$ für alle $f \in \mathbf{R}_1^1$ abgeschlossen gegen $\approx$ und nicht leer ist. Sei $g \in \mathbf{F}_{\Phi}(f, h)$. Für $\tau \in \mathbf{R}_1^1$ gelte $\varphi_{\tau(i)} = h^{(i)} \circ f$ und $\langle\ \rangle \in \mathbf{R}_1^3$ sei bijektiv. Wir definieren $\psi \in \mathbf{R}_1^2$ durch

$$\psi_{\langle \mu, i, r\rangle}(n) := \begin{cases} \varphi_\mu(n) & \text{falls } \forall\, m(m < n \wedge \Phi_{\tau(i)}(m) < n) : [\Phi_\mu(m) \leq \varphi_{\tau(i)}(m) \vee m \leq r], \\ g(n) & \text{sonst.} \end{cases}$$

ψ ist rekursiv. Wir zeigen $\mathbf{F}_{\Phi}(f, h) = \{\psi_i \mid i \in \mathbf{N}\}$.

„$\subset$“: Im Fall $\varphi_\mu \in \mathbf{F}_{\Phi}(f, h)$ gibt es $r, i \in \mathbf{N}$, so daß $\forall n : \Phi_\mu(n) \leq (h^{(i)} \circ f)(n) \vee n \leq r$. Dann gilt $\psi_{\langle \mu, i, r\rangle} = \varphi_\mu$.

„$\supset$“: In der Definition von $\psi_{\langle \mu, i, r\rangle}$ tritt der obere Fall entweder für alle n oder nur für endlich viele n auf. Tritt er immer auf, dann gilt $\Phi_\mu \lesssim h^{(i)} \circ f = \varphi_{\tau(i)}$ und $\varphi_\mu = \psi_{\langle \mu, i, r\rangle}$. Tritt er dagegen nur endlich oft auf, dann gilt $\psi_{\langle \mu, i, r\rangle} \approx g \in \mathbf{F}_{\Phi}(f, h)$. ■

Satz 9.1.10 kann man in abgeschwächter Form auf Komplexitätsklassen zu solchen partiell rekursiven Funktionen $f \in \mathbf{P}_1^1$ übertragen, die gutartig zu einem festen $r \in \mathbf{R}_1^2$ sind. Für alle solche $f \in \mathbf{P}_1^1$ kann man den Abschluß von $\mathbf{F}_{\Phi}(f, h)$ gegenüber endlichen Fortsetzungen rekursiv aufzählen, sofern nur h hinreichend groß ist. Dabei heiße eine F o r t s e t z u n g $\bar{g}$ von g e n d l i c h, wenn $D(\bar{g}) - D(g)$ endlich ist. Der Beweis verläuft ähnlich wie zu Satz 9.1.10. Eine Funktion g im Abschluß zu $\mathbf{F}_{\Phi}(f, h)$ gegenüber endlichen Fortsetzungen konstruiert man wie $\varphi_{\beta(i)}$ im Beweis zu Satz 9.1.8.

Zur Übung beweise der Leser, daß man jede Funktion $f \in \mathbf{P}_1^1$ beliebig umständlich programmieren kann:

Aufgabe 9.1.11. $\forall f \in \mathbf{P}_1^1 : \forall h \in \mathbf{P}_1^1 (D(f) = D(h)) : \exists i : \varphi_i = f \wedge \Phi_i \gtrsim h.$

Anleitung. Man betrachte die folgende nach dem Rekursionstheorem konstruierte Funktion φ_i:

$$\varphi_i(n) := \begin{cases} 1 \dot{-} \varphi_i(n) & \text{falls } \Phi_i(n) < h(n), \\ f(n) & \text{sonst.} \end{cases}$$

Aufgabe 9.1.12. Seien Φ und $\hat{\Phi}$ die Zeitmaße für die 1-Band-Turingmaschine mit dem Alphabet X bzw. $\hat{X}$. Man zeige, daß für $h = \lambda i, n\,[2 \cdot i]$ gilt: $\mathbf{F}_\Phi(f, h) = \mathbf{F}_{\hat{\Phi}}(f, h)$ für alle f, sofern nur $\|X\| \geq 2$ und $\|\hat{X}\| \geq 2$. D. h. die Größe des Alphabets einer 1-Band-Turingmaschine beeinflußt die notwendige Rechenzeit zur Berechnung einer Funktion nur um einen konstanten Faktor.

Aufgabe 9.1.13. Sei Φ das Zeitmaß für die Random-Access-Maschine $\mathbf{RAM}_m$ (Definition 8.2.8). Dann gibt es ein $\beta \in \mathbf{R}_1^1$ und ein $c \in \mathbf{N}$, so daß $\varphi_{\beta(i)} = \Phi_i$ und $\Phi_{\beta(i)} \lesssim c \cdot \Phi_i$ für alle i.

Aufgabe 9.1.14. Sei Φ das Zeitmaß für die Maschine $\mathbf{RAM}_m$. Dann gilt die Aussage von Satz 9.1.8 insbesondere für jedes $h \in \mathbf{R}_1^2$ mit $\underline{\lim}_i \ \underline{\lim}_n \ h(i, n)/i = \infty$, d. h. h wächst in i schneller als linear.

9.2. Das Verhalten der schnellen Laufzeiten einer Funktion

Inhaltsübersicht. Komplexitätssequenz, Charakterisierung von Komplexitätssequenzen, der Beschleunigungssatz.

Im allgemeinen gibt es zu einer Funktion $f \in \mathbf{P}_1^1$ kein *asymptotisch bestes Programm*; d. h. zu jedem Programm zu f gibt es ein anderes, das an unendlich vielen Stellen oder sogar an allen bis auf endlich vielen Stellen schneller ist als das erstere. Um das Verhalten der schnellen Laufzeiten einer p. r. Funktion zu charakterisieren, haben A. R. *Meyer* und P. C. *Fischer* [1972] den Begriff der Komplexitätssequenz eingeführt. (φ, Φ) sei ein festes Komplexitätsmaß.

Definition 9.2.1. Eine Folge $(p_i \in \mathbf{P}_1^1 \mid i \in \mathbf{N})$ ist eine Komplexitätssequenz zu $f \in \mathbf{P}_1^1$, wenn (KS1) und (KS2) gilt:

(KS1) $\forall i(\varphi_i = f)\colon \exists j\colon p_j \lesssim \Phi_i$.
(KS2) $\forall j\colon [D(p_j) = D(f) \wedge \exists i\colon \varphi_i = f \wedge \Phi_i \lesssim p_j]$.

(KS1) und (KS2) bedeuten, daß $(p_i \mid i \in \mathbf{N})$ ein System von oberen und unteren Schranken für die schnellen Laufzeiten von f ist. Wenn eine Komplexitätssequenz zu f kein asymptotisch kleinstes Element besitzt, dann besitzt die Funktion f einen Beschleunigungseffekt; d. h. zu jedem Programm zu f gibt es ein anderes Programm, das an unendlich vielen Stellen schneller ist.

Wir müssen häufig Laufzeiten von Berechnungen abschätzen. Die dabei benutzte Methode wird in dem folgenden Lemma formalisiert. Es sei $(\bar{j}^k \subset \mathbf{N}^k \mid j \in \mathbf{N})$ eine feste effektive Aufzählung aller endlichen Teilmengen von $\mathbf{N}^k$. Statt „$\bar{j}^1$" schreiben wir kurz „$\bar{j}$". Hinsichtlich der früher benutzten Bezeichnung gelte: $\bar{j}^k = \sigma_k^1 D_j$.

Lemma 9.2.2. Für $\beta \in \mathbf{R}_1^1$, $d \in \mathbf{R}_1^2$, $h \in \mathbf{R}_1^3$ gelte für alle i

$$D(\varphi_{\beta(i)}) \supset \{x \mid \exists j \in \overline{d(x, i)}: \overline{h(x, i, j)^2} \subset D(\varphi)\}.$$

Dann gibt es ein $g \in \mathbf{SR}$, so daß für alle i

$$\Phi_{\beta(i)} \lesssim g \circ \lambda x \left[\underline{\min}_{j \in d(x,i)} \; \underline{\max}_{y \in h(x,i,j)^2} \Phi(y) \right].$$

Beachte: $\min(\Phi(y), \Phi(z))$ ist genau dann endlich, wenn $y \in D(\Phi) \vee z \in D(\Phi)$.
$\max(\Phi(y), \Phi(z))$ ist genau dann endlich, wenn $y \in D(\Phi) \wedge z \in D(\Phi)$.

Beweis. Man definiere $\overline{g} \in \mathbf{R}_1^2$ durch

$$\overline{g}(m, x) = \max \left\{ \Phi_{\beta(i)}(x) \mid i \leq x \wedge \underline{\min}_{j \in d(x,i)} \; \underline{\max}_{y \in h(x,i,j)^2} \Phi(y) \leq m \right\}.$$

Man erkennt leicht, daß $\overline{g}$ rekursiv ist. Wähle $g \in \mathbf{SR}$, so daß $g \gtrsim \overline{g}$. ■

In Anwendungen sind häufig entweder die Mengen $\overline{d(x, i)}$ oder die Mengen $\overline{h(x, i, j)^2}$ einelementig. Wir geben einige

Beispiele. 1. $\beta \in \mathbf{R}_1^2$ erfülle

$$\varphi_{\beta(i,j)}(x) = \begin{cases} \varphi_i(x) & \text{falls } \Phi_i(x) \leq \Phi_j(x). \\ \varphi_j(x) & \text{sonst} \end{cases}$$

sowie $D(\varphi_{\beta(i,j)}) = D(\varphi_i) \cup D(\varphi_j)$. Damit gibt es ein $g \in \mathbf{SR}$, so daß für alle i, j gilt $\Phi_{\beta(i,j)} \lesssim g \circ \min(\Phi_i, \Phi_j)$.

2. Für

$$\varphi_{\beta(i,j)}(x) = \begin{cases} \varphi_j(x) & \text{falls } \Phi_i(x) \leq \Phi_j(x), \\ \varphi_i(x) & \text{sonst} \end{cases}$$

gelte $D(\varphi_{\beta(i,j)}) = D(\varphi_i) \cap D(\varphi_j)$, denn um $\varphi_{\beta(i,j)}(x)$ zu berechnen, muß man $\Phi_i(x)$ und $\Phi_j(x)$ berechnen. Somit gibt es ein $g \in \mathbf{SR}$, so daß für alle i, j gilt $\Phi_{\beta(i,j)} \lesssim g \circ \max(\Phi_i, \Phi_j)$.

3. Der Leser übertrage Lemma 9.2.2 zur Übung auf höhere Präfixformen.

Nun geben wir hinreichende Bedingungen dafür an, daß eine Folge $(p_i \mid i \in \mathbf{N})$ Komplexitätssequenz einer 0-1-wertigen Funktion ist. Wir bezeichnen ($\langle\ \rangle \in \mathbf{R}_1^2$ sei bijektiv und fest)

$$\varphi_\mu^2 := \varphi_\mu \langle\ \rangle, \qquad \varphi_{\mu,i}^2 := \lambda x[\varphi_\mu \langle i, x \rangle],$$
$$\Phi_\mu^2 := \Phi_\mu \langle\ \rangle, \qquad \Phi_{\mu,i}^2 := \lambda x[\Phi_\mu \langle i, x \rangle].$$

Satz 9.2.3. Es gibt ein $h \in \mathbf{SR}$, so daß für alle $g \in \mathbf{SR}$ aus den Eigenschaften (S1) bis (S3) von μ folgt, daß $(\varphi_{\mu,i}^2 \mid i \in \mathbf{N})$ Komplexitätssequenz einer 0-1-wertigen Funktion ist.

(S1) $\forall\, i, j : D(\varphi_{\mu,i}^2) = D(\varphi_{\mu,j}^2)$.

(S2) $\forall\, i : \Phi_{\mu,i}^2 \lesssim g \circ \varphi_{\mu,i}^2$.

(S3) $\forall\, i : h \circ g \circ \varphi_{\mu,i+1}^2 \lesssim \varphi_{\mu,i}^2$.

(S2) ist eine gutartige Bedingung. Da jede Laufzeit gutartig ist, ist es natürlich, das System von unteren und oberen Schranken für die Laufzeiten einer Funktion aus gutartigen Funktionen aufzubauen. (S3) bedeutet, daß die Funktionen $\varphi^2_{\mu,i}$ fast überall in i antiton sind.

B e w e i s . Zu μ, u, v $\in \mathbf{N}$ konstruieren wir eine 0-1-wertige Funktion $\varphi_{s(u,v,\mu)}$, so daß $(\varphi^2_{\mu,i} \mid i \in \mathbf{N})$ eine Komplexitäts-sequenz für $\varphi_{s(0,0,\mu)}$ ist, sofern (S1) bis (S3) erfüllt sind. Die Funktion λ u, v, μ, x$[\varphi_{s(u,v,\mu)}(x)]$ definieren wir implizit durch das Rekursionsschema a) bis f). Dabei wenden wir das Rekursionstheorem und das Iterationstheorem an, siehe Bemerkung 5.1.11.

a) $R_\mu(x) := \{z \mid \exists y < x : \Phi_{s(0,0,\mu)}(y) \leq x \wedge z \in A_{0,0,\mu}(y)\}$

↓

b) $\alpha_{u,v,\mu}(x) := \begin{cases} u & \text{falls } v = \|\{j < u \mid j \in R_\mu(x)\}\| \\ 0 & \text{sonst} \end{cases}$

↓

c) $M_{u,v,\mu}(x) := \{i \mid \alpha_{u,v,\mu}(x) \leq i \leq x \wedge \Phi_i(x) \leq \varphi^2_{\mu,i}(x)\}$

↓

d) $\langle M_{u,v,\mu}(x) - R_\mu(x) = \emptyset\ ?\ \rangle \xrightarrow{\text{nein}} j := \min(M_{u,v,\mu}(x) - R_\mu(x))$

↓ja (links) ↓ (rechts)

e) $A_{u,v,\mu}(x) := \emptyset$ | $A_{u,v,\mu}(x) := \{j\}$ (Wir sagen, j wird auf der Stufe x gestrichen)

↓ ↓

f) $\varphi_{s(u,v,\mu)}(x) := 0$ | $\varphi_{s(u,v,\mu)}(x) := 1 \dot{-} \varphi_j(x)$

$\varphi_{s(u,v,\mu)}(x)$ soll genau dann erklärt sein, wenn die Berechnung der Anweisungen a) bis f) bei Eingabe von x abbrechen. Die Berechnung von $A_{0,0,\mu}(y)$ in a) ist Teil der Berechnung von $\varphi_{s(0,0,\mu)}(y)$; daher sichert die Bedingung $\Phi_{s(0,0,\mu)}(y) \leq x$ in a), daß die Berechnung von a) stets abbricht. Man erkennt, daß $\varphi_{s(0,0,\mu)}(x)$ genau dann erklärt ist, wenn die Berechnung der Anweisung c) abbricht. Dabei sollen in c) zunächst die Werte $\varphi^2_{\mu,i}(x)$ errechnet werden. λ u, v, μ, x$[\alpha_{u,v,\mu}(x)]$ ist rekursiv, und es gilt:

(I) $$D(\varphi_{s(0,0,\mu)}) = \{x \mid x \in \bigcap_{i=\alpha_{u,v,\mu}(x)}^{x} D(\varphi^2_{\mu,i})\}.$$

Insbesondere sichert die Bedingung (S1), daß $D(\varphi_{s(0,0,\mu)}) = D(\varphi^2_{\mu,i})$ für alle i. Als nächstes beweisen wir

Lemma 9.2.4. Für alle μ gilt

1. $\forall i(\varphi_i = \varphi_{s(0,0,\mu)}) : \Phi_i \gtrsim \varphi^2_{\mu,i}$.
2. $\forall u : \exists \beta(u) : \varphi_{s(u,\beta(u),\mu)} = \varphi_{s(0,0,\mu)}$.

B e w e i s . 1. Angenommen, $\varphi_i = \varphi_{s(0,0,\mu)}$ und $\overset{\infty}{\exists} x : \Phi_i(x) < \varphi^2_{\mu,i}(x)$. Dann folgt aus der Berechnung von $\varphi_{s(0,0,\mu)}$, daß $\overset{\infty}{\exists} x : i \in M_{0,0,\mu}(x)$. Da alle gestrichenen $j \in A_{0,0,\mu}(y)$ für hinreichend großes x in $R_\mu(x)$ gesammelt werden, folgt aus d) und e), daß jedes j höchstens endlich oft gestrichen wird. Folglich impliziert $\overset{\infty}{\exists} x : i \in M_{0,0,\mu}(x)$, daß i auf einer Stufe x gestrichen wird, d. h. $i \in A_{0,0,\mu}(x)$. Damit folgt $\varphi_{s(0,0,\mu)}(x) = 1 \dot{-} \varphi_i(x)$ im Widerspruch zu $\varphi_i = \varphi_{s(0,0,\mu)}$.

2. Wir setzen $\beta(u) := \max_x \| \{j < u \mid j \in R_\mu(x)\} \|$.
$\beta(u)$ ist die Anzahl aller j kleiner als u, die im Laufe der Berechnung von $\varphi_{s(0,0,\mu)}$ gestrichen werden. Nun betrachten wir die Berechnung von $\varphi_{s(u,\beta(u),\mu)}(x)$. Im Falle $\alpha_{u,\beta(u),\mu}(x) = 0$ unterscheidet sie sich nicht von der Berechnung von $\varphi_{s(0,0,\mu)}(x)$. Im Falle $\alpha_{u,\beta(u),\mu}(x) = u$ wissen wir, daß $R_\mu(x)$ bereits alle $j < u$ enthält, die im Laufe der Berechnung von $\varphi_{s(0,0,\mu)}$ gestrichen werden. Also kann in diesem Fall der Test c) in der Berechnung von $\varphi_{s(0,0,\mu)}(x)$ auf diejenigen j beschränkt werden, die größer gleich $\alpha_{u,\beta(u),\mu}(x) = u$ sind. Weil dies die Berechnung, (d. h. die implizite Definition) von $\varphi_{s(0,0,\mu)}(x)$ nicht ändert, folgt $\varphi_{s(u,\beta(u),\mu)}(x) = \varphi_{s(0,0,\mu)}(x)$. ■

Um nachzuweisen, daß $(\varphi^2_{\mu,i} \mid i \in \mathbf{N})$ Komplexitätssequenz von $\varphi_{s(0,0,\mu)}$ ist, müssen wir den zweiten Teil von (KS2) nachprüfen; (KS1) wurde in Lemma 9.2.4 bewiesen. Aufgrund von Lemma 9.2.2 und der Eigenschaft (I) gibt es ein $h \in \mathbf{SR}$, so daß für alle u, v, μ

$$\Phi_{s(u,v,\mu)} \lesssim h \circ \lambda x[\max\{\Phi^2_{\mu,i}(x) \mid \alpha_{u,v,\mu}(x) \leq i \leq x\}].$$

Wir nehmen nun an, daß μ (S1) bis (S3) erfüllt. (S2) sichert, daß

$$\Phi_{s(u,v,\mu)} \lesssim h \circ g \circ \lambda x[\max\{\varphi^2_{\mu,i}(x) \mid \alpha_{u,v,\mu}(x) \leq i \leq x\}].$$

Da die Funktionen $\varphi^2_{\mu,i}$ nach (S3) fast überall in i antiton sind, und wegen $\underline{\lim}_x\, \alpha_{u,\beta(u),\mu}(x) = u$ folgt

$$\Phi_{s(u,\beta(u),\mu)} \lesssim h \circ g \circ \varphi^2_{\mu,u}.$$

Damit impliziert (S3)

$$\Phi_{s(u,\beta(u),\mu)} \lesssim \varphi^2_{\mu,u-1}.$$

Damit ist (KS2) für $p_i = \varphi^2_{\mu,i}$ erfüllt und der Beweis zu Satz 9.2.3 beendet. ■

Gibt es eine Komplexitätssequenz zu f, die (S3) in Satz 9.2.3 erfüllt, dann ist f eine Funktion mit $h \circ g$ Beschleunigung. Allgemein sagen wir, $f \in \mathbf{P}^1_1$ habe r-Beschleunigung, wenn für $r \in \mathbf{R}^2_1$ „$\forall i(\varphi_i = f) : \exists j : \varphi_j = f \wedge r \circ \Phi_j \lesssim \Phi_i$“ gilt. Wir zeigen, daß es Funktionen mit beliebig großen Beschleunigungen gibt.

Satz 9.2.5 (Beschleunigungssatz, Blum [1967]). $\forall r \in \mathbf{R}^2_1 : \exists f \in \mathbf{R}^1_1$: f hat r-Beschleunigung.

Beweis. Wir konstruieren eine geeignete Komplexitätssequenz. Wähle $\beta \in \mathbf{R}^3_1$, so daß für alle μ, j, i, x ($\langle\ \rangle \in \mathbf{R}^2_1$ sei bijektiv)

$$\varphi_{\beta(\mu,j,i)}(x) = \varphi_j \langle \varphi_\mu \langle i,x \rangle, x \rangle .$$

Wir definieren die Funktion $\lambda j, y\, [\varphi_{t(j)}(y)]$ implizit durch (s. Bemerkung 5.1.11)

$$\varphi_{t(j)} \langle i, x \rangle := \begin{cases} 0 & \text{falls } x < i, \\ \Phi_{\beta(t(j),j,i+1)}(x) + \varphi_j \langle \varphi_{t(j)} \langle i+1, x \rangle, x \rangle & \text{sonst.} \end{cases}$$

Nach Satz 9.1.7 gibt es ein $g \in \mathbf{R}_1^2$, so daß alle Funktionen $\varphi^2_{t(j),i}$ g-gutartig sind. Um $\varphi_{t(j)}\langle i, x\rangle \leq m$ zu entscheiden, entscheide man zunächst, ob $\Phi_{\beta(t(j),j,i+1)}(x) \leq m$ ist, und wenn dies erfüllt ist, berechne man $\varphi_{t(j)}\langle i, x\rangle$. Damit ist (S2) erfüllt.

O.B.d.A. nehmen wir nun an, daß $r(i, x) \geq h(g(i, x), x)$ für alle i und x sowie h nach Satz 9.2.3. Dann gehen wir zu einem festen j mit $\varphi_j^2 = r$ über und setzen $\mu := t(j)$. Die Definition von β und φ_μ impliziert, daß $r \circ \varphi_{\mu,i+1} \lesssim \varphi_{\mu,i}$ für alle i. Damit ist (S3) erfüllt, und um (S1) nachzuweisen, zeigen wir, daß φ_μ rekursiv ist. Für $x < i$ gilt nach Definition $\langle i, x\rangle \in D(\varphi_\mu)$. Es genügt daher zu zeigen, daß für alle i, x

$$\langle i + 1, x\rangle \in D(\varphi_\mu) \Rightarrow \langle i, x\rangle \in D(\varphi_\mu);$$

mit $\varphi_\mu\langle i + 1,x\rangle$ sind auch $r\langle\varphi_\mu\langle i + 1,x\rangle,x\rangle = \varphi_{\beta(\mu,j,i+1)}(x)$ und somit auch $\Phi_{\beta(\mu,j,i+1)}(x)$ erklärt. Damit folgt aber $\langle i, x\rangle \in D(\varphi_\mu)$. Damit erfüllt die Folge $(\varphi^2_{\mu,i} \mid i \in \mathbf{N})$ (S1) bis (S3) von Satz 9.2.3 und ist somit Komplexitätssequenz einer rekursiven, 0-1-wertigen Funktion f. Wegen $r \circ \varphi_{\mu,i+1} \lesssim \varphi_{\mu,i}$ hat dieses f eine r-Beschleunigung. ∎

Wir wollen Satz 9.2.3 umkehren und zeigen, daß man das Verhalten der schnellen Laufzeiten der Funktion mit hinreichend großer Beschleunigung durch die Eigenschaften (S1) bis (S3) charakterisieren kann. Zunächst beweisen wir, daß man die schnellen Laufzeiten einer rekursiven Funktion rekursiv aufzählen kann.

Lemma 9.2.6. Es gibt ein $\psi \in \mathbf{P}_1^3$, so daß

1. $\forall e : \forall i(\varphi_{i|D(\varphi_e)} = \varphi_e) : \psi_{e,i} = \min(\Phi_e, \Phi_i)$.
2. $\forall e : \forall i(\varphi_{i|D(\varphi_e)} \neq \varphi_e) : \exists g : g \approx \Phi_e \wedge \psi_{e,i}$ ist endliche Fortsetzung von g.
3. $\lambda e, i, x, m\,[\psi(e, i, x) = m]$ ist rekursiv.

Dabei bedeutet $f \approx g$, daß $D(f) = D(g) \wedge \overset{\infty}{\forall} x \in D(f) : f(x) = g(x)$.

B e w e i s. Wir definieren ψ wie folgt:

$$\psi(e, i, x) := \begin{cases} \Phi_i(x) & \text{falls } E(e, i, x) \wedge \Phi_i(x) < \Phi_e(x), \\ \Phi_e(x) & \text{sonst.} \end{cases}$$

Dabei bezeichnet E das folgende rekursive Prädikat:

$$E(e, i, x) = [\forall y < x(\Phi_e(y) \leq x \wedge \Phi_i(y) \leq x) : \varphi_e(y) = \varphi_i(y)].$$

Man erkennt leicht, daß 1 und 2 erfüllt sind. Wegen

$$[\psi(e, i, x) \leq m] = [E(e, i, x) \wedge \Phi_i(x) \leq m] \vee \Phi_e(x) \leq m$$

kann man $\psi(e, i, x) = m$ entscheiden. ∎

Korollar 9.2.7. Zu $\psi \in \mathbf{P}_1^3$ von Lemma 9.2.6 gibt es ein $g \in \mathbf{SR}$, so daß $(\psi_{e,i} \mid i \in \mathbf{N})$ für alle $\varphi_e \in \mathbf{R}_1^1$ mit g-Beschleunigung eine Komplexitätssequenz zu φ_e ist.

B e w e i s. Offensichtlich gilt wegen Eigenschaft 1 in Lemma 9.2.6

(KS1) $\forall i(\varphi_i = \varphi_e) : \exists j : \psi_{e,j} \lesssim \Phi_i$.

Zu i wähle etwa j := i. Um (KS2) nachzuweisen, zeigen wir für alle j

$$\exists \mu : \varphi_\mu = \varphi_e \wedge \Phi_\mu \lesssim \psi_{e,j}.$$

Es sind für j zwei Fälle möglich:

1. $\psi_{e,j} \approx \Phi_e$, dann ist die Behauptung erfüllt, man wähle z. B. i := e,
2. $\psi_{e,j} = \min\{\Phi_e, \Phi_j\} \wedge \varphi_e = \varphi_j$.

Man wähle $\gamma \in \mathbf{R}_1^2$ so, daß für alle e, k, x

$$\varphi_{\gamma(e,k)}(x) = \begin{cases} \varphi_k(x) & \text{falls } \Phi_k(x) \le \Phi_e(x), \\ \varphi_e(x) & \text{sonst.} \end{cases}$$

Offensichtlich gilt $D(\varphi_{\gamma(e,k)}) = D(\varphi_k) \cup D(\varphi_e)$, und somit gibt es nach Lemma 9.2.2 ein $g \in \mathbf{SR}$, so daß für alle e, k

$$\Phi_{\gamma(e,k)} \lesssim g \circ \min(\Phi_e, \Phi_k).$$

Insbesondere gilt für j = k

$$\Phi_{\gamma(e,j)} \lesssim g \circ \psi_{e,j}, \qquad \varphi_{\gamma(e,j)} = \varphi_e.$$

Hat die Funktion φ_e nun g-Beschleunigung, dann gibt es ein $\varphi_\mu = \varphi_{\gamma(e,j)}$ mit $g \circ \Phi_\mu \lesssim \Phi_{\gamma(e,j)}$. Zusammen mit $\Phi_{\gamma(e,j)} \lesssim g \circ \psi_{e,j}$ folgt $\Phi_\mu \lesssim \psi_{e,j}$, und (KS2) ist bewiesen. Der erste Teil von (KS2) gilt, weil $\psi_{e,j}$ stets rekursiv ist. ∎

Nun sind wir in der Lage, eine Umkehrung zu Satz 9.2.3 zu beweisen.

Satz 9.2.8. Zu jedem $h \in \mathbf{SR}$, das Satz 9.2.3 erfüllt, gibt es ein $r \in \mathbf{SR}$, so daß jede Funktion $f \in \mathbf{R}_1^1$ mit r-Beschleunigung eine Komplexitätssequenz $(\varphi^2_{\mu,i} \mid i \in \mathbf{N})$ besitzt, so daß (S1) bis (S3) in Satz 9.2.3 für ein geeignetes $g \in \mathbf{SR}$ erfüllt sind.

B e w e i s. Sei $\psi \in \mathbf{P}_1^3$ die Funktion von Lemma 9.2.6 und Korollar 9.2.7. $h \in \mathbf{SR}$ erfülle Satz 9.2.3. Man wähle $b \in \mathbf{R}_1^3$, so daß für alle u, e, i

$$\varphi_{b(u,e,i)} = h \circ \varphi_u^2 \circ \psi_{e,i}.$$

Wir konstruieren eine Folge $\varphi_{t(u,e,i)}$, die im Falle, daß φ_e eine hinreichend große r-Beschleunigung mit $r = h \circ \varphi_u^2$ hat, die gesuchte Komplexitätssequenz $(\varphi_{t(u,e,i)} \mid i \in \mathbf{N})$ zu φ_e liefert. Die Funktionen $\lambda u, e, i, x\, [\varphi_{t(u,e,i)}(x)]$, $\delta \in \mathbf{P}_1^4$ definieren wir implizit durch das folgende simultane Rekursionsschema (a) bis (d). Die Existenz einer Lösung dieser impliziten und simultanen Definition folgt aus dem doppelten Rekursionssatz von Smullyan (Satz 5.1.10). Zu $m \in \mathbf{N}$ bezeichne $\sigma_2^1(m) = (m_1, m_2)$.

a) $\langle i = 0 \vee x = 0 ? \rangle \xrightarrow[\text{ja}]{} \begin{cases} \delta(u, e, i, x) := 0 \\ \varphi_{t(u,e,i)}(x) := \psi(e, 0, x) \end{cases}$

$\downarrow$ nein

b) $m := \delta(u, e, i, x-1) \to \varphi_{t(u,e,i)}(x) := \psi(e, m_2, x)$

$\searrow$

c) $\left\langle \begin{array}{l} \exists y \le x : \exists j < i : (\text{für } n := \delta(u,e,j,y)) : \exists \bar{y}(m_1 \le \bar{y} \le x) : \\ \Phi_{b(u,e,m_2)}(\bar{y}) \le x \wedge \varphi_{b(u,e,m_2)}(\bar{y}) > \psi(e, n_2, \bar{y}) ? \end{array} \right\rangle$

ja $\downarrow$ $\qquad\qquad$ $\downarrow$ nein

d) $\delta(u, e, i, x) := m + 1$ $\qquad\qquad$ $\delta(u, e, i, x) := m$

In b) trennen sich die Berechnungswege für δ und $\varphi_{t(u,e,i)}$. Beide Berechnungswege werden getrennt durchlaufen. Der Kern der Konstruktion beruht darin, daß man m bei festem i mit x so lange erhöht, bis man ein m = m(i) gefunden hat, so daß $\forall y : \forall j < i : \forall n(n = \delta(u, e, j, y)) : \forall \bar{y} \geq m_1 : h \circ \varphi_u^2 \circ \psi_{e,m_2}(\bar{y}) \leq \psi_{e,n_2}(\bar{y})$.

Sofern $(\psi_{e,i} \mid i \in \mathbf{N})$ Komplexitätssequenz einer Funktion mit $h \circ \varphi_u^2$-Beschleunigung ist, gibt es stets ein solches m. Die folgenden Aussagen kann man unmittelbar aus der obigen simultanen und impliziten Definition von δ und $\varphi_{t(u,e,i)}$ ersehen:

1. δ ist eine rekursive Funktion.

Sofern $\varphi_e \in \mathbf{R}_1^1$ eine $h \circ \varphi_\mu^2$ -Beschleunigung hat, gilt weiter für alle u und e:

2. $\forall i : \exists m(i) \in \mathbf{N} : \overset{\infty}{\forall} x : \delta(u, e, i, x) = m(i) \wedge \varphi_{t(u,e,i)} \overset{\infty}{=} \psi_{e,m(i)_2}$.
3. $m(i)_2 < m(i+1)_2$.
4. $\forall i : \forall j \leq m(i)_2 : h \circ \varphi_u^2 \circ \varphi_{t(u,e,i)} \lesssim \psi_{e,j}$.
5. $\forall i : h \circ \varphi_u^2 \circ \varphi_{t(u,e,i)} \lesssim \varphi_{t(u,e,i-1)}$.

Hat die Funktion $\varphi_e \in \mathbf{R}_1^1$ eine $h \circ \varphi_u^2$-Beschleunigung, dann ist $(\varphi_{T(u,e,i)} \mid i \in \mathbf{N})$ eine Komplexitätssequenz zu φ_e, die die Bedingung (S3) für $g \lesssim \varphi_u^2$ erfüllt.

Um (S2) nachzuweisen, müssen wir zeigen, daß die Funktionen $\varphi_{t(u,e,i)}$ eine gutartige Bedingung erfüllen. Wegen Satz 9.1.7 genügt es, ein Entscheidungsverfahren zu $\lambda u, e, i, x, n\ [\varphi_{t(u,e,i)}(x) = n]$ anzugeben. Hierzu berechne man zunächst $m := \delta(u, e, i, x - 1)$ und entscheide dann, ob $\psi(e, m_2, x) = n$. Dies ist wegen 3 in Lemma 9.2.6 möglich. Damit gibt es ein $g \in \mathbf{SR}$, so daß jede der Funktionen $\varphi_{t(u,e,i)}$ g-gutartig ist. Man wähle nun $\varphi_u^2 := g$ und $r := \lambda y, x\ [h(g(y, x), x)]$, und Satz 9.2.8 ist bewiesen. ∎

Den Beschleunigungssatz 9.2.5 kann man wesentlich verschärfen. Sei $F : \mathbf{P}_1^1 \to \mathbf{P}_1^1$ ein effektiver Operator mit $F(\mathbf{R}_1^1) \subset \mathbf{R}_1^1$. Solche Operatoren heißen *total*. A. R. *Meyer* und P. C. *Fischer* haben gezeigt [1972] daß es zu jedem totalen Operator $F : \mathbf{P}_1^1 \to \mathbf{P}_1^1$ ein $f \in \mathbf{R}_1^1$ gibt, so daß f eine F-Beschleunigung hat. D. h. $\forall i(\varphi_i = f) : \exists j : \varphi_j = \varphi_i \wedge F(\Phi_j) \lesssim \Phi_i$.

Zu allen Sätzen über abstrakte Komplexitätsmaße erhebt sich die Frage, wie diese Sätze für konkrete Schrittmaße, wie z. B. die Rechenzeit oder den Speicherbedarf von Turingmaschinen, aussehen. Als Beispiel diskutieren wir stellvertretend Satz 9.2.3. Wählt man als Komplexitätsmaß den Speicherbedarf auf Mehrband-Turingmaschinen oder die Rechenzeit auf der Random-Access-Maschine (Definition 8.2.7), dann kann man für $h \in \mathbf{SR}$ in Satz 9.2.3 die Funktion $\lambda i, n[2 \cdot i]$ wählen. Dabei muß man allerdings zusätzlich verlangen, daß die Funktionen $\varphi_{\mu,i}^2$ der Komplexitätssequenz so groß sind, daß sie ein Lesen der Eingabe ermöglichen.

Dies bedeutet, daß es für konkrete Komplexitätsmaße Funktionen gibt, deren Berechnungskomplexität nicht wesentlich über dem Aufwand liegt, der zum Lesen der Eingabe notwendig ist und die bereits einen Beschleunigungseffekt haben, der natürlich nur sehr schwach sein kann. Andererseits ist es ein offenes Problem, ob es zu einem konkreten Schrittmaß, wie z. B. der Rechenzeit oder dem Speicherbedarf bei Turingmaschinen mit festem Alphabet, Funktionen gibt, die keine lineare Beschleunigung (d. h. Beschleunigung um einen konstanten Faktor) haben. Auch für Funktionen sehr einfacher Bauart ist daher die Existenz von Beschleunigungseffekten nicht auszuschließen.

9.3. Die Nicht-Existenz von Beschleunigungsverfahren

Inhaltsübersicht. Es gibt zu keinem Problem ein effektives Beschleunigungsverfahren, das zu jedem Lösungs-Algorithmus einen fast überall wesentlich schnelleren äquivalenten Algorithmus auffindet, sofern ein solcher existiert; bei jeder Funktion mit großer Beschleunigung ist entweder das asymptotisch schnellere Programm wesentlich größer oder aber das asymptotisch schnellere Programm ist an sehr vielen Stellen nicht schneller.

Wir behandeln die Frage, ob es einen Algorithmus zum Auffinden schneller Programme gibt. Algorithmen, die Programme automatisch verbessern, wären sicher für die Programmierpraxis interessant. Wir können jedoch zeigen, daß solche Beschleunigungsalgorithmen notwendigerweise nur eine sehr begrenzte Leistungsfähigkeit haben können. Aus dem folgenden Satz 9.3.1 folgt, daß es keinen Algorithmus gibt, der zu jedem Programm ein wesentlich schnelleres Programm, das dieselbe Funktion berechnet, auffindet, sofern ein solches Programm existiert.

„$\exists h$(h beliebig groß):“ stehe für „ $\forall \overline{h} \in \mathbf{SR} : \exists h(h \gtrsim \overline{h})$:“ und ist damit äquivalent zu „$\neg\forall h$(h hinreichend groß)$:\neg$“

Satz 9.3.1 (B l u m [1971]). $\forall\, h \in \mathbf{R}_1^2$ (h hinreichend groß) : $\neg\exists\, f \in \mathbf{R}_1^1 : \exists\, \sigma \in \mathbf{P}_1^1$:

$$\forall i(\varphi_i = f) : [i \in D(\sigma) \wedge \varphi_{\sigma(i)} = f \wedge h \circ \Phi_{\sigma(i)} \lesssim \Phi_i]$$

Sei $f \in \mathbf{R}_1^1$ eine Funktion mit hinreichend großer Beschleunigung, dann gibt es nach Satz 9.3.1 kein Verfahren, das zu jedem Programm zu f ein wesentlich schnelleres effektiv auffindet.

B e w e i s . Im Gegensatz zur Behauptung nehmen wir folgendes an:

Annahme 9.3.2. $\exists h \in \mathbf{R}_1^2$ (h beliebig groß) : $\exists f = \varphi_j \in \mathbf{R}_1^1$

$$\exists \sigma = \varphi_\nu \in \mathbf{P}_1^1 : \forall i(\varphi_i = f) :[i \in D(\sigma) \wedge \varphi_{\sigma(i)} = \varphi_j \wedge h \circ \Phi_{\sigma(i)} \lesssim \Phi_i].$$

Zu $j, \nu \in \mathbf{N}$ definieren wir in Abhängigkeit von φ_j, φ_ν Funktionen $\varphi_{i(j,\nu)}, \varphi_{k(j,\nu)}$ durch simultane und implizite Definition. Der doppelte Rekursionssatz von Smullyan (Satz 5.1.10) sichert, daß es zu ν und j Funktionen $\psi \in \mathbf{R}_1^3$, sowie φ_i und φ_k gibt, die alle Implikationen des simultanen Rekursionsschemas Fig. 35 erfüllen.

$\varphi_i(x)$ bzw. $\varphi_k(x)$ soll genau dann erklärt sein, wenn alle Anweisungen, die zur Definition von $\varphi_i(x)$ bzw. $\varphi_k(x)$ führen, in endlich vielen Schritten berechnet werden können. Abgesehen von der Berechnung der Prädikate $S_{j,\nu}$, $T_{j,\nu}$ und der Zuordnung Z von $\varphi_j(x)$ brechen alle Anweisungen nach endlich vielen Schritten ab. $S_{j,\nu}(x)$ ist genau dann erklärt, wenn einer der Werte $\Phi_{\varphi_\nu(i)}(x)$, $\Phi_{\varphi_\nu(k)}(x)$, $\Phi_j(x)$ erklärt ist. Ist $S_{j,\nu}(x)$ erfüllt, dann ist offensichtlich auch $T_{j,\nu}(x)$ erklärt. Bei Zugrundelegen eines konkreten Maschinenmodells und eines konkreten Schrittmaßes stellt obiges Diagramm ein Berechnungsverfahren zu φ_i, φ_k dar.

Man verifiziert leicht, daß für alle j, ν folgende Aussagen gelten. Beachte, daß die Fixpunkte i, k rekursiv von j und ν abhängen.

a) $D(\varphi_j) \subset D(\varphi_i) \cap D(\varphi_k)$.

b) $\psi \in \mathbf{R}_1^3$ ist rekursiv.

c) $\forall x : [\psi(j, \nu, x) = 0 \Rightarrow \varphi_i(x) = \varphi_k(x) = \varphi_j(x)]$.
d) $\forall x : [\varphi_i(x) = \varphi_j(x) \lor \varphi_k(x) = \varphi_j(x)]$.

Zu a) beachte man, daß die Tests $S_{j,\nu}(x)$, $T_{j,\nu}(x)$ endliche Schranken für $\Phi_{\varphi_\nu(i)}(x)$ bzw. $\Phi_{\varphi_\nu(k)}(x)$ sichern, falls $\varphi_{\varphi_\nu(i)}(x)$ bzw. $\varphi_{\varphi_\nu(k)}(x)$ bei der Zuordnung Z benutzt wird. b) gilt, weil die Prädikate $P_{j,\nu}$, $Q_{j,\nu}$, $R_{j,\nu}$ rekursiv sind.

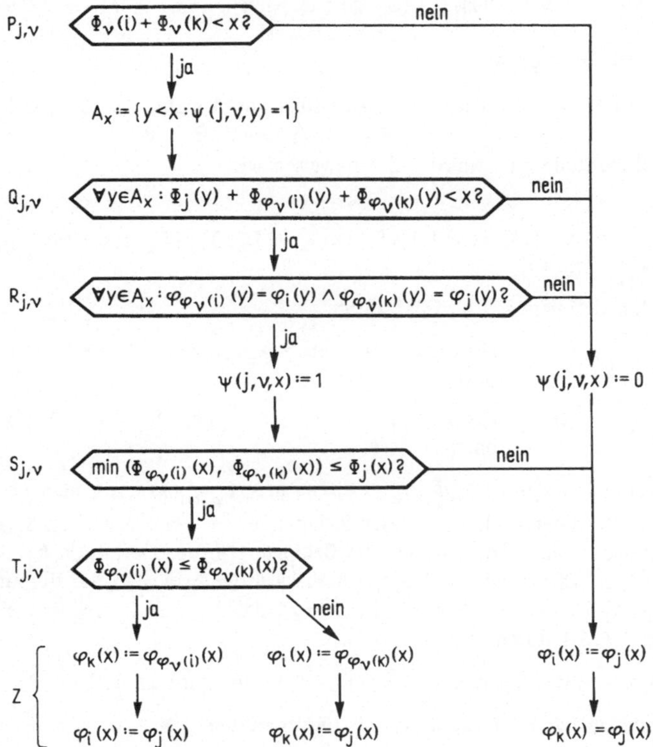

Fig. 35. Simultane implizite Definition (bzw. Rekursionsschema) zu φ_i, φ_k

Als nächstes beweisen wir mit Annahme 9.3.2

Lemma 9.3.3. 1. $\varphi_i \overset{\infty}{=} \varphi_k \overset{\infty}{=} \varphi_j$.
2. $\overset{\infty}{\exists} x : \psi(j, \nu, x) = 1$.
3. $\overset{\infty}{\exists} x : [\psi(j, \nu, x) = 1 \land S_{j,\nu}(x)]$.

B e w e i s . 1. Angenommen, es gibt ein kleinstes y, so daß $\neg[\varphi_i(y) = \varphi_k(y) = \varphi_j(y)]$. O.B.d.A. gelte $\varphi_i(y) \neq \varphi_j(y)$. Es genügt zu zeigen, daß dies $\varphi_k = \varphi_j$ zur Folge hat. Dann folgt nämlich nach Annahme 9.3.2, daß auch $\varphi_{\varphi_\nu(k)} = \varphi_j$, und somit impliziert die Zuordnung Z in jedem Fall $\varphi_i = \varphi_j$, ein Widerspruch zur Annahme.

Für $x < y$ gilt $\varphi_k(x) = \varphi_j(x)$ aufgrund der Annahme, daß y minimal ist. Für $x = y$ gilt $\varphi_k(x) = \varphi_j(x)$ wegen d). Für $x > y$ gilt $y \in A_x$, und wegen $\varphi_i(y) \neq \varphi_j(y)$ gilt stets $\neg R_{j,\nu}(x)$ und somit folgt $\varphi_k(x) = \varphi_j(x)$.

2. Angenommen, es gelte $x := \max\{y \mid \psi(j, \nu, y) = 1\}$. Wegen $\varphi_i = \varphi_k = \varphi_j$ folgt aus Annahme 9.3.2, daß $i, k \in D(\varphi_\nu)$. Damit gibt es ein $x_0 > x$, so daß $P_{j,\nu}(x_0) \wedge Q_{j,\nu}(x_0) \wedge R_{j,\nu}(x_0)$. Also gilt $\psi(j, \nu, x_0) = 1$ im Widerspruch zur Annahme.

3. Aufgrund von $\forall j : \forall \nu : D(\varphi_j) \subset D(\varphi_i)$ gibt es nach Lemma 9.2.2 ein $g \in \mathbf{SR}$ so, daß

$$\forall j : \forall \nu : \Phi_i \lesssim g \circ \Phi_j.$$

Wähle nun $h \in \mathbf{R}_1^2$ so groß, daß $h \gtrsim g$, dann folgt aus Annahme 9.3.2: $h \circ \Phi_{\varphi_\nu(i)} \lesssim \Phi_i \lesssim g \circ \Phi_j$ und somit $\Phi_{\varphi_\nu(i)} \lesssim \Phi_j$. Aus 2 folgt somit 3. ∎

Mit der Beweismethode zu Lemma 9.2.2 beweisen wir

Lemma 9.3.4

$\exists \bar{h} \in \mathbf{SR} : \forall j : \forall \nu : \forall x\, [\psi(j, \nu, x) = 1 \wedge S_{j,\nu}(x) \wedge x \in D(\varphi_j)] : [\Phi_k(x) \leq \bar{h}(\Phi_{\varphi_\nu(k)}(x), x) \vee \Phi_i(x) \leq \bar{h}(\Phi_{\varphi_\nu(i)}(x), x)]$.

B e w e i s . Man definiere $\bar{h}_1, \bar{h}_2 \in \mathbf{R}_1^4$ durch

$$\bar{h}_1(m, x, j, \nu) := \begin{cases} \Phi_k(x) & \text{falls } \psi(j,\nu,x) = 1 \wedge m \geq \Phi_{\varphi_\nu(k)}(x) \wedge S_{j,\nu}(x) \wedge T_{j,\nu}(x), \\ 0 & \text{sonst.} \end{cases}$$

$$\bar{h}_2(m, x, j, \nu) := \begin{cases} \Phi_i(x) & \text{falls } \psi(j,\nu,x) = 1 \wedge m \geq \Phi_{\varphi_\nu(i)}(x) \wedge S_{j,\nu}(x) \wedge \neg T_{j,\nu}(x), \\ 0 & \text{sonst.} \end{cases}$$

$\bar{h}_1, \bar{h}_2$ sind rekursiv, denn $m \geq \Phi_{\varphi_\nu(k)}(x)$ bzw. $m \geq \Phi_{\varphi_\nu(i)}(x)$ kann man im Fall $\psi(j, \nu, x) = 1$ entscheiden. Gilt eine dieser Relationen, so kann man auch $S_{j,\nu}(x)$ und $T_{j,\nu}(x)$ entscheiden. Ferner sichert die Bedingung in der Definition $\bar{h}_1$ bzw. $\bar{h}_2$ gerade, daß $x \in D(\varphi_k)$ bzw. $x \in D(\varphi_i)$. Berücksichtigt man, daß die Fixpunkte i und k rekursiv von j und ν abhängen, dann folgt, daß $\bar{h}_1$ und $\bar{h}_2$ rekursiv sind. Definiere nun $\bar{h} \in \mathbf{SR}$ durch:

$$\bar{h}(m, x) := \max\{\bar{h}_\mu(\bar{m}, x, j, \nu) + m \mid j, \nu \leq x \wedge \bar{m} \leq m \wedge \mu = 1, 2\}.$$

Nach Konstruktion hat $\bar{h}$ die gewünschten Eigenschaften. ∎

Mit dem oben erklärten $\bar{h}$ führen wir nun Annahme 9.3.2 zum Widerspruch. Wähle h in Annahme 9.3.2 so groß, daß $h \gtrsim \bar{h}$, dann folgt aus 3 in Lemma 9.3.3 und Lemma 9.3.4:

$$\overset{\infty}{\exists} x: [\Phi_k(x) \leq h(\Phi_{\varphi_\nu(k)}(x), x) \vee \Phi_i(x) \leq h(\Phi_{\varphi_\nu(i)}(x), x)].$$

Dies steht im Widerspruch zu Annahme 9.3.2. ∎

Dagegen hat B l u m [1971] gezeigt, daß es Funktionen $f \in \mathbf{P}_1^1$ gibt, so daß man jedes Programm zu f an unendlich vielen Stellen effektiv beschleunigen kann. Ein Beispiel einer solchen Funktion ist das Halteproblem $f = \lambda x[\varphi_x(x)]$.

Wir wollen nun die Frage behandeln, ob Beschleunigungssituationen für die Programmierung interessant sind. Damit der Beschleunigungseffekt einer Funktion f für die

Programmierung relevant wird, sollten die beiden folgenden Bedingungen erfüllt sein:

1. Die Größe des schnelleren Programms j darf nicht wesentlich größer sein als die Größe des langsameren Programms i, d. h. j ist rekursiv beschränkt durch i.

2. Die Anzahl der Argumente, für die die Beschleunigung nicht gilt, darf nicht unermeßlich wachsen, d. h. die Anzahl der Argumente, für die das Programm j nicht wesentlich schneller ist als das Programm i, muß rekursiv durch i beschränkt sein.

Aus dem folgenden Satz ergibt sich, daß eine der beiden Bedingungen 1 und 2 für jede rekursive Funktion f mit hinreichend großer Beschleunigung r verletzt ist. Damit ist die Bedeutung von Beschleunigungseffekten für die Programmierung gering.

Satz 9.3.5 (Schnorr [1972])
$\forall\, r \in \mathbf{SR}$ (r hinreichend groß) : $\neg\, \exists\, f \in \mathbf{R}^1_1 : \exists\, h \in \mathbf{P}^1_1 : \forall\, i(\varphi_i = f) : [i \in D(h) \wedge \exists\, j \leq h(i) : [\varphi_j = f \wedge \| \{n : r(\Phi_j(n), n) > \Phi_i(n)\} \| \leq h(i)]]$.

Beweis. Wir führen den Beweis durch Widerspruch. Aus der Negation von Annahme 9.3.6 zu Satz 9.3.5 folgern wir die Existenz von beliebig starken, effektiven Beschleunigungsverfahren, was nach Satz 9.3.1 nicht möglich ist.

Annahme 9.3.6
$\exists\, r = \varphi^2_{\bar\mu} \in \mathbf{R}^2_1$ (r beliebig groß) : $\exists\, f \in \mathbf{R}^1_1 : \exists\, h = \varphi_{\bar\nu} \in \mathbf{P}^1_1 : \forall\, i(\varphi_i = f)$:
$[i \in D(\varphi_{\bar\nu}) \wedge \exists\, j \leq \varphi_{\bar\nu}(i) : [\varphi_j = \varphi_i \wedge \| \{n \in \mathbf{N} : \varphi^2_{\bar\mu}(\Phi_j(n), n) > \Phi_i(n)\} \| \leq \varphi_{\bar\nu}(i)]]$.
Dabei sei $\varphi^2_{\bar\mu} = \varphi_{\bar\mu}\langle\ \rangle$ und $\langle\ \rangle \in \mathbf{R}^2_1$ eine feste Paarungsfunktion. Mit Annahme 9.3.6 konstruieren wir eine Funktion $\sigma \in \mathbf{R}^3_1$, so daß, wann immer $\varphi_{\bar i} = f$, dann ist $\varphi_{\sigma(\bar\nu,\bar\mu,\bar i)} = \varphi_i$, und $\Phi_{\sigma(\bar\nu,\bar\mu,\bar i)}$ ist wesentlich kleiner als Φ_i, d. h. $\varphi_{\sigma(\bar\nu,\bar\mu,\bar i)}$ ist eine beträchtlich schnellere Berechnungsmethode als φ_i. Dies führt zu einem Widerspruch zu Satz 9.3.1.

Im folgenden steht „$\overset{k}{\forall}$ n“ für
„für alle n bis auf höchstens k Ausnahmen“.
Ferner benutzen wir eine Funktion $\alpha \in \mathbf{R}^2_1$ so, daß für alle μ, j

$$\varphi_{\alpha(j,\mu)} = \varphi^2_\mu \circ \Phi_j.$$

Zu beliebigem ν, μ, i definieren wir nun $\varphi_{\sigma(\nu,\mu,i)}$ implizit wie in Fig. 36.
$\varphi_{\sigma(\nu,\mu,i)}(x)$ soll genau dann erklärt sein, wenn alle Anweisungen, die zur Definition von $\varphi_{\sigma(\nu,\mu,i)}(x)$ führen, in endlich vielen Schritten abbrechen.
Den Test $P_{\nu,i}$ kann man effektiv ausführen. (Wir schreiben $P_{\nu,i}(x)$, falls dieser Test an der Stelle x erfüllt ist.) Im Falle $P_{\nu,i}(x)$ kann man die endlichen Mengen $L_{\nu,\mu,i}(x)$ und $M_{\nu,\mu,i}(x)$ effektiv bilden. Die Eigenschaften von $(j, y) \in L_{\nu,\mu,i}(x)$ sichern gerade, daß man die zur Berechnung von $M_{\nu,\mu,i}(x)$ notwendigen Rechnungen mit (j, y) auch effektiv ausführen kann. Für $x \in D(\varphi_i)$ kann man ferner die Tests $Q_{\nu,\mu,i}$ und $R_{\nu,\mu,i}$ effektiv auswerten, ebenso die Zuordnung $Z_{\nu,\mu,i}$. Demnach ist $\varphi_{\sigma(\nu,\mu,i)}$ rekursiv, sofern nur φ_i rekursiv ist.
Im folgenden seien $\bar\nu$, $\bar\mu$, $\bar i$ beliebige Werte, so daß mit $r = \varphi^2_{\bar\mu}$, $h = \varphi_{\bar\nu}$ und $f = \varphi_{\bar i}$ Annahme 9.3.6 erfüllt ist. Insbesondere nehmen wir an, daß φ^2_μ so groß ist, daß
$\varphi^2_\mu \gtrsim \lambda\, x, y[x]$.

Betrachten wir nun die Berechnung von $\varphi_{\sigma(\bar\nu,\bar\mu,\bar i)}(x)$, es sei $\bar k := \varphi_{\bar\nu}(\bar i)$. $(L_{\bar\nu,\bar\mu,\bar i}(x) \mid x \geq \bar k)$ bildet eine aufsteigende Folge von endlichen Mengen. Damit ist $(M_{\bar\nu,\bar\mu,\bar i}(x) \mid x \geq \bar k)$ eine absteigende Folge von endlichen Mengen, denn jedes

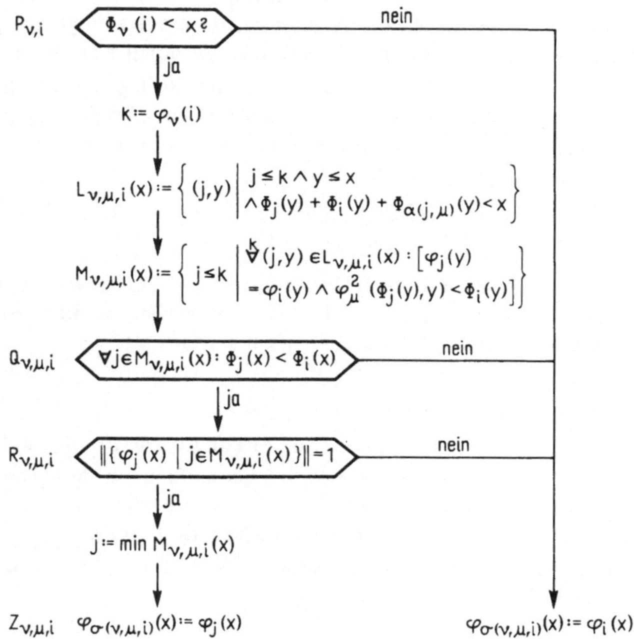

Fig. 36 Simultane implizite Definition (bzw. Rekursionschema) zu φ_i, φ_k

$(j, y) \in L_{\bar\nu,\bar\mu,\bar i}(x)$ stellt eine zusätzliche Bedingung an $j \in M_{\bar\nu,\bar\mu,\bar i}(x)$. Folglich gibt es ein x_0, so daß

$$M_{\bar\nu,\bar\mu,\bar i}(x_0) = \bigcap_{x \geq \bar k} M_{\bar\nu,\bar\mu,\bar i}(x).$$

Man verifiziert leicht, daß

$$M_{\bar\nu,\bar\mu,\bar i}(x_0) = \left\{ j \leq \bar k \,\middle|\, \begin{array}{l} \overset{\bar k}{\forall} x : [\varphi_j(x) = \varphi_{\bar i}(x) \\ \wedge\, \varphi_{\bar\mu}^2(\Phi_j(x), x) < \Phi_{\bar i}(x)] \end{array} \right\}.$$

Denn für hinreichend große x werden gerade alle anderen j aus $M_{\bar\nu,\bar\mu,\bar i}(x)$ eliminiert. Ferner wissen wir aufgrund von Annahme 9.3.6, daß $M_{\bar\nu,\bar\mu,\bar i}(x_0)$ nicht leer ist, denn $M_{\bar\nu,\bar\mu,\bar i}(x_0)$ enthält alle Programme $j \leq \bar k$ zu $\varphi_{\bar i}$, welche bis auf $\bar k$ Stellen „um $\varphi_{\bar\mu}^2$ schneller" sind als $\varphi_{\bar i}$. Insbesondere enthält $M_{\bar\nu,\bar\mu,\bar i}(x)$ aufgrund von Annahme 9.3.6 stets ein j mit $\varphi_j = \varphi_{\bar i}$. Der Test $R_{\bar\nu,\bar\mu,\bar i}$ sichert damit, daß $\varphi_{\sigma(\bar\nu,\bar\mu,\bar i)} = \varphi_{\bar i}$. Also ist $\varphi_{\sigma(\bar\nu,\bar\mu,\bar i)}$ eine andere Berechnungsmethode zu $\varphi_{\bar i}$.

Als nächstes zeigen wir, daß die folgende Funktion $\psi_{\overline{\nu},\overline{\mu},\overline{i}}$ eine Schranke für den Rechenaufwand $\Phi_{\sigma(\overline{\nu},\overline{\mu},\overline{i})}$ ist. Wir definieren:

$$\psi_{\nu,\mu,i} := \max\,\{\Phi_j(x) \mid j \in M_{\nu,\mu,i}(x)\},$$

$$D(\psi_{\nu,\mu,i}) := \{x \mid \forall j \in M_{\nu,\mu,i}(x) : x \in D(\varphi_j)\}.$$

Lemma 9.3.7. $\exists\, g \in \mathbf{SR} : \forall\, \overline{\nu}, \overline{\mu}, \overline{i}$ (Annahme 9.3.6 ist erfüllt) : $\Phi_{\sigma(\overline{\nu},\overline{\mu},\overline{i})} \lesssim g \circ \psi_{\overline{\nu},\overline{\mu},\overline{i}} \wedge D(\Phi_{\sigma(\overline{\nu},\overline{\mu},\overline{i})}) - D(\psi_{\overline{\nu},\overline{\mu},\overline{i}})$ ist endlich.

B e w e i s . Wir definieren $\overline{g} \in \mathbf{R}_1^5$ durch

$$\overline{g}(y, x, \nu, \mu, i) = \begin{cases} \Phi_{\sigma(\nu,\mu,i)}(x) & \text{falls (a)} \wedge \text{(b)} \wedge \text{(c)} \wedge \text{(d)}, \\ 0 & \text{sonst.} \end{cases}$$

mit a) $P_{\nu,i}(x)$; b) $\psi_{\nu,\mu,i}(x) \leq y$; c) $Q_{\nu,\mu,i}(x)$; d) $R_{\nu,\mu,i}(x)$.

Zunächst zeigen wir, daß $\overline{g}$ rekursiv ist. $P_{\nu,i}(x)$ kann man effektiv entscheiden. Wenn $P_{\nu,i}(x)$ gilt, kann man $L_{\nu,\mu,i}(x)$ und $M_{\nu,\mu,i}(x)$ effektiv bilden. Somit kann man dann $\psi_{\nu,\mu,i}(x) \leq y$ entscheiden; wenn auch dies gilt, ist wegen der Beschränktheit von $\psi_{\nu,\mu,i}(x)$ gesichert, daß man $Q_{\nu,\mu,i}(x)$ und $R_{\nu,\mu,i}(x)$ entscheiden kann. Wenn alle diese Bedingungen erfüllt sind, sichert die Endlichkeit von $\psi_{\nu,\mu,i}(x)$, daß $\varphi_{\sigma(\nu,\mu,i)}(x)$ erklärt ist. Somit kann man in diesem Fall $\Phi_{\sigma(\nu,\mu,i)}(x)$ berechnen.

Um Lemma 9.3.7 zu beweisen, folgern wir aus Annahme 9.3.6

Lemma 9.3.8. $\forall \overline{\nu} : \forall \overline{\mu} : \forall \overline{i}$ (Annahme 9.3.6 ist erfüllt) : $\overset{\infty}{\forall} x$: [die Bedingungen a) bis d) sind bei der Berechnung von $\overline{g}(\psi_{\overline{\nu},\overline{\mu},\overline{i}}(x), x, \overline{\nu}, \overline{\mu}, \overline{i})$ erfüllt].

B e w e i s . Die Bedingung a) gilt für alle $x \geq \Phi_{\overline{\nu}}(\overline{i})$, die Bedingung b) ist offensichtlich stets erfüllt. Wir erinnern uns, daß $M_{\overline{\nu},\overline{\mu},\overline{i}}(x_0)$ nur solche j enthält, für die

$$\overset{k}{\forall} x: \varphi^2_{\overline{\mu}}(\Phi_j(x), x) < \Phi_i(x).$$

Daraus folgt insbesondere, daß $D(\Phi_{\sigma(\overline{\nu},\overline{\mu},\overline{i})}) - D(\psi_{\overline{\nu},\overline{\mu},\overline{i}})$ endlich ist. Wegen $\varphi^2_{\overline{\mu}} \gtrsim \lambda x, y\,[x]$ folgt $\overset{\infty}{\forall} x$: $Q_{\overline{\nu},\overline{\mu},\overline{i}}(x)$. Weiter folgt $\forall j \in M_{\overline{\nu},\overline{\mu},\overline{i}}(x_0) : \overset{k}{\forall} x : \varphi_{\overline{i}}(x) = \varphi_j(x)$. Daraus folgt $\overset{\infty}{\forall} x$: $R_{\overline{\nu},\overline{\mu},\overline{i}}(x)$, und somit ist Lemma 9.3.8 bewiesen.

B e w e i s von Lemma 9.3.7. Nun definieren wir $g \in \mathbf{SR}$ durch

$$g(m, x) := \max\{\overline{g}(y, \overline{x}, \nu, \mu, i) + m \mid y \leq m \wedge \overline{x}, \nu, \mu, i \leq x\}.$$

Es folgt aus Lemma 9.3.8 und der Definition von $\overline{g}$: $\overset{\infty}{\forall} x \in D(\psi_{\nu,\mu,i})$

$$\overline{g}(\psi_{\nu,\mu,i}(x), x, \nu, \mu, i) = \Phi_{\sigma(\nu,\mu,i)}(x)$$

und folglich

$$\Phi_{\sigma(\overline{\nu},\overline{\mu},\overline{i})} \lesssim g \circ \psi_{\overline{\nu},\overline{\mu},\overline{i}}.$$

Damit ist Lemma 9.3.7 bewiesen.

B e w e i s von Satz 9.3.5. Wir folgern aus Annahme 9.3.6 die Existenz von effektiven Beschleunigungsverfahren zu Funktionen mit beliebig großen Beschleunigungen und somit einen Widerspruch zu Satz 9.3.1.

Sei $r \in \mathbf{SR}$ vorgegeben und $\varphi^2_{\overline{\mu}} \in \mathbf{SR}$ sei so groß, daß gilt

(9.3.9) $\forall y, x: \varphi^2_{\overline{\mu}}(x, y) \geq r(g(y, x), x)$.

Nach Konstruktion sichert die Berechnung von $M_{\overline{\nu},\overline{\mu},\overline{i}}(x)$, daß

$$\overset{\infty}{\forall} x : \forall j \in M_{\overline{\nu},\overline{\mu},\overline{i}}(x) : \varphi^2_{\overline{\mu}}(\Phi_j(x), x) < \Phi_{\overline{i}}(x).$$

Hieraus folgt aus (9.3.9)

$$\overset{\infty}{\forall} x : \forall j \in M_{\overline{\nu},\overline{\mu},\overline{i}}(x) : (r \circ g \circ \Phi_j)(x) < \Phi_{\overline{i}}(x).$$

Weil r und g in der ersten Komponente isoton sind, folgt nach Definition von $\psi_{\overline{\nu},\overline{\mu},\overline{i}}$:

$$r \circ g \circ \psi_{\overline{\nu},\overline{\mu},\overline{i}} \lesssim \Phi_{\overline{i}}.$$

Hieraus folgt nach Lemma 9.3.7

$$r \circ \Phi_{\sigma(\overline{\nu},\overline{\mu},\overline{i})} \lesssim \Phi_{\overline{i}}.$$

Da r beliebig groß ist, folgt aus Annahme 9.3.6, daß es ein effektives Beschleunigungsverfahren zu einer Funktion $\varphi_{\overline{i}}$ mit beliebig großer Beschleunigung r gibt. Denn zu $\varphi_{\overline{i}}$ ist $\varphi_{\sigma(\overline{\nu},\overline{\mu},\overline{i})}$ ein um r schnelleres Berechnungsverfahren zu $\varphi_{\overline{i}}$. Dies steht im Widerspruch zu Satz 9.3.1. Damit ist Annahme 9.3.6 falsch und somit Satz 9.3.5 bewiesen. ■

9.4. Relative Komplexitätstheorie

Inhaltsübersicht. Gödel-Numerierungen relativer Algorithmen, relatives Komplexitätsmaß, die Existenz einer rekursiven Menge A mit unabhängigen Werten $(\chi_A(x) \mid x \in \mathbf{N})$, die Existenz voneinander unabhängiger rekursiver Mengen B und C.

In 6.4 erklärten wir partiell rekursive Funktionen $f: \mathcal{N} \times \mathbf{N} \to \mathbf{N}$ mit einer Mengenvariablen und einer Zahlvariablen. Durch Zusammensetzung mit einer Bijektion $\sigma^n_1 \in \mathbf{R}^n_1$ erklärt man die Menge $\mathbf{P}^{1,n}_1$ der partiell rekursiven Funktionen $f: \mathcal{N} \times \mathbf{N}^n \to \mathbf{N}$ mit einer Mengen- und n Zahlvariablen. $\mathbf{R}^{1,n}_1 \subset \mathbf{P}^{1,n}_1$ sei die Teilmenge der totalen Funktionen; diese nennt man auch total rekursiv.

Zu $f \in \mathbf{P}^{1,n+1}_1$, $i \in \mathbf{N}$ und $A \subset \mathbf{N}$ bezeichnen wir

$$f_i := \lambda X, x_1, \ldots, x_n[f(X, i, x_1, \ldots, x_n)],$$
$$f^A := \lambda x_0, x_1, \ldots, x_n[f(A, x_0, x_1, \ldots, x_n)].$$

$f \in \mathbf{P}^{1,n+1}_1$ heißt rekursive Aufzählung von $\mathbf{F} \subset \mathbf{P}^{1,n}_1$, wenn

$$\mathbf{F} = \{f_i \mid i \in \mathbf{N}\}.$$

Zunächst übertragen wir den Begriff der Gödel-Numerierung auf relative Algorithmen.

Definition 9.4.1. $\varphi^{1,m}_i \in \mathbf{P}^{1,m+1}_1$ ist eine Gödel-Numerierung zu $\mathbf{P}^{1,m}_1$, wenn

$$\forall f \in \mathbf{P}^{1,m+1}_1 : \exists g \in \mathbf{R}^1_1 : \forall i: f_i = \varphi^{1,m}_{g(i)}.$$

Offensichtlich gibt es Gödel-Numerierungen zu $\mathbf{P}_1^{1,m}$. Sei P_i das i-te Programm zur relativen Turingmaschine $\mathbf{RTM}_1^1$, dann ist $\lambda X, i, x[\mathrm{Res}_{P_i(X)}(x)]$ eine Gödel-Numerierung von $\mathbf{P}_1^{1,1}$. Formal kann man eine Gödel-Numerierung ausgehend von einer rekursiven Aufzählung von $\mathbf{P}_1^{1,1}$ ebenso wie in Satz 4.1.6 konstruieren.

Der Leser beweise

Korollar 9.4.2. Seien $\varphi^{1,n}$, $\hat{\varphi}^{1,n}$ Gödel-Numerierungen zu $\mathbf{P}_1^{1,n}$, dann gibt es ein bijektives $\alpha \in \mathbf{R}_1^1$, so daß $\forall i : \hat{\varphi}_i^{1,n} = \varphi_{\alpha(i)}^{1,n}$.

Im folgenden sei $\overline{\varphi} \in \mathbf{P}_1^{1,2}$ eine feste Gödel-Numerierung von $\mathbf{P}_1^{1,1}$. Dann ist $\overline{\varphi}^{\phi}$ eine Gödel-Numerierung von $\mathbf{P}_1^1$. Wir übertragen den Begriff des Komplexitätsmaßes auf relative Algorithmen.

Definition 9.4.3. Ein *relatives Komplexitätsmaß* ist ein Paar $(\overline{\varphi}, \overline{\Phi})$ von Funktionen $\overline{\varphi}, \overline{\Phi} \in \mathbf{P}_1^{1,2}$, so daß (K1) bis (K3) gilt:

(K1) $\overline{\varphi}$ ist eine Gödel-Numerierung von $\mathbf{P}_1^{1,1}$.

(K2) $D(\overline{\varphi}) = D(\overline{\Phi})$, $\overline{\Phi}$ heißt *Schrittmaß* zu $\overline{\varphi}$.

(K3) $\lambda X, i, n, m[\overline{\Phi}_i^X(n) \leq m]$ ist rekursiv, d. h. in $\mathbf{R}_1^{1,3}$.

Verschiedene Schrittmaße $\overline{\Phi}$ und $\hat{\Phi}$ zur selben Gödel-Numerierung unterscheiden sich nicht wesentlich, denn es gilt ein Analogon zu Satz 9.1.2:

Satz 9.4.4. Seien $\overline{\Phi}$ und $\hat{\Phi}$ Schrittmaße zur Gödel-Numerierung $\overline{\varphi}$ von $\mathbf{P}_1^{1,1}$, dann gibt es eine rekursive Funktion $h \in \mathbf{R}_1^2$, so daß

$$\forall i : \forall A : \forall n(n \geq i) : \overline{\Phi}_i^A(n) \leq h(\hat{\Phi}_i^A(n), n).$$

Beweis. Durch

$$\overline{h}(A, i, m, n) := \begin{cases} \overline{\Phi}_i^A(n) & \text{falls } \hat{\Phi}_i^A(n) = m, \\ 0 & \text{sonst} \end{cases}$$

wird eine rekursive Funktion $\hat{h} \in \mathbf{R}_1^{1,3}$ erklärt.

Sei $(D_i \mid i \in \mathbf{N})$ eine effektive Aufzählung aller endlichen Teilmengen von $\mathbf{N}$. Dann gibt es nach Satz 6.3.8 eine rekursive Funktion $g \in \mathbf{R}_1^3$, so daß für alle A, i, n, m:

$$\overline{h}(A, i, m, n) = \overline{h}((A \cap D_{g(i,m,n)})\, i, m, n).$$

Damit ist $\tilde{h}$ mit

$$\begin{aligned} \tilde{h}(i, m, n) &:= \max\{\overline{h}(A, i, m, n) \mid A \subset \mathbf{N}\} \\ &= \max\{\overline{h}(D_u, i, m, n) \mid D_u \subset D_{g(i,m,n)}\} \end{aligned}$$

eine rekursive Funktion $\tilde{h} \in \mathbf{R}_1^3$.

Setze nun

$$h(m, n) := \max\{\tilde{h}(i, m, n) \mid i \leq n\},$$

dann ist Satz 9.4.4 erfüllt. ■

Lemma 9.4.5. Sei $(\overline{\varphi}, \overline{\Phi})$ ein relatives Komplexitätsmaß. Dann gibt es ein

$$g \in \mathbf{R}_1^3, \text{ so daß } \forall i, x, y : \forall A, B(A \cap D_{g(i,x,y)} = B \cap D_{g(i,x,y)}) :$$
$$[(\overline{\Phi}_i^A(x) \leq y \Leftrightarrow \overline{\Phi}_i^B(x) \leq y) \wedge (\overline{\Phi}_i^A(x) \leq y \Rightarrow \overline{\varphi}_i^A(x) = \overline{\varphi}_i^B(x))].$$

Beweis. Durch

$$\psi(A, i, x, y) = \begin{cases} \overline{\varphi}_i^A(x) + 1 & \text{falls } \overline{\Phi}_i^A(x) \leq y, \\ 0 & \text{sonst} \end{cases}$$

wird eine rekursive Funktion $\psi \in \mathbf{R}_1^{1,3}$ erklärt. Damit gibt es nach Satz 6.3.8 ein $g \in \mathbf{R}_1^3$, so daß

$$\forall A: \psi(A, i, x, y) = \psi(A \cap D_{g(i,x,y)}, i, x, y).$$

Sei nun $A \cap D_{g(i,x,y)} = B \cap D_{g(i,x,y)}$, dann schließt man

$$\overline{\Phi}_i^A(x) > y \Rightarrow \psi(A, i, x, y) = 0 \Rightarrow \psi(B, i, x, y) = 0 \Rightarrow \overline{\Phi}_i^B(x) > y.$$

Ferner folgert man aus $\overline{\Phi}_i^A(x) \leq y$

$$\psi(A, i, x, y) = \overline{\varphi}_i^A(x) + 1 = \psi(B, i, x, y) = \overline{\varphi}_i^B(x) + 1$$

und somit $\overline{\varphi}_i^A(x) = \overline{\varphi}_i^B(x)$. ∎

Wir betrachten die relative Kompliziertheit von Mengen A und B. Für rekursive Mengen $A, B \subset \mathbf{N}$ und $g \in \mathbf{R}_1^1$ erklären wir:

„$\text{Komp}^B A > g$" bedeute „$\forall i(\overline{\varphi}_i^B = \chi_A) : \overline{\Phi}_i^B \gtrsim g$",
„$\text{Komp}^B A < g$" bedeute „$\exists i(\overline{\varphi}_i^B = \chi_A) : \overline{\Phi}_i^B \lesssim g$",
„$\text{Komp}^{[A]} A > g$" bedeute „$\forall i[\forall x : \overline{\varphi}_i^{A-\{x\}}(x) = \chi_A(x)] : \overset{\infty}{\forall} x : \overline{\Phi}_i^{A-\{x\}} > g(x)$".

Wenn $\text{Komp}^{[A]}A$ von derselben Größenordnung wie Komp A ist, dann erleichtert die Vorgabe der Menge $A - \{x\}$ die Berechnung von $\chi_A(x)$ nicht wesentlich. Für eine solche Menge sind die Werte $(\chi_A(x) \mid x \in \mathbf{N})$ in gewisser Hinsicht unabhängig voneinander. Wir konstruieren eine Menge mit dieser Eigenschaft.

Satz 9.4.6 (Trachtenbrot, Meyer). Sei $(\overline{\varphi}, \overline{\Phi})$ ein relatives und (φ, Φ) ein absolutes Komplexitätsmaß. Dann gibt es ein $s \in \mathbf{R}_1^2$ und ein $\alpha \in \mathbf{R}_1^1$, so daß

$$\forall \Phi_a \in \mathbf{R}_1^1 : \exists A : \varphi_{\alpha(a)} = \chi_A \wedge \varphi_{\alpha(a)} \lesssim s \circ \Phi_a \wedge \text{Komp}^{[A]}A \gtrsim \Phi_a.$$

Beweis. Zu $\Phi_a \in \mathbf{P}_1^1$ definieren wir eine 0-1-wertige Funktion $\varphi_{\alpha(a)} \in \mathbf{P}_1^1$ mit $D(\Phi_a) = D(\varphi_{\alpha(a)})$. Falls $\Phi_a \in \mathbf{R}_1^1$, ist $\varphi_{\alpha(a)}$ die charakteristische Funktion der gesuchten rekursiven Menge A. Zunächst definieren wir eine totale Ordnung $<_o$ auf $D(\Phi_a)$:

$$j <_o r \Leftrightarrow [\Phi_a(j) + j < \Phi_a(r) + r] \vee [\Phi_a(j) + j = \Phi_a(r) + r \wedge j < r].$$

Zu $j \in D(\Phi_a)$ sei j' der direkte Vorgänger zu j,

$$j' := \max_{<_o} \{i \in D(\Phi_a) : i <_o j\}.$$

Offensichtlich kann man zu $j \in D(\Phi_a)$ den direkten Vorgänger j' rekursiv bestimmen. Zu $j \in D(\Phi_a)$ sei V(j) die Menge der Vorgänger von j, $V(j) := \{i \in D(\Phi_a) : i <_o j\}$.

V(j) ist endlich und zu $j \in D(\Phi_a)$ kann man V(j) rekursiv bestimmen.

Zugleich mit $\varphi_{\alpha(a)}$ definieren wir partielle Hilfsfunktionen β, γ, δ mit folgender Bedeutung:

$\beta(n) \in \mathbf{N}$ wird auf Stufe n (d. h. bei der Berechnung von $\varphi_{\alpha(a)}(n)$) gestrichen.
$\gamma(n) \in \mathbf{N}$ wird auf Stufe n versuchsweise gestrichen.

$\delta(n) \in \mathbf{N}$ ist die Stufe, von der der augenblicklich versuchsweise gestrichene Wert herrührt. Zu $m <_o n \in D(\Phi_a)$ ist stets entscheidbar, ob $\beta(m)$, $\delta(m)$, $\gamma(m)$ definiert ist.

Die implizite Definition dieser Funktionen erfolgt rekursiv so, daß sie an der Stelle $n \in D(\Phi_a)$ von den Werten auf der Vorgängermenge V(n) abhängen. $g \in \mathbf{R}_1^3$ sei die Funktion von Lemma 9.4.5.

Implizite Definition (Rekursionsschema) zu $\varphi_{\alpha(a)}, \beta, \gamma, \delta$.

$M_n := \{(u, E_u^n)$ mit $u < n$, so daß 1 bis 5 gilt$\}$.

1. $u \notin \beta\, V(n)$, d. h. u ist noch nicht gestrichen.
2. $u \leq \gamma\, \delta(n')$ sofern $\delta(n')$ erklärt ist, d. h. der augenblicklich versuchsweise gestrichene Wert ist größer gleich u.
3. $E_u^n \subset D_{g(u,n,\Phi_a(n))} - \{n\}$ (g nach Lemma 9.4.5)
4. $\forall x \in V(n) : \varphi_{\alpha(a)}(x) = 1 \Leftrightarrow x \in E_u^n$.
5. $\overline{\Phi}_u^{E_u^n}(n) < \Phi_a(n)$

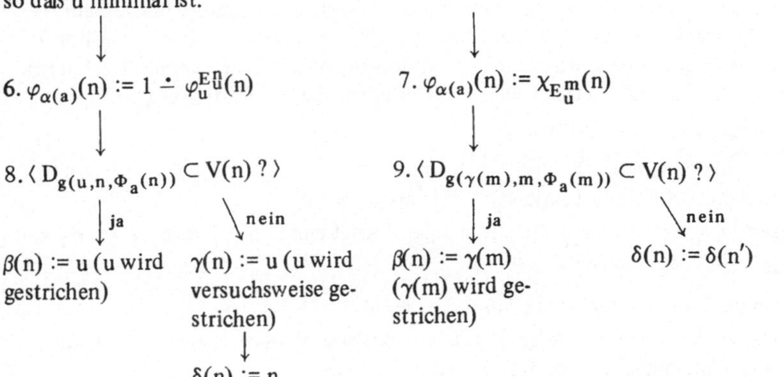

Man sieht unmittelbar, daß für $n \in D(\Phi_a)$ alle Berechnungsschritte abbrechen. Daher gilt $D(\varphi_{\alpha(a)}) = D(\Phi_a)$. Ferner ist $\varphi_{\alpha(a)}$ 0-1-wertig.

Sei nun $\Phi_a \in \mathbf{R}_1^1$ und $\varphi_{\alpha(a)} = \chi_A$. Wir zeigen

Lemma 9.4.7. 1. Wird i auf einer Stufe gestrichen, dann gibt es ein x mit $\overline{\varphi}_i^{A-\{x\}}(x) \neq \chi_A(x)$.
2. Wird ein Wert k auf Stufe n versuchsweise gestrichen, dann wird auf einer $<_o$-höheren Stufe ein Wert $\leq k$ gestrichen.

B e w e i s . 1. Angenommen, i wird auf Stufe n gestrichen, nachdem es auf Stufe m versuchsweise gestrichen wurde. Dann gilt nach 6

$$\varphi_{\alpha(a)}(m) \neq \overline{\varphi}_i^{E_i^m}(m).$$

Der Test 9 sichert, daß i erst dann gestrichen wird, wenn $\varphi_{\alpha(a)}$ in den auf m folgenden Stufen (gemäß 7) so ergänzt wurde bzw. schon so groß ist, daß

$$E_i^m \cap A - \{m\} = D_{g(i,m,\Phi_a(m))} \cap A - \{m\}.$$

Nach Lemma 9.4.5 folgt $\overline{\varphi}_i^{E_i^m}(m) = \overline{\varphi}_i^{A-\{m\}}(m) \neq \chi_A(m) = \varphi_{\alpha(a)}(m)$.
Falls u im Anschluß an 8 auf Stufe n gestrichen wird, gilt wegen 6 und 7 $\overline{\varphi}_u^{A-\{n\}}(n) \neq \chi_A(n) = \varphi_{\alpha(a)}(n)$.
2. Wird ein Wert k auf Stufe n versuchsweise gestrichen, so wird entweder k auf einer $<_o$-höheren Stufe endgültig gestrichen oder k wird auf einer $<_o$-höheren Stufe durch einen kleineren noch nicht gestrichenen Wert ersetzt. ■

Lemma 9.4.8. 1. $\mathrm{Komp}^{[A]}A > \Phi_a$,
2. $\exists\, s \in \mathbf{R}_1^2 : \forall\, a : \Phi_{\alpha(a)} \lesssim s \circ \varphi_{\alpha(a)}$.

B e w e i s . 1. Angenommen, $\forall\, x : \varphi_i^{A-\{x\}}(x) = \chi_A(x)$.
Wegen 1 in Lemma 9.4.7 wird i nie gestrichen. Es gibt eine Stufe n, so daß alle Streichungen von Indizes, die kleiner als i sind und die jemals vorgenommen werden, bei Stufe n schon vorgenommen wurden. Nach 2 in Lemma 9.4.7 kann die Menge M_n für Stufen m $>_o$ n kein Paar (i, E_i^m) enthalten. Denn sonst würde i versuchsweise gestrichen, was zu einem Widerspruch mit 2 in Lemma 9.4.7 führt. Daher gilt für alle E_i^m, welche a) und b) erfüllen, daß $\Phi_i^{E_i^m}(m) \geq \Phi_a(m)$.
a) $E_i^m \subset D_{g(i,m,\Phi_a(m))} - \{m\}$,
b) $E_i^m \cap D_{g(i,m,\Phi_a(m))} = A - \{m\} \cap D_{g(i,m,\Phi_a(m))}$.
Nach Lemma 9.4.5 folgt somit $\overline{\Phi}_i^{A-\{m\}}(m) \geq \Phi_a(m)$.
2. Wegen $D(\varphi_{\alpha(a)}) = D(\Phi_a)$ für alle a folgt nach Lemma 9.2.2, daß es $s \in \mathbf{R}_1^2$ gibt mit $\Phi_{\alpha(a)} \lesssim s \circ \Phi_a$ für alle a. ■

Mit Lemma 9.4.8 ist auch Satz 9.4.6 bewiesen.

Aus Satz 9.4.6 wollen wir folgern, daß es rekursive Mengen B und C gibt, die voneinander unabhängig sind. Wir beweisen zunächst

Lemma 9.4.9. Sei $(\overline{\varphi}, \overline{\Phi})$ ein relatives Komplexitätsmaß und $t \in \mathbf{R}_1^1$ injektiv. Dann gibt es ein $\delta \in \mathbf{R}_1^1$ und ein $h \in \mathbf{R}_1^2$, so daß

$$\forall\, i \in \mathbf{N} : \forall\, B, C \subset \mathbf{N} : \overline{\varphi}_{\delta(i)}^{B \oplus C} t = \overline{\varphi}_i^B \quad \text{und} \quad \overline{\Phi}_{\delta(i)}^{B \oplus C} t \lesssim h \circ \overline{\Phi}_i^B$$

Beweis. Weil $\overline{\varphi}$ Gödel-Numerierung von $\mathbf{P}_1^{1,1}$ ist, gibt es ein $\delta \in \mathbf{R}_1^1$, so daß $\overline{\varphi}_{\delta(i)}^{B\oplus C} t = \varphi_i^B$ für alle i. Die rekursive Funktion $h \in \mathbf{R}_1^{1,3}$ definiere man wie folgt:

$$\overline{h}(B, i, m, n) := \begin{cases} \overline{\Phi}_{\delta(i)}^{B\oplus C} t(n) & \text{falls } \overline{\Phi}_i^B(n) \leq m, \\ 0 & \text{sonst.} \end{cases}$$

Da $\overline{h}$ rekursiv ist, muß auch die folgende Funktion h

$$h(m, n) := \max\{\overline{h}(\overline{B}, i, m, n) \mid B \subset \mathbf{N} \wedge i \leq n\}$$

rekursiv sein (vgl. den Beweis zu Satz 9.4.4). h erfüllt Lemma 9.4.9. ∎

Satz 9.4.10. Sei $(\overline{\varphi}, \overline{\Phi})$ ein relatives und (φ, Φ) ein absolutes Komplexitätsmaß. Dann gibt es Funktionen $r, h, \beta, \gamma \in \mathbf{R}_1^2$, so daß für alle rekursiven Laufzeiten $\Phi_b, \Phi_c \in \mathbf{R}_1^2$ folgendes gilt:

1. $\exists B : \varphi_{\beta(b,c)} = \chi_B \wedge \exists C : \varphi_{\gamma(b,c)} = \chi_C$.
2. $\Phi_{\beta(b,c)} \lesssim r \circ \Phi_b \wedge \Phi_{\gamma(b,c)} \lesssim r \circ \Phi_c$.
3. $\mathrm{Komp}^C B > \Phi_b \wedge \mathrm{Komp}^B C > \Phi_c$.

Beweis. 1. Seien $f, g : \mathbf{N} \to \mathbf{N}$ partielle Funktionen. Dann definieren wir $f \oplus g : \mathbf{N} \to \mathbf{N}$ wie folgt:

$$D(f \oplus g) = D(f) \oplus D(g), \quad f \oplus g(n) = \begin{cases} f(m) & \text{falls } n = 2m, \\ g(m) & \text{falls } n = 2m + 1. \end{cases}$$

Man wähle nun $h \in \mathbf{R}_1^2$ so groß, daß Lemma 9.4.9 für $t_1 = \lambda x[2x]$ und $t_2 = \lambda x[2x + 1]$ mit geeigneten Funktionen $\delta_1, \delta_2 \in \mathbf{R}_1^1$ erfüllt ist. Aus Φ_b und Φ_c berechnen wir

$$\Phi_a := (h \circ \Phi_b) \oplus (h \circ \Phi_c)$$

und wenden α von Satz 9.4.6 an. Damit erhalten wir ein $\varphi_{\alpha(a)} \in \mathbf{R}_1^1$, so daß

$$\varphi_{\alpha(a)} = \chi_A \wedge \mathrm{Komp}^{[A]} A > \Phi_a.$$

Wir definieren β und γ, so daß (man beachte, daß a rekursiv von b und c abhängt):

$$\varphi_{\alpha(a)} = \varphi_{\beta(b,c)} \oplus \varphi_{\gamma(b,c)}$$

und setzen $\chi_B := \varphi_{\beta(b,c)}, \chi_C := \varphi_{\gamma(b,c)}$. Es gilt dann $A = B \oplus C$.

2. Wegen $D(\varphi_{\beta(b,c)}) = D(\Phi_b)$ und $D(\varphi_{\gamma(b,c)}) = D(\Phi_c)$ für alle b und c gibt es ein $r \in \mathbf{R}_1^2$, das 2 erfüllt.

3. Angenommen, es gibt ein i, so daß $\varphi_i^C = \chi_B \wedge \overset{\infty}{\exists} n : \Phi_i^C(n) < \Phi_b(n)$. Dann wende man Lemma 9.4.9 an mit $t = \lambda x[2x]$.

Es folgt $\overset{\infty}{\exists} x : \overline{\varphi}_{\delta(i)}^{A - \{2x\}}(2x) \leq h \circ \Phi_b(x)$. Dies steht im Widerspruch zu $\mathrm{Komp}^{[A]} A \gtrsim \Phi_a = h \circ \Phi_b \oplus h \circ \Phi_c$. Also gilt $\mathrm{Komp}^C B > \Phi_b$ und ebenso beweist man $\mathrm{Komp}^B C > \Phi_c$. ∎

Die Beweise der Sätze 9.4.6 und 9.4.10 lehnen sich an die Arbeit von Lynch [1972] an. Satz 9.4.10 bedeutet, daß die Vorgabe der Menge B nicht wesentlich bei der Berechnung von χ_c hilft und umgekehrt.

10. Ausblick auf aktuelle Fragen der Forschung

Eine für die Anwendung wichtige Fragestellung ist es, gute Algorithmen zu vorgegebenen Problemen aufzufinden. Von einem guten Algorithmus erwartet man, daß er mit einem Minimum an Rechenaufwand (d. h. Rechenzeit und Speicherplatz) auskommt. Leider ist es ausgesprochen schwierig, von einem vorgegebenen Algorithmus zu erkennen, wie gut er ist. In vielen Fällen ist es bereits schwierig, eine überschaubare obere Schranke für die Rechenzeit eines vorgegebenen Algorithmus herzuleiten, die an unendlich vielen Stellen nahezu angenommen wird. Solche Schranken beruhen dann meistens auf einer Analyse des ungünstigsten Falles und sagen nicht unbedingt etwas über den mittleren Rechenaufwand eines Algorithmus aus. Noch viel schwieriger ist es, die Güte eines Algorithmus im Hinblick auf die Gesamtheit derjenigen Algorithmen zu beurteilen, die dasselbe Problem lösen; denn die Gesamtheit dieser Algorithmen entzieht sich weitgehend unserem Zugriff. Z. B. ist die Menge der zu dieser Gesamtheit gehörigen Turingprogramme nicht rekursiv aufzählbar.

Eine Reihe von Beispielen zeigt, daß uns natürlich erscheinende Algorithmen keineswegs optimal sind. Z. B. kann man zwei n-stellige Binärzahlen unter Verwendung der schnellen Fouriertransformation nach Schönhage und Strassen [1971] in $O(n \cdot \log n \cdot \log\log n)$ Schritten auf der Turingmaschine multiplizieren, wohingegen die Schulmethode $O(n^2)$ Operationen erfordert. Die Multiplikation von (n, n)-Matrizen ist nach Strassen [1969] in $O(n^{2.81})$ arithmetischen Operationen möglich, wohingegen die Schulmethode $O(n^3)$ Operationen erfordert. Die Auswertung eines Polynoms n-ten Grades an n beliebigen Stellen, ebenso wie die Interpolationsaufgabe für n Stützstellen kann man nach Moenck [1973] unter Benutzung der schnellen Fouriertransformation in $O(n(\log n)^2)$ Operationen ausführen. während die klassisch hierzu verwendeten Verfahren $O(n^2)$ Operationen benötigen.

Dagegen weiß man bisher sehr wenig über untere Schranken für die Anzahl der notwendigen Operationen. Dies gilt sowohl für arithmetische Operationen als auch für die Rechenschritte auf Maschinen. Die bekannten unteren Schranken betreffen in der Regel sehr spezielle Operationen oder sind nicht wesentlich größer als die Anzahl der freien Parameter des Problems. Bezüglich der arithmetischen Operationen ist dies die Anzahl der Variablen, für Maschinenschritte ist dies die Anzahl der zum Lesen der Eingabe notwendigen Schritte. Zwar gibt es einige Methoden, die spezielle Schwerfälligkeiten der Turingmaschine ausnutzen, um für die Turing-Operationen untere Schranken herzuleiten. Diese Methoden versagen jedoch völlig für das bei kleinen Rechenzeiten angemessenere Modell der Random-Access-Maschine. Bemerkenswert ist hier ein Ergebnis von Strassen [1972], das mit erheblichen Mitteln der algebraischen Geometrie erzielt wurde. Strassen zeigte, daß die Berechnung aller elementarsymmetrischen Funktionen zu n vorgegebenen Variablen über einem unendlichen, algebraisch abgeschlossen Körper mindestens $n \cdot \log(n/e)$ arithmetische Operationen erfordert. Dabei ist e die Euler-Konstante. Da die Berechnung der elementarsymmetrischen Funktionen vom Grad n in der Interpolationsaufgabe mit n Stützstellen erhalten ist, folgt aus dem oben erwähnten Algorithmus von Moenck, daß die Strassensche Schranke bis auf einen konstanten Faktor scharf ist.

Im Gegensatz zu den Berechnungen konkreter Funktionen, ist es für gewisse Entscheidungsprobleme der Logik gelungen, untere Schranken der Rechenzeit mit der Reduktionsmethode herzuleiten. Man kann nämlich durch einen Diagonalschluß zeigen, daß das Problem zu einem vorgegebenen Turingprogramm P und vorgegebener Eingabe x zu entscheiden, ob das Programm P angesetzt auf x innerhalb von f(m) Schritten stoppt, für unendlich viele Paare (P, x) mindestens f(m) Schritte erfordert. Dies gilt für jede Funktion f, für die man f(m) innerhalb von f(m) Schritten berechnen kann. Für dieses Ausgangsproblem liegt somit eine untere Schranke für die notwendige Rechenzeit vor, die allerdings nur für unendlich viele Eingabewerte gilt. Man benutzt dieses Ausgangsproblem in derselben Weise wie die Nicht-Entscheidbarkeit des Halteproblems für Turingprogramme. Indem man ein Problem A durch eine schnelle Reduktion (z. B. eine Reduktion in **Pol**) auf ein Problem B reduziert, erhält man aus einer unteren Schranke zu A eine untere Schranke zu B. Mit dieser Methode hat A. R. Meyer [1972] gezeigt, daß es kein elementares Entscheidungsverfahren zur Weak Monadic Second Order Theory of one Successor gibt. M. O. Rabin und M. J. Fischer [1974] zeigten, daß jedes Entscheidungsverfahren für die Theorie der ersten Stufe der Addition von natürlichen Zahlen für unendlich viele Formeln 2^{cn} Rechenschritte benötigt; dabei ist n die Länge der Formel und $c > 0$ eine feste Konstante. Für die Presburger-Arithmetik gilt sogar eine entsprechende untere Schranke der Größe $2^{2^{cn}}$.

Für konkrete kombinatorische Probleme konnte mit dieser Reduktionsmethode bisher noch keine untere Schranke abgeleitet werden. Dagegen gelang es Karp [1972] und Cook [1972], Reduktionen in **Pol** zwischen zahlreichen fundamentalen kombinatorischen Problemen jeweils in beiden Richtungen zu finden. Diese Klasse **C** von Problemen bildet somit eine Äquivalenzklasse bzgl. der Reduktionen in **Pol**.
In **C** liegen u. a.

1. das Problem zu entscheiden, ob ein vorgegebener Boolescher Ausdruck erfüllbar ist,
2. das Problem zu entscheiden, ob ein vorgegebener Graph einen Hamiltonschen Kreis hat,
3. das Problem zu entscheiden, ob ein vorgegebener Graph 3-färbbar ist.

Eine Liste von 20 Problemen in **C** findet man bei Karp [1972]. Die bekannten Lösungsalgorithmen für die Probleme in **C** laufen darauf hinaus, daß sehr viele verschiedene Fälle unabhängig voneinander verfolgt werden. Ein Maschinenmodell, das diese Fähigkeit einer hochgradigen Parallelrechnung formalisiert, ist die nicht-deterministische Turingmaschine. Diese Maschine rechnet wie die Standart-Turingmaschine. Sie kann sich jedoch bei jedem Rechenschritt verzweigen (d. h. verdoppeln), um dann zwei verschiedene Möglichkeiten unabhängig voneinander zu verfolgen. In n Rechenschritten kann sie sich insgesamt 2^n-fach verzweigen. Sei **NPol** die Klasse derjenigen Funktionen, die man auf der nicht-deterministischen Turingmaschine in polynomial beschränkter Rechenzeit berechnen kann. Die Anzahl der zu bewältigenden Fälle bei der Berechnung der Funktionen in **NPol** kann damit exponentiell wachsen. Jedes der Probleme der Klasse **C** liegt in **NPol**, und jede Funktion in **NPol** kann man durch eine Reduktion in **Pol** auf jedes Problem in **C** reduzieren. Die Probleme in **C** sind somit vollständig in **NPol** bezüglich der Reduktionen in **Pol**. Es ist ein noch ungelöstes Problem, ob **NPol** = **Pol**. Die bisher bekannten Algorithmen für die Probleme in **C** benötigen eine exponentiell wachsende Rechenzeit. Die lange ergebnislose Suche nach effizienten Algorithmen für die Probleme in **C** legt die Ungleichheit **NPol** ≠ **Pol** nahe. Mit den bisher bekannten Methoden scheint diese Frage jedoch nicht lösbar zu sein.

Literaturverzeichnis

A c k e r m a n n , W.: Zum Hilbert'schen Aufbau der reellen Zahlen. Math. Ann. **98** [1928] 118–133

A r b i b , M. A.: Theories of Abstract Automata. Englewood Cliffs, N. J. [1969]

A x t , P.: Enumeration and the Grzegorczyk Hierarchy. Z. math. Logik und Grundl. Math. **9** [1963] 53–65

A x t , P.: Iteration on Primitive Rekursion. Z. math. Logik und Grundl. Math. **11** [1965] 253–255

B l u m , M.: A Machine Independent Theory of Computational Complexity. J. ACM **14** [1967] 322–336

B l u m , M.: On Effective Procedures for Speeding up Algorithms. J. ACM **18** [1971] 290–305

B l u m , M.: On the Size of Machines. Inform. Control **11** [1967] 257–265

B o o n e , W. N.: The Word Problem. Ann. Math. **70** [1959] 207–265

C h o m s k y , N.: On Certain Formal Properties of Grammars. Inform. Contr. II [1959] 137-167

C h u r c h , A.: An Unsolvable Problem of Elementary Number Theory. Amer. Math. **58** [1936] 345–363; A Note on the Entscheidungsproblem. J. Symb. Logic **1** [1936a] 40–41, 101–102

C l e a v e , J. P.: Hierarchy of Primitive Recursive Functions. Z. math. Logik und Grundl. Math. **9** [1963] 331–345

C o d d , E. F.: Cellular Automata. New York [1968]

C o o k , S. A.; R e c k o w , R. A.: Time-Bounded Random Access Machines. Proc. 4th ACM Symp. on Theory of Computing. Denver [1972] 73–80

C o o k , S. A.: The Complexitity of Theorem-proving Procedures. Proc. 3rd ACM Symp. on Theory of Computing [1971] 151–158

D a v i s , M.: Computability and Unsolvability. New York [1958]

D a v i s , M.; P u t n a m , H.; R o b i n s o n , J.: The Decision Problem for exponential Diophantive Equations. Ann. Math. **74** [1961] 425–436

F i s c h e r , M. J.; R a b i n , M. O.: Superexponential Complexity of Presburger Arithmetic. Preprint [1974]

F r i e d b e r g , R. M.: Two Recursively Enumerable Sets of Incomparable Degrees of Unsolvability. Proc. of the National Academy of Sciences **43** [1957] 236–238. Three Theorems on recursive Enumeration: I Decomposition, II Maximal Set, III Enumeration Without Duplication. J. Symb. Logic **23** [1958] 309–316

G ö d e l , K.: Über formal unentscheidbare Sätze der Principia Mathematica und verwandter Systeme, I. Monatsh. Math. Phys. **38** [1931] 173–198

G r z e g o r c z y k , A.: Some Classes of Recursive Functions. Rozprawy Mathematyczne **4** [1953] 1–45

H a r t m a n i s , J.; H o p c r o f t , J. E.: An Overview of the Theory of Computational Complexity. J. ACM **18** [1971] 444–475

H a r t m a n i s , J.; S t e a r n s , R. E.: On the Computational Complexity of Algorithms. Trans. Amer. Math. Soc. **117** [1965] 285–306

H e n n i e , F.; S t e a r n s , R. E.: Two-tape Simulation of Multitape Turing Machines. J. ACM **13** [1966] 533–546

H e r m a n , G. T.: A New Hierarchy of Elementary Functions. Proc. Amer. Math. Soc. **20** [1969] 557–562

H e r m e s , H.: Aufzählbarkeit, Entscheidbarkeit, Berechenbarkeit. 2. Aufl. Berlin-Heidelberg-New York [1971] = Heidelberger Taschenbücher Nr. 87

H i l b e r t , D.; B e r n a y s , P.: Grundlagen der Mathematik I. 2. Aufl. Berlin-Heidelberg-New York [1968] = Grundlehren der math. Wissenschaften Bd. 40

H o p c r o f t , J. E.; U l l m a n , J. D.: Formal Languages and their Relation to Automata. Reading, Mass.-London [1969]

H o t z , G.; C l a u s , V.: Automatentheorie und formale Sprachen. Mannheim-Wien-Zürich [1971] = BI-Hochschultaschenbücher Bd. 823a

K a l m a r , L.: Über ein Problem betreffend die Definition des Begriffes der allgemein-rekursiven Funktion. Z. math. Logik **1** [1950] 93–96

K a r p , R.: Reducibilities Among Combinatorial Problems. In: M i l l e r , R.; T h a t c h e r, J.: Complexity of Computer Computations. Plenum Press **11** [1972] 85–105

K l e e n e , S. C.: Introduction to Metamathematics. Princeton, N.J.-Amsterdam [1964]

K l e e n e , S. C.: General Recursive Functions of Natural Numbers. Math. Ann. **112** [1936] 727–742

L y n c h , N.: Relativisation of the Theory of Computational Complexity. Ph. D. Thesis M.I.T. Combridge [1972]

M a r k o v , A. A.: Theory of Algorithms (russisch). Trudy Matem. Inst. Imeni Steklova [1954]. Übersetzung: The Israel Program for Scientific Translations, Jerusalem [1961]

M a r t i n - L ö f , P.: Notes on Constructive Mathematics. Stockholm [1970]

M a t i a s e v i c , : Enumerable Sets are diophantine. Soviet Math. Dokl. **11** [1970] 354–358

M e y e r , A. R.: Depth of Nesting of Primitive Recursion. Not. Amer. Math. Soc. **13** [1965] 342

M e y e r , A. R.: Weak Monadic Second Order Theory of one Successor is not Elementary Recursive. Techn. Rep. M.I.T. [1973]

M e y e r , A. R.; R i t c h i e , D. M.: The Complexity of Loop Programs. Proc. of 22nd Nat. Conf. Assoc. for Comp. Mach. [1967] 465–469

M e y e r , A. R.; F i s c h e r , P. C.: Computational Speed-up by Effective Operators. J. Sym. Logic **37** [1972] 55–68

M i n s k y , M. L.: Computation: Finite and Infinite Machines. Englewood Cliffs, N. J. [1967]

M o e n c k , R.: Studies in Fast Algebraic Algorithms. Techn. Rep. No. 57, University Toronto [1973]

M y h i l l , J.; S h e p h e r d s o n , J. C.: Effective Operations on Partial Recursive Functions. Z. math. Logik und Grundl. Math. **1** [1955] 310–317

N o v i k o w , P. S.: On the Algorithmic Unsolvability of the Problem in Group Theory. Amer. Math. Soc. Transl. **9** [1958] 1–120

P e t e r , R.: Rekursive Funktionen. Berlin [1957]

P o s t , E. L.: Recursive Unsolvability of a Problem of Thue. J. Symb. Logic **12** [1947] 1–11

R i t c h i e , R. W.: Classes of Predictable Computable Functions. Trans. Amer. Math. Soc. **1** + **6** [1963] 139–173

R o g e r s , H.: Gödel Numberings of Partial Recursive Functions. J. Symb. Logic **22** [1958] 331–341

R o g e r s , H.: Theory of Recursive Functions and Effective Computability. New York-Toronto-London [1967]

S c h n o r r , C. P.: Does Computational Speed-up Concern Programming? Automata, Languages and Programming. Amsterdam-London [1973]

S c h ö n h a g e , A.: Universelle Turing Speicherung. Automatentheorie und formale Sprachen. Mannheim-Wien-Zürich [1970]

S c h ö n h a g e , A.; S t r a s s e n , V.: Multiplikation großer Zahlen. Computing **7** [1971] 281–292

S c h w i c h t e n b e r g , H.: Eine Klassifikation der μ_0-rekursiven Funktionen. Z. math. Logik und Grundl. Math. **17** [1971] 61–74

S c h w i c h t e n b e r g , H.: Rekursionszahlen und die Grzegorczyk-Hierarchie. Z. math. Logik und Grundl. Math. **12** [1969] 85–97

S h o e n f i e l d , J. R.: Degrees of Unsolvability. Amsterdam-London-New York [1971]

S m u l l y a n , R. M.: Theory of Formal Systems. Ann. Math. **47** [1961]

S t r a s s e n , V.: Gaussian Elimination is not Optimal. Numer. Math. **13** [1969] 354–356

S t r a s s e n , V.: Die Berechnungskomplexität von elementar-symmetrischen Funktionen und von Interpolationskoeffizienten. Preprint Zürich [1972]

T a r s k i , A.; M o s t o w s k i , A.; R o b i n s o n, R. M.: Undecidable Theories Amsterdam [1953]

T a r s k i , A.: Der Wahrheitsbegriff in der formalisierten Sprache. Studies Philosophica **1** [1936] 261–405

T u r i n g , A. M.: On Computable numbers, with an Application to the Entscheidungsproblem. Proc. London Math. Soc. Ser. 2, Vol. **42** [1936] 230–265, Vol. **43**, pp. 544–546

W a i n e r , S. S.: Ordinal Recursion and a Refinement of the Extended Grzegorczyk Hierarchie. J. Symb. Logic **37** [1972] 281–282

Y o u n g , P. R.: Towards a Theory of Enumerations. J. ACM [1969] 328–348

Sachverzeichnis

Leitfäden der angewandten Mathematik und Mechanik LAMM

Herausgegeben von Prof. Dr. Dr. h. c. H. Görtler, Freiburg i. Br.
Unter Mitwirkung von E. Becker, G. Hotz, K. Magnus, E. Meister, F. K. G. Odqvist und E. Stiefel

Becker: **Gasdynamik**
248 Seiten mit 117 Bildern. Ln. DM 43,–

Jaeger/Wenke: **Lineare Wirtschaftsalgebra**
Eine Einführung. X, 334 Seiten mit 45 Bildern, 136 Aufgaben, 32 Tabellen und zahlreichen Beispielen. Ln. DM 48,–

Künzi/Tzschach/Zehnder: **Numerische Methoden der mathematischen Optimierung** mit ALGOL- und FORTRAN-Programmen
151 Seiten mit 16 Bildern, 15 Beispielen und Beilage „Gebrauchsversion der Computerprogramme". Ln. DM 33,–

Leipholz: **Stabilitätstheorie**
Eine Einführung in die Theorie der Stabilität dynamischer Systeme und fester Körper. 245 Seiten mit 87 Bildern, 63 Beispielen und 1 Tafel. Ln. DM 44,–

Martensen: **Potentialtheorie**
266 Seiten mit 57 Bildern, 89 Aufgaben und zahlreichen Beispielen. Ln. DM 42,–

Rotta: **Turbulente Strömungen**
Eine Einführung in die Theorie und ihre Anwendung. 267 Seiten mit 104 Bildern. Ln. DM 68,–

Schwarz/Rutishauser/Stiefel: **Numerik symmetrischer Matrizen**
2. Auflage. 261 Seiten mit 43 Bildern, 49 Beispielen und 68 Aufgaben. Ln. DM 39,–

Uhlmann: **Statistische Qualitätskontrolle**
Eine Einführung. 220 Seiten mit 31 Bildern, 8 Tabellen und 91 Aufgaben. Ln. DM 44,–

Witting/Nölle: **Angewandte Mathematische Statistik**
Optimale finite und asymptotische Verfahren. 194 Seiten mit 97 Beispielen und 123 Aufgaben sowie einem Anhang „Grundlagen und Hilfsmittel". Ln. DM 68,–

Weitere Titel dieser Reihe sind auf der 2. und 3. Umschlagseite

Preisänderungen vorbehalten